W0260118

Schriftenreihe des Wissenschaftlichen Instituts für Kommunikationsdienste

Band 1: B. Wieland, Die Entflechtung des amerikanischen Fernmeldemonopols. VII, 171 Seiten. 1985

Band 2: A. Heuermann, Th. Schnöring, Die Reorganisation der Britischen Post. VII, 254 Seiten. 1985.

Band 3: A. Heuermann, K.-H. Neumann, Die Liberalisierung des britischen Telekommunikationsmarktes. XII, 401 Seiten. 1985.

Band 4: Gesamtwirtschaftliche Effekte der Informations- und Kommunikationstechnologien. Herausgegeben von Th. Schnöring. VIII, 182 Seiten. 1986.

Band 5: K.-H. Neumann, Die Neuorganisation der Telekommunikation in Japan. IX, 204 Seiten. 1987.

Band 6: W. Neu, K.-H. Neumann (Hrsg.), Die Zukunft der Telekommunikation in Europa. Proceedings. X, 221 Seiten. 1989.

Band 7: A. Heuermann, Die Erfahrungskurve im Telekommunikationsbereich. XI, 348 Seiten. 1989.

Band 8: A. Heuermann, Th. Schnöring, Vor- und Nachteile einer Trennung von Post- und Fernmeldewesen. VIII, 109 Seiten. 1990.

Band 9: H. Grupp, T. Schnöring (Hrsg.), Forschung und Entwicklung für die Telekommunikation – Internationaler Vergleich mit zehn Ländern – Band I. XIII, 436 Seiten. 1990.

Band 10: H. Grupp, T. Schnöring (Hrsg.), Forschung und Entwicklung für die Telekommunikation – Internationaler Vergleich mit zehn Ländern – Band II. XI, 519 Seiten. 1991.

Band 11: W. Speckbacher (Hrsg.), Die Zukunft der Postdienste in Europa. Proceedings, Bonn, Oktober 1990. XII, 255 Seiten. 1991.

Band 12: D. Garbe, K. Lange (Hrsg.), Technikfolgenabschätzung in der Telekommunikation. XII, 254 Seiten. 1991.

Schriftenreihe des Wissenschaftlichen Instituts für Kommunikationsdienste

Detlef Garbe
Klaus Lange (Hrsg.)

Technikfolgenabschätzung in der Telekommunikation

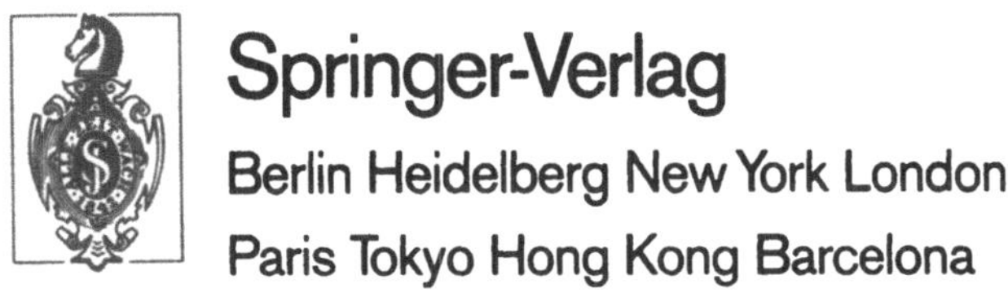
Springer-Verlag
Berlin Heidelberg New York London
Paris Tokyo Hong Kong Barcelona

Dr. Detlef Garbe
Dr. Klaus Lange
Wissenschaftliches Institut für Kommunikationsdienste GmbH
Rathausplatz 2–4, D-5340 Bad Honnef 1

ISBN-13: 978-3-540-54175-2 e-ISBN-13:978-3-642-46748-6
DOI: 10.1007/978-3-642-46748-6

2142-3140/543210 – Gedruckt auf säurefreiem Papier

Vorwort

Angesichts der aktuellen Entwicklungsprobleme in den "Ostblockstaaten" wird die zentrale Bedeutung der Telekommunikation für die wirtschaftliche, politische und gesellschaftliche Entwicklung eines Landes zur Zeit besonders evident.

Die westlichen Industrienationen, deren Ausstattung mit Telefon-Anschlüssen sich mehr und mehr der Sättigungsgrenze nähert, implementieren schon die nächsten Technikgenerationen (z.B. ISDN und Breitbandnetze). Industrie und Politik sehen in der Telekommunikation nicht nur ein zentrales Infrastrukturelement, sondern auch ein bisher zu wenig genutztes Problemlösungspotential: Telekommunikation könnte einen wesentlichen Beitrag zur Lösung wichtiger Problemlagen (z.B. im Umweltschutz und bei der Steuerung des Verkehrssystems) leisten.

Während auf der einen Seite die soziale Nützlichkeit von Telekommunikation durch ihren gezielten Einsatz noch gesteigert werden kann, darf andererseits nicht verkannt werden, daß mit einzelnen Techniken und Diensten der Telekommunikation nicht-intendierte soziale Folgen verbunden sind. Die Debatten in den USA um die Privacy-Problematik bzw. in der Bundesrepublik über den Datenschutz im ISDN sind Symptome für eine sich dynamisch entwickelnde, breit angelegte Diskussion über Funktionen und Folgen von Telekommunikation.

In Deutschland ist die öffentliche Diskussion - und zum Teil auch die wissenschaftliche Analyse - über die Folgen der Telekommunikation bisher auf einige wenige kritische

Aspekte beschränkt. Insgesamt scheint es notwendig, das Forschungsfeld - in gesellschaftlicher, wirtschaftlicher und politischer Dimension - systematisch zu entfalten. Die Informationsvermittlung über die in diesem Feld laufenden Aktivitäten findet - wenn überhaupt - in sehr bereichsspezifischen Fach-Öffentlichkeiten statt. Es gilt, den in diesem Feld tätigen Wissenschaftlern - mit all ihren unterschiedlichen Forschungsansätzen - ein Diskussionforum zu eröffnen.

Damit sind die Intentionen genannt, die das Wissenschaftliche Institut für Kommunikationsdienste (WIK) veranlaßt haben, im Herbst 1990 einen Workshop "Technikfolgenabschätzung in der Telekommunikation" zu veranstalten, und die zu einer finanziellen Förderung der Veranstaltung durch das Bundesministerium für Forschung und Technologie geführt haben.[1]

Mit dem Buch werden die auf dem Workshop gehaltenen Vorträge der Öffentlichkeit zugänglich gemacht; die Untergliederung des Buches spiegelt den Ablauf des Workshops wieder.

Im *Teil I* **Einführung** steht das den Workshop einleitende Überblicksreferat über potentielle Folgen der Telekommunikation. Der in den Diskussionen wiederholt aufgeworfenen Frage - "Was denn Technikfolgenabschätzung im allgemeinen und in der Telekommunikation im besonderen sei?" - wurde durch eine nachträgliche Einführung zum Begriff und Methode der TA und einer Beschreibung aktueller TA-Institutionen und -Projekte Rechnung getragen. Zusätzlich aufgenommen wurde auch eine Darstellung der aufschlußreichen niederländischen TA-Aktivitäten im Bereich der Telekommunikation.

Der *Teil II* beinhaltet Vorträge zu dem höchst aktuellen Querschnittsproblem **Privacy**, welches umfassender als das Datenschutzproblem ist. Die fortgeschrittene Entwicklung in den USA wird im Detail dargestellt und ansatzweise mit der in der Bundesrepublik verglichen.

Das Thema Datenschutz korrespondiert mit dem Thema **Datensicherheit**. Im *Teil III* werden institutionelle und technische Ansätze zur Aufhebung des Problems vorgestellt.

Die weitere Konzeption des Workshops war nicht so sehr durch aktuelle Themen, sondern vielmehr durch zwei unterschiedliche Vorgehensweisen bei der Technikfolgenabschätzung bestimmt. Im Sinne einer "technikinduzierten" Vorgehensweise werden im

---

[1] Projekt: Workshop Technikfolgenabschätzung in der Telekommunikation (BMFT Förderungs-Nr.: 414-5839-WIT 0016)

Teil IV in drei Beiträgen Entwicklungstrends und Anwendungsprobleme des **Mobilfunks** aufgearbeitet.

In "probleminduzierter" Perspektive wurden in parallel laufenden Arbeitsgruppen **Forschungsperspektiven** in exemplarischen Anwendungsfeldern von Telekommunikation entwickelt und intensiv diskutiert. Im *Teil V* sind die einleitenden Statements zu den Bereichen "Ältere Menschen", "Politik und Verwaltung" und "ISDN in Organisationen" abgedruckt. Ein Referat über das Querschnittsthema der Notwendigkeit und der methodischen Möglichkeiten einer partizipativen Technikfolgenabschätzung wurde diesen Beiträgen vorangestellt.

Alle Referenten hatten die Gelegenheit, ihre Vorträge zu überarbeiten. Allerdings muß betont werden, daß in einigen Beiträgen der Workshop-Charakter bewußt beibehalten worden ist, während andere durch die Bearbeitung eher den Charakter grundlegender Ausarbeitungen angenommen haben. Für den Workshop - wie jetzt auch für das vorliegende Buch - gilt, daß auch kontroverse Positionen zur Darstellung kommen sollten. Weder diese Positionen noch die sie stützenden Argumentationen oder Interpretationen können und sollen von allen geteilt werden; sie sind aber Bestandteil der Technikfolgen-Debatte in der Telekommunikation.

Die Realisierung des Workshops, an dem über 50 Personen aus Wissenschaft, Politik und Industrie aus dem In- und Ausland teilnahmen, ist zum einen durch die rasche und umfassende Förderung des Bundesministers für Forschung und Technologie möglich geworden; dafür bedanken wir uns - auch im Namen der Teilnehmer und Autoren - insbesondere bei Dr. Ziegler und Dr. Salz. Zum anderen wäre ohne die ausdrückliche Förderung und Unterstützung durch die Institutsleitung, Dr. Neumann und Dr. Schnöring, weder der Workshop noch das Buch zu Stande gekommen, dafür gebührt ihnen unser Dank. Ebenso möchten wir dem Team im Hintergrund, Ute Blömer, Petra Roith und Birgit Strüver, Anerkennung und Dank, nicht nur für die Texterfassung und -gestaltung, sondern vor allem für Assistenz bei der Durchführung des Workshops aussprechen.

Bad Honnef, im März 1991

D. Garbe
K. Lange

Inhaltsverzeichnis

Teil I

Einführung

1

Zum Stand der Technikfolgenabschätzung in der Telekommunikation[1]

Detlef Garbe und Klaus Lange

Wissenschaftliches Institut
für Kommunikationsdienste GmbH
Bad Honnef

In der umfangreichen Literatur zur Technikfolgenabschätzung[2] (TA) fehlt eine Konkretisierung für den Bereich der Telekommunikation.[3] Deshalb sollen hier nach einem kurzen Verweis auf die Bedeutung von Telekommunikation für Gesellschaft, Wirtschaft und Politik sowie einer knappen Erläuterung zentraler Definitionen und Ansätze von Technikfolgenabschätzung die spezifischen Themenfelder aufgerissen werden. Im Zentrum dieser Einführung steht eine detaillierte Auflistung und Beschreibung von TA-relevanten Aktivitäten internationaler und nationaler Akteure.

---

1 Hierbei handelt es sich um ein aus Zeitgründen nicht gehaltenes Einführungsreferat für unseren Workshop. Es dient auch der Beantwortung von Fragen nach Inhalt und Formen von TA, die in der Abschlußdiskussion zu unserem Workshop aufgeworfen worden sind.

2 Wie aus den Positionspapieren von BMFT und Parlament zu entnehmen ist, hat sich im deutschen Sprachraum der Begriff "Technikfolgenabschätzung" wohl durchgesetzt. Dabei handelt es sich um eine etwas verkürzte Übersetzung des amerikanischen "Technology Assessment". "Technology" ist umfassender als der deutsche Begriff "Technik". "Assessment" bedeutet mehr als Abschätzung und impliziert auch Bewertung. Um nicht zu verwirren, haben wir uns dem herrschenden Begriffsverständnis angepaßt. Im folgenden verwenden wir auch die gebräuchliche Abkürzung "TA".

3 Eine erste Annäherung erfolgt bei Klumpp, D., Technikfolgenabschätzung: Bedingungen und Perspektiven in der kommunikationstechnischen Industrie, (SEL, Hektogramm), Stuttgart, Januar 1989.

1. Zum Verhältnis von Telekommunikation und Gesellschaft

Wer immer Techniken entwickelt und einsetzt, denkt an Wirkungen. Techniken sind Verfahren, die in sozialen Handlungszusammenhängen produziert und zur Steigerung ausgewählter Wirkungen in sozialen Handlungszusammenhängen eingesetzt werden. Nur im Kontext der Strukturen und Prozesse des Technik einsetzenden sozialen Systems können Technikfolgen verstanden werden. Mit dem Einsatz von Techniken verändern sich jedoch auch diese Institutionen und Verhaltensweisen.[4]

Ein soziotechnisches System[5] ist per Definition nicht wertfrei. Basistechnologische Entwicklungen eröffnen Gestaltungsoptionen, die im Technikentwicklungsprozeß durch herrschende Werte zunehmend verengt werden. Techniklob und Technikkritik sind daher immer im Kontext zu übergeordneten Einstellungen zu der konkreten Gesellschaft und deren Werten zu sehen.

Die anfängliche Technikbegeisterung ist in den Industriegesellschaften in den beiden letzten Jahrzehnten abgeflaut. Es findet sich noch kaum eine Mehrheit, die Technik pauschal als Segen betrachtet.[6] Aus diesem Trend eine gesteigerte Technikfeindlichkeit zu folgern, ist falsch; es macht sich eher eine Ernüchterung über technische Entwicklungen breit. Man erkennt, daß Techniken nicht nur Probleme lösen helfen, sondern auch Folgeprobleme schaffen. Dieses Bewußtsein mündet in den Wunsch, wenn nicht an der Technikentwicklung dann zumindest am Technikeinsatz diskursiv beteiligt zu sein.

Das Technikfeld, in dem sich sowohl national als auch international die intensivste wissenschaftliche und öffentliche Debatte über Technikfolgen abgespielt hat, ist das der Energietechniken - fokussiert auf Fragen der Sicherheit und der ökologischen Folgen der

---

4 Vgl. hierzu u.a. Weingart, P., Strukturen technologischen Wandels. Zu einer sozologischen Analyse der Technik; Rammert, W., Soziotechnische Revolution: Soziostruktureller Wandel und Strategien der Technisierung. Analytische Perspektiven einer Soziologie der Technik, beide in: Jokisch, R. (Hrsg.), Techniksoziologie, Frankfurt/M., 1982, S. 112-141 bzw. 32-81.

5 Vgl. Haefner, K., Vom sozialen zum soziotechnischen System - der Beitrag der Telekommunikation, in: Meier, A. (Hrsg.), Telekommunikation in Deutschland - Umbruch und Fortentwicklung, Online 1991, Kongreßband, Velbert, 1991.
Zur Entwicklungsdynamik großtechnischer Systeme vgl. Mayntz, R., Hughes, Th.P. (eds.), The Development of Large Technical Systems, Frankfurt/M., 1988; Bijker, W.B., Hughes, Th.P., Pinch, T. (eds.), The Social Construction of Technological Systems, Cambridge (MA), 1987.

6 Vgl. hierzu Jaufmann, D., Kistler, E. (Hrsg.), Sind die Deutschen technikfeindlich? Erkenntnis oder Vorurteil, Opladen, 1988; Kistler, E., Jaufmann, D. (Hrsg.), Mensch - Gesellschaft - Technik. Orientierungspunkte in der Technikakzeptanzdebatte, Opladen, 1989.

Energieproduktion.[7] Im Zentrum der öffentlichen Debatte stehen nun neben den Umwelt-, Raumfahrt- und Gentechnologien auch die Informations- und Kommunikationstechnologien.

"Sozialverträglichkeit" wurde Ende der 70er Jahre neben Umweltverträglichkeit, internationalen Verträglichkeit und Wirtschaftlichkeit als das zentrale Bewertungskriterium in die Energietechnologie-Debatte eingeführt. Nach Renn[8] bedeutet Sozialverträglichkeit nicht nur die Übereinstimmung einer technologischen Entwicklung mit den in der Gesellschaft vorfindbaren Wertstrukturen sondern auch die Gewährleistung von Konfliktbewältigung im Rahmen demokratischer Entscheidungsprozesse.

Bei den Informations- und Kommunikationstechnologien wird primär deren Sozialverträglichkeit[9] thematisiert. Die Thematisierung der Sozialverträglichkeit rechtfertigt sich aus der zentralen sozialen Bedeutung der Kommunikation:

- Kommunikation ist eine Grundbedingung menschlichen Lebens,
- Kommunikation ist das Wesen von Organisation,
- Kommunikation konstituiert Gesellschaft und hält Gesellschaften zusammen.[10]

Kommunikation ist die primäre Form sozialer Interaktion; mittels Kommunikation erfolgt die gesellschaftliche Konstruktion der Wirklichkeit.[11]

So wird verständlich, daß mit den Veränderungen bei den Kommunikationsmedien sich auch die soziale (wirtschaftliche und politische) Verfaßtheit von Gesellschaft(en) verändert; nach McLuhan wird das Medium sogar zur Botschaft.[12] Erst durch Medien, die die Kommunikationspartner von der Bedingung, am gleichen Ort und zur gleichen Zeit sein zu müssen, befreiten, wurden großflächig verteilte und funktional ausdifferenzierte Gesellschaftsformen möglich.[13] Mit dem gesellschaftsübergreifenden Telekommunika-

---

7 Vgl. Enquete-Kommission des Deutschen Bundestages, "Zukünftige Kernenergiepolitik", in: Presse- und Informationszentrums des Bundestages (Hrsg.), Zur Sache Nr.1,1980 und Nr.2, 1980, Bonn, 1980; Meyer-Abich, K.M., Schefold, B.: Die Grenzen der Atomwirtschaft, (Beck), München, 1986; Renn, O. u.a., Sozialverträgliche Energiepolitik. Ein Gutachten für die Bundesregierung, (High Tech), München, 1985.

8 Ebd., S. 56.

9 Vgl. a. Tschiedel, R., Sozialverträgliche Technikgestaltung, Opladen, 1989.

10 Vgl. Luhmann, N., Kommunikationsweisen und Gesellschaften, in: Rammert, W., Bechmann, G. (Hrsg.), Technik und Gesellschaft - Jahrbuch 5, Frankfurt, 1989, S. 9-44.

11 Vgl. Berger, P., Luckmann, Th., Die gesellschaftliche Konstruktion der Wirklichkeit, Frankfurt/M., 1971.

12 Vgl. McLuhan, M., Die magischen Kanäle (Orginal: Understanding Media), Hamburg, 1970.

13 Vgl. Luhmann, N., Veränderungen im System gesellschaftlicher Kommunikation und die Massenmedien, in: Schatz, O. (Hrsg.), Die elektronische Revolution. Wie gefährlich sind die Massenmedien, Graz, Wien, Köln, 1975.

tionssystem - oft als der Welt größte Maschine apostrophiert - wird die Welt zum globalen Dorf.

Neue Telekommunikationstechnologien

- verändern das Zusammenleben in Familien,
- eröffnen neue Möglichkeiten der Freizeitgestaltung,
- ermöglichen neue Formen der Verrichtung alltäglicher Tätigkeiten,
- eröffnen neue Formen der Arbeit und Zusammenarbeit,
- stellen die tradierte Struktur von Großorganisationen in Frage,
- verändern die (internationale) Wirtschaftsstruktur,
- eröffnen neue Möglichkeiten wirtschaftlicher Betätigung,
- ermöglichen neue Formen von Unterricht und Forschung,
- heben die Trennung von Individual- und Massenkommunikation auf,
- eröffnen neue Wege bei der politischen Willensbildung und
- ermöglichen neue Formen für das Verwaltungshandeln.

Telekommunikation wird zudem auch zum Katalysator der wirtschaftlichen Entwicklung: Die Kommission der Europäischen Gemeinschaften geht davon aus, daß im Jahr 2000 7% (1987 noch unter 2%) des Bruttosozialprodukts auf diesen Sektor entfällt.[14] Besonders im Dienstleistungssektor wird Telekommunikation zum entscheidenden Produktions- und Veränderungsfaktor.

Angesichts der zentralen gesellschaftlichen und wirtschaftlichen Bedeutung der Telekommunikation erscheint es nicht weiter opportun, daß die Folgen dieser Technologie nur im Kontext von Computer- und Informationstechnologien thematisiert werden. Auch wenn Telekommunikation in Zukunft zunehmend computerunterstützt ablaufen wird, verfehlt man mit einer thematischen Fokussierung auf diesen Aspekt die Besonderheiten der Telekommunikation.

---

14 Kommission der Europäischen Gemeinschaften, Auf dem Wege zu einer dynamischen europäischen Volkswirtschaft. Grünbuch über die Entwicklung des gemeinsamen Marktes für Telekommunikationsdienstleistungen und Telekommunikationsgeräte, KOM(87) 290 endg., Brüssel, Juni 1987, S. 2.

2. Konzepte der Technikfolgenabschätzung

In der Vergangenheit fand das (Nach)Denken über Technikfolgen recht unsystematisch und unvermittelt statt. Dieser historische Modus hat jedoch angesichts des heute immer rascher fortschreitenden technologischen Entwicklungsprozesses mit seinen vielen Gestaltungsoptionen kaum noch eine Berechtigung. Zudem können die mittelbaren, indirekten und unbeabsichtigen Folgen der technischen Entwicklungen kaum mehr prima facie abgeschätzt werden. Eine systematische, wissenschaftlich fundierte Abschätzung der Technikfolgen ist notwendig.

Unter Technikfolgenabschätzung[15] wird ein Verfahren verstanden, in dem die Folgen technologischer Entwicklungen systematisch ermittelt und bewertet werden. Ihre Ergebnisse dienen dazu, die öffentliche Debatte über neue Techniken zu versachlichen, alternative Entwicklungspfade aufzuzeigen und politisch-rechtliche Gestaltungsmaßnahmen vorzuschlagen. Sie leistet damit wesentliche Beiträge zur sozialverträglichen Steuerung technischer Entwicklungsprozesse.[16] Dabei muß sich Technikfolgenabschätzung sich reflexiv verstehen: Sie prognostiziert Entwicklungen in einem System, auf das sie selbst zurückwirkt.

Zu ihrer wissenschaftlichen Fundierung greift TA auf die Ergebnisse theoretisch orientierter und methodisch kontrollierter Technikfolgenforschung zurück. Auf der Technikfolgenforschung basieren letztlich die in der TA vorgenommenen Bewertungen.

TA läuft idealtypisch wie folgt ab:[17]

1. Bei der **Bestandsaufnahme** wird die Technik beschrieben, potentielle Anwendungsfelder identifiziert und eine Umfeldanalyse der Entscheidungs- und Interessenlage vorgenommen.

2. Bei der **Folgenanalyse** werden Anwendungsszenarien ausgearbeitet, beabsichtigte Folgen identifiziert und die möglichen Folgen aus der Sicht unterschiedlicher Akteure und Betroffener analysiert.

---

15 Vgl. zum Begriff und Methoden die "erste, deutsche" Grundlagenstudie von Paschen, H., Technology assessment, Technologiefolgenabschätzung: Ziele, methodische und organisatorische Probleme und Anwendungen, Frankurt, 1978.

16 Vgl. Dierkes, M., Was ist und wozu betreibt man Technikfolgen-Abschätzung, in: Veröffentlichungsreihe des Wissenschaftszentrums Berlin für Sozialforschung, FS II 89-103, Berlin, 1989.

17 Vgl. Langenheder, W., Technikfolgenforschung in der Informationstechnik, in: Fricke, E., Fricke, W. (Hrsg.), 1990 Jahrbuch Arbeit und Technik, Bonn, 1990, S. 257-266.

3. Bei der **Bewertung** wird ein Kriterienkatalog entwickelt, die Bewertung nach einem geeigneten Bewertungsverfahren durchgeführt und die Bewertungen in einem diskursiven Verfahren offengelegt.[18]

4. Abschließend werden in Form von **Empfehlungen** für den Entscheidungsträger ein Katalog erforderlicher Maßnahmen erarbeitet.

Für die einzelne Arbeitsschritte sind unterschiedliche Verfahren opportun. Die Delphi-Methode kann bei allen Arbeitschritten eingesetzt werden. Netzplantechnik, Organisations- und Systemanalyse helfen bei der Bestandsaufnahme, Produktlinienanalyse, Risikoanalyse, historische Analogien bzw. Trendextrapolationen bei der Folgenanalyse, Nutzwertanalyse und Wertbaumanalyse bei der Bewertung.[19]

Alle mittels Technik- und Anwendungsszenarios erzeugten "künstliche" Zukunftsbilder sind recht bedingte Prognosen. Es sind Gedankenexperimente, deren Prämissen permanent überprüft werden müssen. Zudem unterliegen die bei Bewertungen eingesetzten Kriterien einem dynamischen Wandel: So war Umweltverträglichkeit vor ca. 20 Jahren noch kein dominanter Wert.

Je früher TA in die Technikgenese inkorporiert wird, umso erfolgreicher kann sie zur Steigerung positiver und Vermeidung negativer Folgen beitragen. Es lassen sich vier Phasen der technischen Entwicklung unterscheiden:

- Kognition (wissenschaftliche Forschung)
- Invention (technische Konzipierung)
- Innovation (technisch-wirtschaftliche Realisierung)
- Diffusion (Penetration und Aneignung der Technik).[20]

Eine TA, die erst mit der Diffusion einsetzt, wird als **reaktive TA**[21] verstanden, da sie nur noch die Folgewirkung einer bereits konkretisierten und angewandten Technik thematisieren kann; sie wird primär an der Vermeidung negativer Folgen ausgerichtet sein. Setzt eine TA schon mit der Innovation ein, wird sie als **innovativ** oder auch **pro-**

---

18 Vgl. Verein Deutscher Ingenieure (VDI), Richtlinienvorentwurf "Empfehlungen zur Technikbewertung", Düsseldorf, 1988.

19 Vgl. zur Methodenübersicht Frei, D., Ruloff, D., Handbuch der weltpolitischen Analyse. Methoden für Praxis, Beratung und Forschung, (Rüegger), 2.Aufl., Grüsch(CH), 1988.

20 Vgl. Ropohl, W., Konzeptionen der Technikbewertung, in: Daimler-Benz AG (Hrsg.), Technikfolgenabschätzung und Technikbewertung - Konzeptionen, Anwendungsfälle, Perspektiven, Düsseldorf, 1988, S. 15-26.

21 Ebd., S. 21ff.

jektiv bezeichnet; mit ihr kann man (auch) die positiven Folgen einer technologischen Entwicklung verstärken. Über die Entwicklung alternativer Anwendungsszenarios kann TA gestaltend auf den Technikentwicklungsprozeß zurückwirken. Eine Variante des TA-Prozesses kann darin bestehen, mit potentiellen Betroffenen eine Technologie partizipativ zu gestalten (Gestaltungsforschung); die Grenzen zu einem reflektierten Marketing werden dabei fließend.

Eine Ausrichtung der wissenschaftlichen Forschung bzw. der technischen Entwicklung an der Lösung gesellschaflicher Problemlagen bezeichnet man als **probleminduzierte** TA. **Technikinduzierte** TA geht hingegen von einer bereits recht konkreten Technik aus und untersucht, wie diese sozialverträglich weiterentwickelt und eingesetzt werden kann.[22]

Soziale Folgen technologischer Entwicklungen werden gesellschaftlich vermittelt erfahren und subjektiv interpretiert. Da man zudem kaum Erfahrungen mit noch nicht vorhandenen Technologien machen kann, sind es in der Regel vermittelte "Spekulationen", die das Urteil der Öffentlichkeit über Technologien - und somit auch deren Diffusionschancen - bestimmen. Zentraler Bestandteil einer wirkungsvollen TA ist daher auch die möglichst frühzeitige Rückbindung ihrer Ergebnisse in den gesellschaftlichen Diskursprozeß, an dem neben den Betroffenengruppen alle gesellschaftlich relevanten Gruppen beteiligt werden müssen. Nur so kann das notwendige gesellschaftliche Vertrauen in technische Entwicklungsprozesse hergestellt werden.

3. Aufriß des Forschungsfeldes

Je nach TA-Orientierung (s.o.) lassen sich Themenfelder unterschiedlich entfalten. Eine technikinduzierte TA würde von den einzelnen Telekommunikationstechniken bzw. -diensten ausgehen, eine problemorientierte TA von den spezifischen Wirkungs- bzw. Problembereichen.

22 Vgl. zu dieser Unterscheidung auch Bundesminister für Forschung und Technologie (BMFT), Memorandum eines vom Bundesminister für Forschung und Technologie berufenen Sachverständigenausschusses zu Grundsatzfragen und Programmperspektiven der Technikfolgenabschätzung, Bonn, Juni 1989.

3.1 Telekommunikationstechniken bzw. -dienste

Mit dem Telegraphen begann 1847 die Ära der Telekommunikation; 1877 kam das Telefon hinzu. Neue Techniken und Dienste wurden sukzessive und ergänzend zum Telefonnetz entwickelt und eingeführt; das ISDN führt diese Dienste in einem Netz zusammen. Zur Sprachübertragung traten Text- und Bildübertragung hinzu; Bewegtbildübertragung kommt hinzu. Die dyadische Kommunikationssituation wird durch Telefon- und Videokonferenz verändert; die technische Entwicklung fordert von allen Gesprächsteilnehmern nicht nur das Lernen neuer Kommunikationsformen, sondern auch eine neuartige Organisation von Kommunikation. Weitere, bisher als selbstverständlich geltende Grenzen werden überschritten: Die Bindung des Telefonierens an einen stationären Zugang zum Netz wird durch Mobilfunk ebenso aufgehoben wie die Begrenzung des Nachrichtenaustausches, des Aufnehmens von Daten und Einwirkens auf technische Regelkreise durch räumliche Distanzen. U.a. fördern Satellitendienste die Entwicklung der Weltgesellschaft und -wirtschaft.

Heute stellt sich die Vielfalt der Telekommunikationsdienste differenziert nach ihrer kommunikativen Funktion wie folgt dar:

Schaubild 1: Telekommunikationstechniken und -dienste

Dialog	zeitversetzter Dialog	Abruf/Zugriff	Verteilung
Fernsprechen	Schnell-Fernkopieren	Bildschirmtext	Hörfunk
Mobil-Fernsprechen	Farb-Fernkopieren	Bild-/Filmabruf	Fernsehen
Bildfernsprechen	Textfax	Videotext	HDTV
Videokonferenz	Fernschreiben	Kabeltext	Pay-TV
Sprechkonferenz	Bürofernschreiben	Tele-Zeitung	Industriefernsehen
	Text-Mail	Datenbanken	
	Voice-Mail		
	Fernzeichen		
	Funkruf		
	Fernwirken		
	Datenkommunikation		

3.2 Wirkungsbereiche

Die angeführten Telekommunikationstechniken und -dienste sind gesellschaftlich produzierte Techniken und Dienste. Sie entfalten intendierte und nicht-intendierte gesellschaftliche Wirkungen und sind als solche bereits Resultat sozialen Handelns. Die Genese einer Technik kann nicht allein verstanden werden durch eine Analyse der Versuchsanordnungen oder der Denkprozesse der Ingenieure, sondern nur auf dem Hintergrund des gesellschaftlichen Kontextes und des sozialen Handlungszusammenhanges, in dem die "Technikentwickler" stehen. Ebensowenig können Wirkungsbereiche einer Technik eindimensional im Sinne einer Ursache-Wirkungs-Relation betrachtet werden, sondern Technikeinführung und -nutzung ist immer ein Prozeß der wechselseitigen Einflußnahme von der Verhinderung einer Technik durch Akzeptanzbarrieren bis hin zur Technikanpassung und -veränderung.

Gesellschaftliche Wirkungen der Telekommunikationstechniken und -dienste lassen sich auf den Ebenen Individuum, Gruppen, Organisation und Gesellschaft betrachten, wobei letztere in Anlehnung an die Systemtheorie nach Teilsystemen wie Politik, Ökonomie, Recht und Kultur ausdifferenziert werden können.

Schaubild 2: Wirkungsbereiche

Individiuen	Gruppen	Organisation	Gesellschaft			
Junge	Familie	Verein	Politik	Ökonomie	Kultur	Recht
Alte	Haushalt	Krankenhaus	Regierung	Region	Schule	Rechtsprechung
Mann	Freundeskreise	Gewerkschaft	Verwaltung	Branche	Universität	Strafvollzug
Frau			Parlament	Betrieb	Massenkommunikation	Profession
Arbeitnehmer			Partei			

Telekommunikation wirkt wie keine andere Technologie grenzüberschreitend. Telekommunikationsnetze sind weltumspannend. Die Globalisierung der Kommunikation eröffnet erst den Horizont für supra-nationale Verflechtungen - primär in Ökonomie, Politik und Kultur. Jede "nationale" TA muß daher also auch die supra-nationale Systemebene berücksichtigen.

Darüber hinaus kann eine umfassende TA nicht umhin, Wirkungen auf das ökologische System zu thematisieren. Die natürliche Umwelt liefert die Rahmenbedingungen sozialen Handelns. Die Gefährdung dieser Bedingungen hat nicht nur den Blick für diese existentielle Grundlage geschärft, sondern zwingt alle jene im Bereich der Telekommunikation Tätigen darüber nachzudenken, wo durch solche Techniken und Dienste das Gefährdungspotential erhöht, verringert oder gar erst unter Kontrolle gebracht werden kann.

4. TA-Institutionen und Aktivitäten

Technikfolgenabschätzung ist auf unterschiedliche Weise und auf unterschiedlichen Ebenen institutionalisiert[23] worden. Zum einen sind von einigen Parlamenten Institutionen gegründet worden, die sich ausschließlich der Technikfolgenabschätzung widmen, zum anderen nimmt die Perspektive der Analyse und Bewertung von Technikfolgen in der Forschung der Universitäten, der Großforschungseinrichtungen und der Industrie einen immer breiteren Raum ein.

Bevor nationale und länderspezifische Programme zur Technikfolgenabschätzung im Bereich der Telekommunikation dargestellt werden, sollen die Organisation, die als erste explizit der TA gewidmet wurde, und übergreifende europäische Initiativen kurz vorgestellt werden.

4.1 Internationale TA-Institutionen und Aktivitäten

Das Office of Technology Assessment

Vorbild für viele Institutionen, die Technikfolgenforschung und Technikbewertung betreiben, ist das Office of Technology Assessment (OTA). OTA wurde schon 1972 durch den Congress der Vereinigten Staaten von Amerika[24] gegründet und ist diesem zuge-

---

23 Vgl. Böhret, Ch., Franz, P., Technikfolgenabschätzung. Institutionelle und erfahrungsmäßige Lösungsansätze, Frankfurt/M., 1982.

24 Um zu verstehen, warum in den USA relativ früh eine technologiepolitische Beratungsinstitution geschaffen wurde, muß man die Besonderheiten des amerikanischen Regierungssystems kennen. In der amerikanischen Präsidialdemokratie besteht zwischen den Parlamentsabgeordneten und dem auch direkt vom Volk gewählten Präsidenten und dessen Regierung ein weitaus größerer potentieller Interessengegensatz als zwischen der Parlamentsmehrheit und der auf ihr basierenden Regierung bei einer parlamentarischen Demokratie - wie z.B. der der Bundesrepblik. Die Congress-Abgeordneten können sich deshalb bei schwierigen Materien kaum auf die Beratung durch die Regierung und ihrer Behörden verlassen. Deshalb wurden im Congress umfangreiche, von der Regierung unabhängige Beratungskapaziäten aufgebaut; so z.B. das Congressional Budget Office (CBO) und der Congressional Research Service (CRS) der Library of Congress. Zur technologiepolitischen Beratung kam im Oktober 1972 das Office of Technoloy Assessment hinzu. Das OTA soll den Congress möglichst frühzeitig auf den realen und potentiellen Nutzen und die Gefahren der technologischer Entwicklung und des Technikeinsatzes hinweisen; dabei soll es aber auch Alternativen zu der sich andeutenden Entwicklungen erarbeiten und bewerten.

ordnet. Ca. 140 wissenschaftliche Mitarbeiter führen mit einem Budget von ca. 20 Mio. Dollar jährlich 15 - 25 Studien durch; dabei entfallen auf die für Telekommunikation zuständige Abteilung "Communication and Information Technologies" (CIT) 16 Mitarbeiter mit einem Budget von 1,3 Mio. Dollar.

CIT hat im Januar 1990 eine 400 Seiten umfassende Studie "Critical Connections: Communications for the Future"[25] vorgelegt, in der die (potentiellen) Wirkungen sich entwickelnder Kommunikationsinfrastrukturen auf die Wirtschaft, auf Politik und Demokratie sowie auf das Kommunikationsverhalten der Individuen untersucht wurden. Die Durchführung dieser Studie beanspruchte einen Zeitraum von 2 Jahren; neben den Projektbearbeitern innerhalb des OTA waren ca. 200 externe Gutachter und Reviewer eingeschaltet.

Im CIT-Programm wurde gerade eine Studie über "Telecommunications and Rural Economic Development" abgeschlossen. Studien zum "National Research and Education Network", "Radio Frequency Spectrum Allocation and Managment" und "Open Network Architecture and Interoperability" sind in Arbeit und Studien zur Vernetzungsproblematik und zur internationalen Telekommunikationsentwicklung werden vorbereitet.

Europäische Gemeinschaft

Die Kommission der Europäischen Gemeinschaften[26] hat inzwischen eine umfassende Forschungs- und Technologieförderung installiert. Aus der Vielzahl der Förderprogramme für die Forschung auf dem Gebiet der Telekommunikation ist vor allem MONITOR mit dem Unterprogramm FAST[27] (= Forecasting and Assessment in Science and Technology), das Prognosen und Bewertungen von Technikentwicklungen liefern soll, zu nennen. Im Rahmen dieses Programms fand im November 1990 der 2. Europäische Kongreß zur Technikfolgenabschätzung[28] in Mailand statt. Dabei wurde

25 Vgl. US Congress, Office of Technology Assessment, Critical Connections - Communication for the Future, (General Printing Office / OTA-CIT-407), Washington, Januar 1990.

26 Neben den internationalen Initiativen sind im Rahmen der EG noch zwei nationale Institutionalisierungen auf dem Bereich der TA der Telekommunikation hervorzuheben: die niederländische "NOTA" und der dänische "Board of Technology".
Vgl. zur NOTA den ersten Erfahrungs- und Arbeitsbericht NOTA, Technology assessment, To Adjust or to Channel, Den Haag, Februar 1990, und den Beitrag von Hoogstraten, P.v., in diesem Band a.d.S. 21-32.
Vgl. zum Board of Technology Cronberg, T., Experiments into the future.A summary from Danish Social Experiments with Information Technology, (Finanzministerium Dänemark), Kopenhagen, 1990.

27 Vgl. Wobbe, W., Europäische Gestaltungsforschung mit FAST und MONITOR, in: Fricke, E., Fricke, W. (Hrsg.), 1990 Jahrbuch Arbeit und Technik, Bonn, 1990, S. 205-212.

28 Zum 1. Kongreß vgl. Hoh, S.C., Smits, R., Petrella, R. (Hrsg.), Technology Assessment. An Opportunity for Europe, (6 Bände), The Hague, 1987.

ein Workshop zum Thema "Technikfolgenabschätzung in der Telekommunikation" veranstaltet, in dem aus der Bundesrepublik Deutschland das "Bürgergutachten ISDN" präsentiert und diskutiert wurde.[29] Aus Dänemark wurden Sozialexperimente mit Telekommunikation vorgestellt, während für die Niederlande über ein intendiertes TA-Projekt zu HDTV berichtet wurde. Zwei inhaltliche Schwerpunkte der Debatte sollen hervorgehoben werden: Zum einen scheint sich der methodische Schwerpunkt bei TA-Projekten von der Ermittlung der Technikfolgen hin zu einer "konstruktiven" TA zu bewegen, was in etwa dem deutschen Verständnis von Technikgestaltungsforschung entspricht. Allerdings wird hier noch nicht der konsequente Weg zu einer problemorientierten TA gegangen, wenn er auch vereinzelt angestrebt wird. Zum anderen scheint auch europaweit immer deutlicher zu werden, daß die (Be-)Nutzer der Informations- und Telekommunikationstechnik stärker in den Blickpunkt von TA-Projekten genommen werden; sowohl der bundesrepublikanische Weg des Bürgergutachtens als auch die dänischen Sozialexperimente wurden als beispielhaft akzeptiert. Hinsichtlich der Einbindung von TA-Ergebnissen in (auch unternehmerische) Entscheidungen wurden dem Bürgergutachten als Methode Vorteile zugesprochen.

Weitere EG-Programme mit einschlägiger Relevanz sind:

- RACE mit dem Schwerpunkt auf Breitbandkommunikation unter Berücksichtigung von ISDN, der Vorbereitung von Standardisierungen und Funktionsspezifikationen für Anwender,[30]
- DRIVE entwickelt Telematikanwendungen zur Optimierung des Straßenverkehrs.[31]

---

29 Adler, J. ,Garbe, D., Lange, K., ISDN in the Federal Republic of Germany (Citizen Report ISDN), paper presented at the 2nd European Congress on Technology Assessment, November 14-16, Milano, und den Beitrag von Dienel, P., Technologiefolgenabschätzung in der Telekommunikation: Es geht um die Einbeziehung des Bürgers, in diesem Band, S. 183-194.

30 Commission of the European Communities, DG XIII, Research and Development in Advanced Road Transport Telematics in Europe, Brusselles, March 1990.

31 Commission of the European Communities, DG XIII, Research and Development in Advanced Communications Technologies in Europe, Brusselles, March 1990.

4.2 Nationale Institutionalisierungen und Forschungsaktivitäten[32]

In der Bundesrepublik hat in den letzten ca. 15. Jahren eine intensive Debatte um die Institutionalisierung von Technologiefolgenabschätzung stattgefunden. Dieser recht langwierige und zähe Prozeß, in dem die Enquete-Kommission "Gestaltung der technischen Entwicklung; Technikfolgen-Abschätzung und -Bewertung" letzlich eine zentrale Rolle gespielt hat, zeitigt nun erste Resultate.

Parlament und Bundesregierung

Auf der Ebene der **Legislative** ist zu konstatieren, daß dem Ausschuß für Forschung, Technologie und Technikfolgenabschätzung ein "Büro für Technikfolgenabschätzung des Deutschen Bundestages" (TAB) zur Seite gestellt wurde. Die Abgeordneten verfügen nun über eine ihnen direkt zugeordnete Beratungsinstitution. Das bleibt sicher nicht ohne Rückwirkung auf die Ministerien, die fachlich stärker gefordert werden als bisher. Das Büro, das von der Abteilung für Angewandte Systemanalyse des Kernforschungszentrums Karlsruhe aufgebaut wird, verfügt über einen Etat von 2 Mio. DM für die sachliche und personelle Ausstattung sowie einen Titel für Auftragsforschung von zunächst 0,5 Mio. DM. Damit wird das geforderte Aufgabenprofil nur in Grenzen zu realisieren sein. Umso eher ist u.U. zu erwarten, daß der Ausschuß einschlägige Forschungen und Aktivitäten von den zuständigen Ministerien erwarten wird. Problemstellungen aus dem Bereich der Telekommunikation werden nicht zu den ersten Schwerpunkten des Büros gehören.

Auf der Ebene der **Exekutive** ist die Rolle des Bundesministeriums für Forschung und Technologie (BMFT)[33] hervorzuheben, das in einem Querschnittsreferat und in Fachreferaten - z.B. zu Informations- und Kommunikationstechnologien - Fragestellungen der Technikfolgenabschätzung bearbeiten läßt. In Zusammenarbeit mit dem Bundesministerium für Wirtschaft hat das BMFT ein Handlungs- und Forschungsprogramm "Zukunfts-

---

32 Basis für die Ausführungen zur Technikfolgenabschätzung im Informationstechnik- und Telekommunikationssektor ist der im Auftrag von FAST erstellte Länderbericht für die Bundesrepublik Deutschland. vgl. Garbe, D., Technology Assessment on Telecommunication, Country-Report: Federal Republic of Germany, Bad Honnef, 1990. Dieser Bericht fand Eingang in den umfassenden Bericht von Iwens, J.L.(ed.), Technology Assessment in Telecommunication in Europe - The State of the Art in EC-Countries, Juli 1990 (NOTA - Hektogramm). Wir bitten diejenigen Instutionen und Forscher um Entschuldigung, die nicht in der Aufzählung enthalten sind. Evtl. Defizite sind auch dadurch zu erklären, daß die in unserer schriftlichen Umfrage angeschriebenen Institute bzw. Forscher ihre Projekte nicht zum Bereich Technikfolgenabschätzung in der Telekommunikation einordneten.

33 Der BMFT fördert auch die grundlegende Beschäftigung mit TA; vgl dazu: Bundesminister für Forschung und Technologie (Hrsg.), Memorandum zur Technikfolgenabschätzung, Bonn, Juni 1989 und die Tagung "Technikfolgenforschung und Technikfolgenabschätzung" am 22. - 24. Oktober 1990 in Bonn.

konzept Informationstechnik"[34] vorgelegt. Im Rahmen des vom BMFT geförderten Verbund sozialwissenschaftliche Technikforschung werden zur Zeit drei für die Telekommunikation relevante Projekte gefördert. Im Kontext der Aktivitäten zur Technikfolgenabschätzung stimuliert das BMFT die wissenschaftliche Diskussion durch die Förderung von Gesprächskreisen der wissenschaftlich-technischen Gesellschaften (s.u.). Es bleibt noch zu erwähnen, daß das VDI/VDE-Technologiezentrum Informationstechnik GmbH (Berlin) im Auftrag des BMFT seit 1989 einen Nachrichtenbrief "Informationen zur Technikfolgenabschätzung der Informationstechnik" herausgibt.

Bundesländer

Unter den Bundesländern verdienen Nordrhein-Westfalen und Baden-Württemberg eine gesonderte Betrachtung.

Der Minister für Arbeit, Gesundheit und Soziales (MAGS) des Landes Nordrhein-Westfalen hat in den Jahren 1984-1988 das Programm "Mensch und Technik - Sozialverträgliche Technikgestaltung" realisiert.[35] Das Programm wird nun in einem erheblich geringeren Umfang exemplarisch und praxisorientiert fortgesetzt und vom Institut für Arbeit und Technik (IAT) des Wissenschaftszentrum Nordrhein-Westfalen betreut. Seit 1987 ist beim Wirtschaftsministerium die Initiative der Landesregierung "Teletech NRW '90" angesiedelt. Im Rahmen der Teletech-Initiative hat die "ISDN Forschungskommission NW"[36] ein Programm zur wissenschaftlichen Begleitung konkreter ISDN-Anwendungsprojekte (z.B. bei einer Handelskette, in einem Krankenhaus und in öffentlichen Verwaltungen) mit dem Ziel der Technikgestaltung entwickelt. Neben der Realisierung wissenschaftlicher Projekte will man durch verstärkte Öffentlichkeitsarbeit breite Resonanz erzeugen. Erwähnenswert ist in diesem Zusammenhang auch, daß aus der Parlament-Kommission "Mensch und Technik", die das obige Programm begleitet hat, nun ein

---

34 Vgl. Bundesminister für Forschung und Technologie, Bundesminister für Wirtschaft, Zukunftskonzept Informationstechnik, Bonn, August 1989, hier die S. 134ff.

35 Die Programmatik ist beschrieben bei Alemann, U.v., Schatz, H., Mensch und Technik - Grundlagen einer sozialverträglichen Gestaltung, 2. Aufl., Opladen, 1987; Vgl. a. Ministerium für Arbeit, Gesundheit und Soziales des Landes Nordrhein-Westfalen (Hrsg.), Mensch und Technik. Sozialverträgliche Technikgestaltung. Liste der Veröffentlichungen, Hektogramm, Stand - Januar 1991.

36 Vgl. ISDN-Forschungskommission des Landes Nordrhein-Westfalen, Forschungsdesign der ISDN-Forschungskommission, in: Materialien und Berichte der ISDN Forschungskommission Nordrhein-Westfalen, Nr. 1, 1990;
Bruch, H., Landesinitiative TELETECH NRW. Eine Antwort auf die Herausforderung der Telekommunikation in Wirtschaft und Verwaltung; Lange, B.-P., Perspektiven der ISDN-Entwicklung aus der Sicht der ISDN-Forschungskommission des Landes NRW, beide in: Meier, A. (Hrsg.), Telekommunikation in Deutschland: Umbruch und Fortentwicklung, Online 1991, Congressband, Velbert, 1991.

Parlamentsausschuß mit gleichem Namen geworden ist; dabei handelt es sich um den ersten "Technikfolgenabschätzungs-Ausschuß" im Parlament eines Bundeslandes.

In Baden-Württemberg wird eine Akademie für Technikfolgenabschätzung eingerichtet, die Wissenschaft, Staat, Wirtschaft und Gesellschaft in gleicher Weise problemorientiert einbinden soll. Anwendungsorientierung und Politikberatung sind die Zielfunktionen dieser Akademie, die durch die beabsichtigte Initiierung eines breiten gesellschaftlichen Diskurses ergänzt werden. Das Leitungsgremium der Akademie wird z.Zt. berufen; der Etat soll von 4,5 Mill. DM (1991) auf 10 Mill. DM (1993) steigen.

Die wissenschaftlich-technischen Gesellschaften

Der Verein Deutscher Ingenieure (VDI) hat mit seinem Richtlinien-Entwurf zur Technikbewertung[37] bisher am deutlichsten unter den wissenschaftlich-technischen Gesellschaften Stellung bezogen. Dieser Entwurf ist aus einer breit angelegten Debatte zwischen Technikern und Wissenschaftlern entstanden und repräsentiert nicht nur den strategischen Konsens, sondern auch den state-of-the-art hinsichtlich der Methodologie und der Methoden, einschließlich der gesellschaftlich, partizipativ orientierten Ausrichtung von Technikfolgenabschätzung.

Für den Bereich der Informationstechnik und der Telekommunikation werden seit kurzem, gefördert durch den BMFT, sog. Diskurse veranstaltet. Träger dieser Diskurse sind die wissenschaftlich-technischen Vereinigungen, in denen erfahrungsgemäß ein breiter interdisziplinärer Sachverstand vorhanden ist, der zum einen für die Ziele von Technikfolgenabschätzungen zu sensibilisieren ist und zum anderen für die fachinterne, aber auch öffentliche Debatte aktiviert werden kann. In diesem Zusammenhang sind die Aktivitäten der Informationstechnischen Gesellschaft (ITG) im VDE zu erwähnen, die z.B. seit 1989 einen Diskurs zum Themenkomplex "Datenschutz im ISDN" veranstaltet.[38] Die Gesellschaft für Rechts- und Verwaltungsinformatik führt zur Zeit einen Diskurs zum Thema "Rechtliche Beherrschung der Informationstechnik" durch.[39]

---

37 VDI-Richtlinien Empfehlungen zur Technikbewertung, Düsseldorf, 1989.

38 Die ITG hat eine Dokumentation dieser Arbeit publiziert, ITG (Hrsg.), Datenschutz im ISDN, Frankfurt, 1990. Diese Dokumentation wurde im November 1990 öffentlich vorgestellt und diskutiert; die Ergebnisse dieser Diskussionsveranstaltung werden ebenfalls als sog. Diskursprotokoll veröffentlicht.

39 Vgl. Diskurs-Protokoll III-1 zur Technikfolgenabschätzung der Informationstechnik, VDI/VDE-Technologiezentrum (Hrsg.), Berlin, 1990

Wissenschaftsstiftungen

Die Unternehmen orientieren sich zwangsläufig am Markt, dabei werden Informationen über mittel- und langfristige Folgen des Technikeinsatzes immer wichtiger. Darüber hinaus fördern die Unternehmen aber auch Forschung, die über diesen unmittelbaren Zusammenhang mit Unternehmensinteressen hinausgeht und die auch nicht direkten PR-Aktivitäten dient. So stellen Daimler-Benz, VW, Bosch und SEL direkt oder über Stiftungen erhebliche Ressourcen für Forschungsarbeiten zur Verfügung.

Die SEL-Stiftung hat z.B. im Herbst 1989 das Internationale Symposium zur Soziologie des Telefons gefördert. Die Stiftung Volkswagenwerk hat ein Schwerpunkt-Programm "Informations- und Kommunikationstechnik" eingerichtet.

Forschungseinrichtungen

Die Forschungslandschaft zur Technikfolgenabschätzung in der Bundesrepublik ist vielfältig.

Das Max-Planck-Institut für Gesellschaftsforschung in Köln liefert mit seiner Grundlagenforschung zur Entwicklung großtechnischer Systeme wichtige Bausteine zu einer TA der Telekommunikation i.w.S.; dabei sind u.a. die Studien zur Entwicklung des nationalen Telefon- bzw. Telekommunikationssystems, zum internationalen Vergleich der Entwicklung von Videotex-Systemen und zur Standardisierung in der Telekommunikation hervorzuheben.

Unter den Instituten, die sich kontinuierlich und explizit mit Fragen der Telekommunikation beschäftigt haben, sind die Frauenhofer-Institute für Systemtechnik und Innovation (ISI in Karlsruhe) und für Arbeitswirtschaft und Organisation (IAO in Stuttgart) besonders hervorzuheben, die Anwendungsforschung u.a. in den Bereichen Breitbandkommunikation, Bildtelefon, ISDN und TEMEX betreiben, welche auch Fragen der Technikfolgenabschätzung einbeschließt.

Nicht unerwähnt bleiben sollte auch das Berliner Institut für Zukunftsstudien und Technologiebewertung (IZT), das z.Zt. Projekte zur Vernetzungsproblematik, zur Videokommunikation in Breitbandnetzen und Telearbeit durchführt. Im Kontext von Telekommunikationsentwicklungsprojekten der EG und der Generaldirektion TELEKOM betreibt die empirica - Gesellschaft für Kommunikations- und Technologieforschung mbH (Bonn) auch innovative Gestaltungsforschung - u.a. im Bereich Telework.

Die Großforschungseinrichtungen betreiben ebenfalls Technikfolgenforschung und -abschätzung; die Arbeitsgemeinschaft der Großforschungseinrichtungen (AGF) hat einen Programmausschuß "Systemanalyse und Technikfolgenabschätzung" institutionalisiert. Die Abteilung für Angewandte Systemanalyse (AFAS) des Kernforschungszentrum Karlsruhe (KfK) ist besonders hervorzuheben; sie hat eine Datenbank zur Technikfolgenabschätzung aufgebaut, in der nach TA-Institutionen, -Projekten und -Literatur recherchiert werden kann. Die Gesellschaft für Mathematik und Datenverarbeitung (GMD) widmet sich u.a. dem Forschungsgebiet der Mensch-Maschine-Kommunikation.[40]

In den letzten Jahren kristallisieren sich bezüglich der Problematik der Technikfolgenabschätzung von Informations- und Telekommunikationstechnik einige Forschungszentren an Universitäten heraus. Hier sind u.a. zu nennen: Die "Forschungsgruppe Telefonkommunikation" an der FU Berlin mit ihren Schwerpunkten "Soziologie des Telefons" und "Sozialgeschichte des Telefons". Gemeinsam mit der Universität Hohenheim veranstalteten sie das bereits erwähnte Hohenheimer Symposium zur "Soziologie des Telefons". An der Universität Bremen hat sich die "Forschungsgruppe Telekommunikation" etabliert, die u.a. in den Bereichen Datenschutz, Erforschung und Organisation von Nutzerinteressen arbeitet sowie in einem "Telekommunikationslabor" kleine und mittelständische Unternehmen bei der Implementierung und Gestaltung von TK-Anlagen berät. Das Institut Wirtschaft und Technik der Bergischen Universität GH Wuppertal führt zahlreiche Begleitforschungen zur Implementierung moderner IuK-Technik bzw. ISDN in Unternehmen durch, dabei werden nicht nur die ökonomische Perspektive, sondern auch die Arbeitnehmerinteressen berücksichtigt und nach Wegen der Technikgestaltung vor Ort gesucht. Hinsichtlich der auch für Telekommunikationsnetze höchst relevante Datensicherheitsproblematik muß auch auf die grundlegenden Arbeiten der "Projektgruppe verfassungsverträgliche Technikgestaltung" ("provet" in Darmstadt) verwiesen werden.[41] Darüber hinaus werden sicherlich an einigen Informatik-Lehrstühlen und -Instituten der Universitäten Forschungen durchgeführt, die auch für die TA in der Telekommunikation von mittelbarer Relevanz sind; hierzu sind u.a. die Universitäten in Berlin, Bonn, Dortmund und Hamburch zu nennen.

Das Wissenschaftliche Institut für Kommunikationsdienste (WIK, Bad Honnef) hat im letzten Jahr seine Aktivitäten auf dem Sektor Technikfolgenabschätzung in der Tele-

---

40 Vgl. a. Langenheder, W., a.a.O.

41 Vgl. den Beitrag von Hammer, V., Verletzlichkeit und Verfassungsverträglichkeit technischer Verfahren zur Datensicherung, in diesem Band, S. 131-140.

kommunikation verstärkt. Neben state-of-the-art-Studien zu den Mobilfunktechnologien und über "Telekommunikation und ältere Menschen" stehen Forschungen zum Datenschutz im ISDN - auch im internationalen Vergleich - im Mittelpunkt der Arbeiten.

Einen nicht unerheblichen Einfluß auf die öffentliche Diskussion über Telekommunikation und Telematik - und somit auch über die Ausrichtung künftiger TA-Aktivitäten - hat das "Institut für Kommunikationsökologie" (IKÖ) (Dortmund), das im Februar 1991 in Berlin einen internationalen Kongreß zum Thema "Daten- und Verbraucherschutz bei Telekommunikationsdienstleistungen in der EG" veranstaltete.

5. Ausblick

Ohne die Ergebnisse der einzelnen Beiträge in diesem Buch vorwegnehmen zu wollen, lassen sich schon - auch im Kontext der europäischen TA-Diskussion - gewisse methodische Akzentuierungen im Forschungsfeld "TA-Telekommunikation" vornehmen. Folgende Aktivitäten solten verstärkt werden:

- **Förderung probleminduzierter TA-Ansätze**;
- **Realisierung von Gestaltungsforschung bzw.**, wie es in der FAST-Nomenklatur heißt, **einer konstruktiven TA durch entsprechende Pilotvorhaben**;
- **Einbindung der Nutzerperspektive** in die Technikentwicklung und Standardisierung **durch partizipative Verfahren.**

Mit dem Ziel der **Weiterentwicklung der institutionellen TA-Basis** erscheint für die Bundesrepublik die Etablierung eines kontinuierlich stattfindenden **Forums** notwendig, auf dem sowohl der thematisch freie als auch der themenzentrierte, interdisziplinäre Gedankenaustausch gefördert werden soll. Teilnehmen sollten nicht nur inländische Wissenschaftler, sondern auch Forscher aus dem Ausland und Vertreter der Industrie. Die vom BMFT geförderten **Diskurse** der wissenschaftlich-technischen Vereinigungen sind ebenfalls wichtige Bausteine in einem umfassenderen Forschungs- und Diskussionskonzept "Technikfolgenabschätzung in der Telekommunikation". Im Unterschied zu diesen sollte die spezifische Funktion des Forums bei der Diskussion von Forschungsergebnissen und laufenden Forschungsvorhaben sowie der systematischen Aufdeckung des Forschungsbedarfs mit dem Ziel, konkrete Forschungsvorhaben anzustoßen, liegen.

2

Technologiefolgenabschätzung und Telekommunikation in den Niederlanden: Die Erfahrungen bei NOTA

Pieter van Hoogstraten

PTT Telecom BV
Gravenhage, Niederlande

Als die Kommission Rathenau 1980 ihren Bericht über die gesellschaftlichen Auswirkungen der Mikroelektronik der niederländischen Regierung vorlegte, unterschied sie dabei deutlich zwischen Technik und Gesellschaft. Sie plädierte für eine Politik der Anpassung, wodurch die Niederlande in optimaler Weise die Möglichkeiten der Informationstechnologie nützen könnte. Die Kommission legte der Regierung jedoch nicht nur eine auf die Förderung der technischen Entwicklung gerichtete Politik nahe. Sie betonte auch mit großem Nachdruck die Verbreitung der entsprechenden Technik sowie Ausbildung, Training und Öffentlichkeitsarbeit. Ihre erste Empfehlung betonte jedoch die Notwendigkeit einer umfassenden Technikfolgenabschätzung (TA) der Mikroelektronik, um für die als notwendig empfundene technologische Erneuerung eine möglichst breite gesellschaftliche Basis zu erzeugen.[1]

---

[1] Rathenau, De maatschappelijke gevolgen van de micro-elektronica, Staatsuitgeverij, Den Haag, 1980.

Die Arbeit der Kommission Rathenau ist ein typisches Beispiel für TA in der herkömmlichen Bedeutung des Wortes, nämlich eine Berichterstattung über Auswirkungen. Die Mikroelektronik - also das Subjekt - produziert Folgen für die Gesellschaft - das Objekt.

Allgemein wird anerkannt, daß die Kommission Rathenau die Grundlagen für die 1986 gegründete "Stichting Publieksvoorlichting voor Wetenschap en Techniek" (PWT, dt. Stiftung für die Information der Öffentlichkeit über Wissenschaft und Technik) sowie die Nederlandse Organisatie voor Technologisch Aspectenonderzoek (NOTA, dt. Niederländische Organisation für Technologieaspekte-Forschung) schuf.

Als unabhängige, staatlich finanzierte Stiftung ist es Aufgabe der PWT, das breite Publikum über die Chancen und Bedrohungen durch wissenschaftliche und technologische Entwicklungen zu informieren. Dies geschieht durch Informationsprogramme, eine Informationsdatenbank für Wissenschaftspublizisten und ein Wissenschaftstelefon für das große Publikum. Neben der Publikation von Büchern und Broschüren organisiert die Stiftung Kongresse und Symposien. Besondere Aufmerksamkeit wird der Entwicklung von Filmen, die dann auch im Fernsehen laufen, gewidmet.

Die NOTA entwirft und verwirklicht Projekte im Bereich der TA. Sie arbeitet auf der Grundlage eines jährlich in gegenseitiger Absprache zwischen Parlament und Regierung festgestellten Arbeitsplans. In ihren Projekten wendet sie sich in erster Linie an das Parlament; mit ihren Ergebnissen stimmuliert sie die öffentliche Diskussion.

1. TA: Analyse und Bewertung

Inzwischen haben Erfahrungen und Untersuchungen nachgewiesen, daß Technik und technische Systeme nicht autonom sind, sondern als das Ergebnis von Verhandlungen zwischen Interessengruppen innerhalb der Gesellschaft betrachtet werden können. Das herkömmliche Subjekt-Objekt-Schema der TA weicht einer Vorgehensweise, bei der die Technik als ein interaktiver Such- und Lernprozeß gesehen wird, also vor allem und in erster Linie gesellschaftlich ist. Technik ist in erster Linie eine Praxis. Mehr als ein Mittel, also ein Instrument, um etwas zu erreichen, ist Technik eine "Mitte", eine Umgebung: Ein System, das uns und unserer Umgebung einen Stellenwert zuweist und diesen mitformt. Bei jedem technischen System geht es immer um eine Kombination von Techniken; diese werden pro Fall definiert und liegen nicht von vornherein fest. Die sich daraus ergebende technische Komplexität ist das Resultat von Entscheidungsvorgängen.

Kein einziges technisches Objekt ist außerhalb des komplizierten Netzes sinnvoll, in dem andere technische Objekte enthalten sind. Kein einziges Instrument kann ohne zahllose andere funktionieren: Je perfekter das Gerät, desto komplexer das System, in das es eingebunden ist. Entwicklung und Anwendung verlangen die Zusammenarbeit zwischen den Betroffenen in einer bisher unbekannten Intensität. Und zwar nicht nur, wenn es um Hard- und Software geht, sondern auch - oder eher gerade - hinsichtlich der gesellschaftlichen Einbindung. Die technische Komplexität erhält somit ein Pendant, nämlich eine technisch, institutionelle Komplexität[2]. In diesen Systemen werden im zunehmenden Ausmaß Gebrauchsaspekte eingebaut.

Schaubild 1: Evolution von Systemen

Phase	Charakterisierung
7	Kundenorientierte, integierte Dienstleistungen
6	Kundenorientierte Dienstleistungen
5	Kundenorientierte, integierte Systeme
4	Kundenorientierte Systeme
3	Allgemeine Systeme
2	Marktorientierte Produkte
1	Technische Produkte
0	Industrielle Forschung und Entwicklung

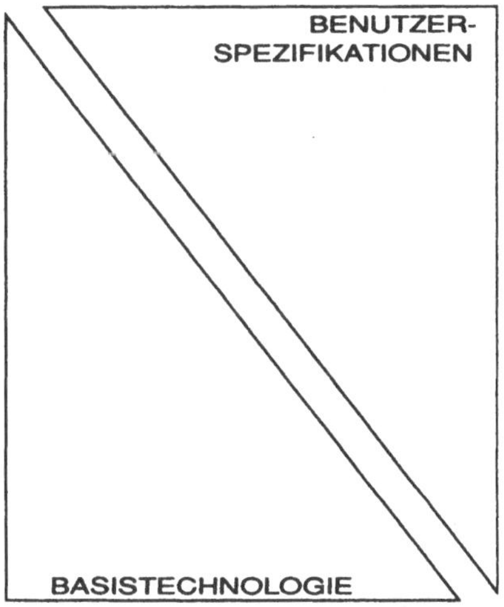

BENUTZER-SPEZIFIKATIONEN

BASISTECHNOLOGIE

Die obige Abbildung gibt, bezogen auf die Informationstechnologie, einen Rahmen zur Einordnung der Entwicklung technischer Systeme. Hierin läßt sich ablesen, daß zusammen mit der Entwicklung von Systemen die Bedeutung der institutionellen Dimension der Technik anwächst.

Der Systemcharakter der Technik wird stärker, in den Niederlanden wird dies jedoch nicht immer so gesehen. Wir sprechen oft über Produkte, meinen damit jedoch eigent-

2 Krupp, H., Techniek steeds meer in opspraak, in: Griethuysen, A.J. (Red.), Grenzen aan de Techniek, Samsom, Alphen a/d Rijn, 1989.

lich Systeme. Der Erfolg eines solchen Produkts hängt vom Ausmaß ab, in dem es gelingt, es in jene Systeme zu integrieren, die Teil unseres täglichen Lebens sind.

Hinsichtlich des Erfolgs technologischer Erneuerungen in der Gesellschaft ist ein unlängst erschienener OECD-Bericht sehr explizit: "Technical change has to be negotiated if it is not to be rejected, since new technologies cannot take hold unless society as a whole is prepared to accept the changes they bring"[3]. An solchen Verhandlungen beteiligt sich eine wachsende Anzahl von Interessen. Die Anzahl, der Umfang und der vielfach unumkehrbare Charakter der Auswirkungen lassen das Problem der gesellschaftlichen Grundlage der technologischen Entwicklung als dringend erscheinen.

Die Verantwortung für die Qualität dieser Systeme wird immer komplexer. Ein Produkt kann man kaufen oder aber nicht: Der Markt entscheidet über den Erfolg. Eine wachsende Anzahl von Aspekten technischer Systeme läßt sich jedoch nicht über Angebot und Nachfrage auf ihre Qualität hin überprüfen. Auch die Technik selbst wird die Fragen hinsichtlich der gesellschaftlichen Verantwortung der Technik nicht beantworten können. Damit taucht die Frage nach den Mechanismen zur Bewertung von Techniken und ihrer Auswirkungen auf. "TA ist die auf Beschlußfassung gerichtete, systematische Identifizierung, Analyse und Bewertung der Folgen der Einführung und des Gebrauchs von Wissenschaft und Technik"[4]. Ziel dessen ist die Feststellung der Kriterien, nach denen die Ziele und Nebenwirkungen technologischer Erneuerungen festgestellt werden. Damit entstehen Ausgangspunkte für Verhandlungen. Deren Resultat hängt mit von den gegenseitigen Kräfteverhältnissen der betroffenen Interessen ab.

TA ist somit immer zweigleisig: Es geht um Analyse und um Bewertung. Sie umfaßt wissenschaftliche Untersuchungen **und** gesellschaftliche Diskussionen, Tatsachen **und** Werte und Normen.

TA-Projekte müssen diese beiden Komponenten immer in irgendeiner Weise berücksichtigen. Nach meiner Ansicht ist die TA damit keine wissenschaftliche Disziplin, sondern eine kontextgebundene Aktivität. Es gibt verschiedene Formen der TA, und zwar innerhalb von Unternehmen, in Konsumentenverbänden, bei Ministerien. Innerhalb dieses Feldes ist es die Aufgabe der NOTA, Material für eine informierte politische Diskussion bereitzustellen.

---

3 OECD, The New Technologies: Implications for Labour Markets and Societies, Paris, 1988.
4 NOTA, Werkprogramma 1987. NOTA P-2, Staatsuitgeverij, Den Haag, 1986.

Die Meinungen hinsichtlich der Frage, zu welchem Zeitpunkt TA am wirksamsten ist, sind geteilt. Collingridge[5] beschrieb sein Kontrolldilemma: In einem Frühstadium der Entwicklung einer Technik kann die Entwicklung leicht beeinflußt werden, es ist jedoch wenig über die möglichen Auswirkungen bekannt. Wenn in einem späteren Stadium dann hierüber mehr bekannt ist, sind die Möglichkeiten zur Beeinflussung geringer, weil sich die Technik in Prozeduren, Maschinen und Produkten auskristallisiert hat.

Schaubild 2: Eingriffsmöglichkeiten in die Technikentwicklung

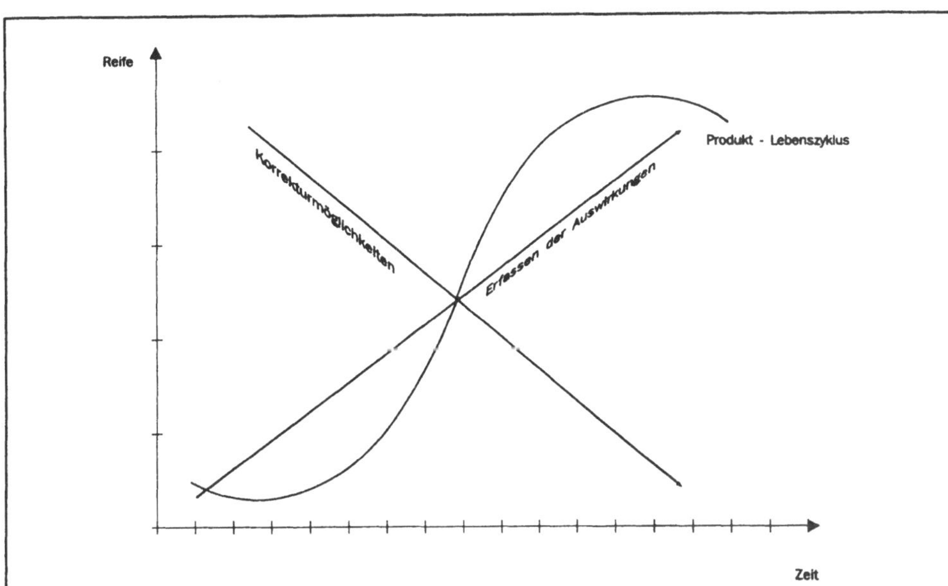

Um Erfahrung zu gewinnen, hat die NOTA in ihrem Arbeitsprogramm immer versucht, ein "Gemisch" von Projekten aufzugreifen, wodurch sie gleichzeitig an Technologien in verschiedenen Entwicklungsphasen arbeiten kann. Dies führte jedoch nicht zu eindeutigen Aussagen über den günstigsten Zeitpunkt einer TA.

Auch im pragmatischerem Sinne stellt sich die Frage der Wahl des richtigen Zeitpunkts. Projekte haben ihre eigene Dynamik und eine sorgfältige Behandlung ist zeitraubend. Dies entspricht nicht automatisch der Dynamik der politischen Diskussion.

Als Teil der Umweltpolitik und der Bekämpfung der Verkehrsmisere in den großen Städten der Niederlande entflammte 1989 plötzlich die Diskussion über "roadpricing" (elektronisches Mautsystem). Sie war sogar Anlaß zum Fall der Regierung Lubbers II und zu verfrühten Wahlen. Das Projekt von NOTA hinsichtlich der technischen

5 Collingridge, D., The Social Control of Technology, (Pinter), London, 1980.

Wahlmöglichkeiten und der gesellschaftlichen Folgen verschiedener Systeme von "roadpricing" waren noch nicht abgeschlossen. Für die Politik hinkte das Endprodukt den Tatsachen hinterher.

In einem anderen Fall - nämlich einer TA für die Anwendung künstlicher Intelligenz - kommen die Ergebnisse vielleicht zu früh, als daß sie sich eines regen Interesses der Politiker erfreuen könnten. Jedoch: Es braucht nur irgendwo eine "kleine Katastrophe" aufzutreten, um die Wahrnehmung und Aufnahme der in Kürze erscheinenden Studie in ein völlig anderes Licht zu stellen.

2. Das ISDN-Projekt von NOTA

Die geplante schnelle Modernisierung der Telekommunikationsinfrastruktur und der möglicherweise weitreichenden Auswirkungen auf die Gesellschaft gaben 1987 den direkten Anlaß, ISDN zu einem Thema für TA zu machen.

Schaubild 3: Ablaufschema zum ISDN-Projekt

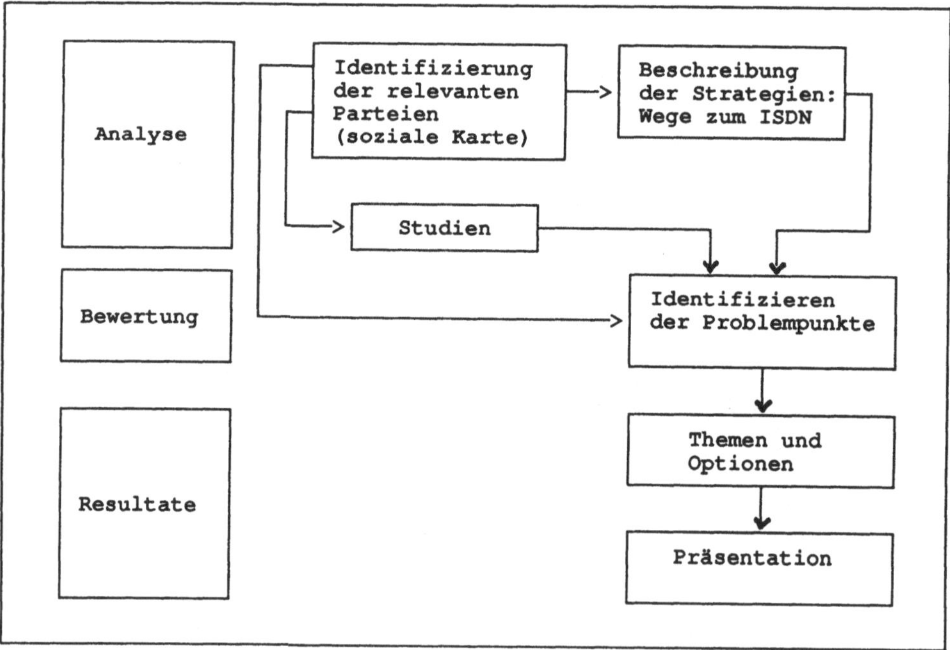

Als erster Ansatz für eine breite gesellschaftliche Diskussion über die Auswirkungen des ISDN wurde eine Grundlagenstudie erarbeitet[6], die in einem zweiten Schritt mit zwei weiteren Teilstudien ergänzt wurde[7].

Zur Vorbereitung der Diskussion wurde eine sogenannte "Sozialkarte" entwickelt. Damit erhielt man ein Bild der "Spieler" und der "unparteiischen Schlüsselfiguren" in der NOTA-Betriebssprache. Die Spieler, also die in aktivem Sinne bei der Entwicklung und Inplementierung des ISDN betroffenen Parteien, besaßen meist schon eine Vorstellung von ihren eigenen Wünschen, Erwartungen und Problemen hinsichtlich des ISDN. Bei den Schlüsselfiguren war dies viel weniger der Fall. In gemeinsamen Besprechungen mit ihren Interessenvertretungen - u.a. Konsumentenverbänden, Gewerkschaften (für Beamte, Angestellte und Industrie) und den Frauenorganisationen - wurden zielgruppenspezifische Wege zum ISDN skizziert. Dies bot den betroffenen Schlüsselfiguren die Möglichkeit zur Beseitigung eines Informationsrückstands, während ihnen gleichzeitig ein Rahmen geboten wurde, vor dem sie sich - in einigen Fällen zum ersten Mal - mit dieser Technik vertraut machen konnten.

Eine strategische Konferenz befaßte sich mit den acht Themen, die als die zentralsten Probleme betrachtet wurden. Erfreulich war, festzustellen, daß alle relevanten Parteien hieran mit gut informierten Vertretern teilnahmen.

Schaubild 4: Übersicht des ISDN-Arbeitsplans

1. Freier Informationsfluß versus Privatgespräche
2. Leistungen versus Verwundbarkeit des Telekommunikationsnetzes
3. Infrastruktur und neue Dienstleistungen (Henne-Ei-Problem)
4. kostenbezogene versus universelle Dienstleistung
5. Konkurrenz oder Monopol
6. Staat: aktiv versus passiv
7. Umfang und Verteilung der wirtschaftlichen Erträge
8. Umfang und Verteilung der gesellschaftlichen Vorteile

---

6 Slaa, P., ISDN as a Design Problem, NOTA V-5, Statsuitgeverij, Den Haag, 1988.

7 Slaa, P., Publieksgerichte videotexdiensten in Nederland. Een tussentijdse evaluatie van vijf projecten, NOTA V-9, Staatsuitgeverij, Den Haag, 1988; Mol, A., Nieuwe diensten in lokale gemeenschappen, NOTA W-7, Staatsuitgeverij, Den Haag, 1988.

Die Aufgabe der NOTA bedeutet nicht, daß von vornherein ein Konsens über die zu führende Politik angestrebt wird. Ziel der Diskussion war demnach nicht ein Konsens über die Ausarbeitung dieser acht Problembereiche, sondern das Erreichen einer Einstimmigkeit über den gesellschaftlichen Charakter der Problematik; eine gemeinsame Referenz also, die der Qualität der weiteren Diskussion zugute kommen sollte.

Zum Abschluß des Projekts wurde der Präsentation der Resultate viel Aufmerksamkeit gewidmet: Es entstand eine Berichterstattung an das Parlament sowie ein an das Publikum gerichteter Videofilm, der nochmals die acht Problempunkte veranschaulichte und die Arena der gesellschaftlichen Diskussion visualisierte. Die Ergebnisse wurden am 25. April 1989 dem Parlament in Berichtsform angeboten. In ihrer Präsentation an das Parlament betonte die NOTA besonders den Zusammenhang zwischen technologischer, wirtschaftlicher, sozialer und kultureller Erneuerung. Ohne Modernisierungen auf sozialer, wirtschaftlicher und kultureller Ebene werden die technischen Erneuerungen praktisch bedeutungslos bleiben und vielleicht sogar zu Behinderungen ausarten. Die Wahl der vorhandenen technischen Optionen wird von den Auswirkungen jeder einzelnen dieser Optionen auf die Gesellschaft abhängen müssen.

Als zweites wichtiges Thema wurde herausgearbeitet, daß Telekommunikation als Voraussetzung zur Teilnahme am gesellschaftlichen Leben die Umdefinition universeller Dienstleistungen erfordert sowie die Festlegung von Kriterien hinsichtlich der Qualität und der Rechte und Pflichten der Netzwerkbetreiber.

Ausschlaggebend für die Modernisierung der Telekommunikation ist die Entwicklung von Dienstleistungen. Erst dort erweist sich der Nutzen von Investitionen in die Infrastruktur. Die Entwicklung von Dienstleistungen, die die Telekommunikation nutzen, bleibt hinter den Erwartungen zurück. Wichtig ist in diesem Zusammenhang die größere Rolle, die den Anwendern zugewiesen werden muß. Dies reicht von der Benutzerfreundlichkeit von Geräten und Protokollen über die Rolle von als Pionieren auftretenden Anwendern beim Entwerfen neuer Dienstleistungen bis hin zur Festschreibung der Randbedingungen, denen Tele-Dienstleistungen für den allgemeinen Gebrauch genügen müssen.

Die Technik durchbricht traditionelle Barrieren, wie etwa die zwischen Post, Telekommunikation, Presse und Medien. Gefragt ist hier eine gründliche Überarbeitung der einschlägigen Gesetze und Vorschriften.

Besondere Aufmerksamkeit erfordert schließlich das Problem der Verwundbarkeit. Die zentrale Begleitung der Telekommunikation vergrößert die Abhängigkeit von der hierfür verfügbaren Infrastruktur. Die Dimensionen dieser Verwundbarkeit sind noch nicht hinlänglich bekannt, eine nähere Ausarbeitung ist von großer Wichtigkeit. Um die Rolle des Benutzers bei der Entwicklung der Telekommunikation zu verstärken, müssen Modernisierungen des Netzes nach vier Kriterien überprüft werden:

- Wird die Interaktivität verstärkt? Dabei geht es nicht nur um die zwischen Apparatur und Infrastruktur, sondern auch um die zwischen allen Betroffenen.

- Wird die Zugänglichkeit der Infrastruktur verbessert? Dies kann in technischem, finanziellem, sozialem und kulturellem Sinne weiter ausdifferenziert werden.

- Läßt die Flexibilität von Kommunikationssystemen Platz für unerwartete zukünftige Entwicklungen?

- Wird die gegenseitige Kopplungsfähigkeit der Infrastrukturen verbessert? Dies bietet nämlich den Anwendern die Möglichkeit, Dienstleistungen verschiedener Netzwerke zu kombinieren und verringert die Abhängigkeit von einer bestimmten Lösung.

Die Berichterstattung schließt mit einem Plädoyer für die Verstärkung des institutionellen Rahmens zur Abhaltung der gesellschaftlichen Diskussion über diese Themen und für die Intensivierung der relevanten wissenschaftlichen Forschung.

TA ist resultatorientiert und wird daher auch ihre eigene Tätigkeit zur Diskussion stellen müssen. Die politische Tagesordnung wurde zum Zeitpunkt des Projektabschlusses von der Diskussion über die Privatisierung der niederländischen PTT beherrscht. Die Modernisierung der Telekommunikations-Infrastruktur und die Möglichkeiten der neuen Dienstleistungen blieben dabei im Hintergrund. Die TA paßte nicht so recht in die Diskussion und, obwohl das Endprodukt wohlwollend aufgenommen wurde, mangelte es ihm an der nötigen Wirkung.

In Übereinstimmung mit den Empfehlungen wurde die Verstärkung der Forschungsinfrastruktur in Gang gesetzt. Andere Geschehnisse, wie der Regierungsauftrag zur systematischen Orientierung der Hauptentwicklungslinien der Technologie an Gesetzgebung und gesetzliche Regelungen, können nicht auf die NOTA-Studie zurückgeführt werden;

diese spiegeln jedoch auf jeden Fall den Zeitgeist wider. Leider blieb die Diskussion über die Verwundbarkeit eine rein technische Angelegenheit; die universellen Dienstleistungsmöglichkeiten wurden noch nicht behandelt.

3. Diskussion

Die Fragen, mit denen die Technik die Gesellschaft konfrontiert, verlangen eine tiefschürfende Diskussion und Neubesinnung. Doorman, Vorsitzender der Stiftung PWT, verwies kürzlich auf das Defizit an moralischen Überlegungen: Überlegungen also zwischen den betroffenen Interessen über Normen, Werte und deren Auswirkungen.[8] Dies mag etwas altmodisch klingen, die Ethik ist jedoch nicht nur die Domäne der Ethiker. Wir konstatieren Inkonsistenzen in Werten und Normen. Und gerade diese Werte und Normen stellen einen wichtigen Leitfaden für unser tägliches Handeln dar. Als eine Conditio sine qua non der moralischen Überlegungen gilt eine gewisse kulturelle Bildung. Hieran muß gearbeitet werden, indem man die Diskussion um drei Kriterien erweitert:

- Einsicht in die Technik und Kenntnisse über sie (Forschung und Information, Berichterstattungen über Auswirkungen und Technologiedynamik);
- die moralischen Dilemmas (das Durchdenken der aus der Technik entstehenden Konsequenzen);
- Argumentationsfähigkeit (Technik ist das Resultat von Diskussionen über Abschätzungen bzw. das Zustandebringen von Intersubjektivität).

An dieser Debatte müssen alle betroffenen Parteien teilnehmen. Dies ist Ziel und zentraler Punkt einer guten TA. Er zwingt zur Diskussion und zu größerem Konsens, zu Tiefgang und Präzision, und er "erschwert" leichtfertige Entscheidungen. Dies allein schon ist als Gewinn zu betrachten. Wir sollten uns auf jeden Fall die Zeit für Untersuchungen und Besprechungen sowie das Verarbeiten der Ergebnisse gönnen.

Die TA ist daher nicht gleichbedeutend mit Antworten, sondern vielmehr mit einem Instrumentarium innerhalb eines komplexen Prozesses ständiger Interaktionen zwischen drei gesellschaftlichen Systemen:

---

[8] Doorman, J., "Twee toekomstverwachtingen", in: van Hoogstraten, P. (Red.), Belofte en Werkelijkheid: Sociale Wetenschappen en Informatisering, Swetz & Zeitlinger, Amsterdam, 1990, S. 175-186.

- einem informierten Publikum, das sich gegen starke Interessengruppen wehren kann;

- einem gut funktionierenden parlamentarischen System, um Gesetze und Regelungen zu entwickeln und anzuwenden, und um technologische Entwicklungen mit den menschlichen und ökologischen Werten in Einklang zu bringen;

- einer Regierung, die sensibel ist für sowohl die Wünsche seitens der Bevölkerung als auch für die der Wirtschaft und Technik.

TA ist kein Allheilmittel für die Lösung der Probleme zwischen Technik und Gesellschaft. Dennoch kann sie einen nützlichen Beitrag leisten.

Vor dem Hintergrund der großen Geldsummen, die für die Entwicklung der Technik und ihre Verbreitung ausgegeben werden, sprach sich die NOTA daher vor einiger Zeit für eine sog. 1%-Regelung aus: 1% der vom Staat für die Entwicklung der technologischen Erneuerung vorgesehenen Gelder sollte für TA ausgegeben werden. In der parlamentarischen Diskussion über die Technologiepolitik im Jahre 1988 fand dieser Vorschlag wenig Anklang: Man fand 1% als Fixbetrag zu rigide. Die zugrundeliegenden Gedankengänge wurden jedoch geteilt: Technologiepolitik bedeutet mehr Aufmerksamkeit für die Implikationen, wie die Weitergabe von Wissen, Berichterstattung über mögliche Folgen (Umwelt, Arbeitsmarkt, nationale Zahlungsbilanz) sowie größere Hinwendung zu ethischen Dimensionen.

Die TA spielt somit eine Rolle bei der Ausarbeitung neuer Diskussionsstrukturen und liefert so einen Beitrag zur institutionellen Erneuerung, die mit der technologischen Erneuerung unlösbar verbunden ist.

3

Wirkungen der Telekommunikation

Michael Schenk und Joachim R. Höflich

Universität Hohenheim
Stuttgart

1. Entwicklung und Merkmale der Telekommunikation

Als sich vor mehr als 40 Jahren die renommierten Kommunikationswissenschaftler Paul F. Lazarsfeld und Robert K. Merton der Frage nach den Auswirkungen der Massenmedien durch deren bloße Existenz zuwandten[1], betonten sie zugleich die historische Relativität des zu dieser Zeit zum öffentlichen Interesse gewordenen Gegenstandsbereiches, der eine Generation vorher ein völlig anderer gewesen wäre. Würden sie sich derzeit nach kommunikationswissenschaftlich aktuellen wie auch brisanten Themen umsehen, so würden sie zwangsläufig auch auf jene Phänomene stoßen, die eng mit der Entwicklung moderner Gesellschaften zu "Informationsgesellschaften" verbunden sind. Man könnte hinsichtlich dieser Entwicklung geradezu von einer Kommunikationsrevolution sprechen, so stark läßt sich der soziale Wandel charakterisieren, den die neuen Informations- und Kommunikationstechnologien, vor allem im Zusammenhang mit dem

1 Lazarsfeld, P.F., Merton, R.K., Massenkommunikation, Publikumsgeschmack und organisiertes Sozialverhalten, in: Aufermann, J., Bohrmann, H., Sülzer, R. (Hrsg.), Gesellschaftliche Kommunikation und Information. Bd. 2, Frankfurt/M., 1973, S. 447-470.

Computer, auslösten. Viele der westlichen Nationen, wie z.B. die USA, Japan, Deutschland, England, Schweden, Frankreich, sind heute im Entwicklungsprozeß ursprünglich von der Agrargesellschaft, über die Industriegesellschaft, hin zur Dienstleistungs- und schließlich Informationsgesellschaft mutiert; auch einige Entwicklungsländer, insbesondere im asiatischen Raum, haben bereits nachgezogen.[2] Kennzeichnend für solche Informationsgesellschaften ist u.a., daß der überwiegende Teil ihrer Beschäftigten als Informationsarbeiter bezeichnet werden kann, die während ihrer beruflichen Tätigkeit an einem durchschnittlichen Arbeitstag in hohem Maße Informationen produzieren, nutzen und verteilen. In den USA ließen sich 1985 bereits 54 Prozent der Berufstätigen als Informationsarbeiter charakterisieren, in Deutschland waren es nach Ergebnissen von Untersuchungen im Jahre 1982 34,8 Prozent. Mit anderen Worten, Information gerät zu einem zentralen Produktionsfaktor, Information bestimmt immer stärker den beruflichen Alltag. Aber auch außerhalb dieser Sphäre zeigt sich die sogenannte Informatisierung der Gesellschaft. Japanische Kommunikationsforscher haben diese Informatisierung anhand verschiedener Indikatoren zu messen versucht und dabei u.a. festgestellt, daß sich in Japan zwischen 1960 und 1976 das gesamte Informationsangebot (Massenmedien, Telephon, Briefverkehr, Computer) verzehnfacht hat.[3]

Die zentrale Bedeutung, die Information in den postindustriellen Informationsgesellschaften erlangt hat - Daniel Bell[4] spricht von Information und Wissen als axialem Prinzip - kann sicherlich auch auf die Entwicklung einer Vielzahl neuer Informations- und Kommunikationstechnologien zurückgeführt werden.

Die technischen Potentiale zur Telekommunikation und damit die Möglichkeiten zur Übertragung von Sprache, Text, Bild und Daten, haben sich bis heute immens ausgeweitet, und der Versuch einer diesbezüglichen technikbasierenden Taxonomie scheint durch die rapide technologische Entwicklung schnell überholt.[5] Einige beispielhaft angeführte Innovationen bzw. Nutzungsfelder sollen, ohne Anspruch auf Vollständigkeit,

---

2 Schenk, M., Informationsgesellschaft im internationalen Kontext, in: Reimann, H. (Hrsg.), Transkulturelle Kommunikation und Weltgesellschaft, Opladen, 1991 (im Druck), sowie im folgenden auch Ito, Y., Information Societies, in: Schenk, M., Donnerstag, J. (Hrsg.), Medienökonomie, München, 1989, S. 13-34; Porat, M.U., The Information Economy, Stanford, 1976.

3 Ito, Y., The "Johoka Shakai" Approach to the Study of Communication in Japan, in: Keio Communication Review, Vol. 1, 1981, S. 13-40.

4 Bell, D., The Social Framework of the Information Society, in: Dertouzos, M.L., Moses, J. (eds.), The Computer Age: A Twenty Year View, Cambridge, Mass., 1980.

5 Vgl. z.B. Infratest Medienforschung, Einschätzung der Auswirkungen der neuen technischen Dialog-Möglichkeiten auf die Gesellschaft und die Massenkommunikation, in: Presse und Informationsamt der Bundesregierung (Hrsg.), Kommunikationspolitische und kommunikationswissenschaftliche Forschungsprojekte der Bundesregierung (1978-1985). Eine Übersicht wichtiger Ergebnisse, Bd.2, Bonn, 1986, S. 625-635, hier: S. 627.

das Spektrum der vielfältigen Entwicklungen aufzeigen. Zu nennen wären hierbei insbesondere die zahlreichen Dienste im **Telefonnetz** - wie Telefax, die Funkdienste (insbesondere Funktelefon, Cityruf), Bildschirmtext (einschließlich der z.T. spielerischen Interaktionsmöglichkeiten), sowie Entwicklungen im Bereich des dienstintegrierten **digitalen Fernmeldenetzes** (ISDN), die vom ISDN-Fernsprechen bis hin zur ISDN-Bildübertragung, einschließlich Bildfernsprechen reichen[6], ferner verschiedene Formen der interaktiven Nutzung von Computern (z.B. elektronische Kommunikation, Mailbox, lokale Kommunikationsnetzwerke, Computerkonferenz) und Telekommunikationsmöglichkeiten wie z.B. Telekonferenz (Videokonferenz), Teletext, Videotext, Kabel- und Satellitenkommunikation. Die Telekommunikation hat dabei in Verbindung mit der Mikroelektronik bereits ein ausgesprochen hohes Niveau erreicht. Als Sammelbegriff für das Gesamt der neuen Informations- und Kommunikationstechnologien und zugleich als Hinweis auf eine "Informatisierung der Gesellschaft" wurde dabei, als Audruck der Verquickung von Telekommunikation und Informatik (Mikroelektronik), die Begriffsneuschöpfung der "Telematik" eingeführt.[7]

Die Entwicklungen im kommunikationstechnologischen Sektor sind derart vielschichtig, daß sie dem Laien einen Überblick äußerst schwer machen. Aus einer verallgemeinernden Sichtweise sind es dabei im wesentlichen drei Merkmale, die diese Entwicklungen auszeichnen: die Interaktivität, eine Individualisierung der Kommunikation sowie die Möglichkeit zur asynchronen Kommunikation.[8]

a) **Interaktivität:** Während die klassischen Massenmedien (Presse, Radio und Fernsehen) durch eine starke Einseitigkeit und begrenzte Rückkoppelungsmöglichkeiten gekennzeichnet sind, zeichnen sich die "neuen Medien" gerade durch die Chance zum gegenseitigen Austausch von Botschaften aus. Dieser Austausch kann dabei direkt zwischen zwei bestimmten Kommunikationspartnern - als technisch vermittelte interpersonale Kommunikation - erfolgen, es können sich auch gegebenenfalls mehrere, eventuell anonyme Partner (wie im Falle von Telefontreffs, bestimmten Btx-Spielen oder Mailboxnutzungen) einschalten. Letztes zeigt, daß sich damit eine rigide Trennung von Massenkommunikation als technisch vermittelter Kommunikation und interpersonaler Kommunikation als face-to-face Kommunikation aufzulösen scheint.

---

6 Einen aktuellen Überblick hierzu gibt z.B.: Schmitt-Egenolf, A., Kommunikation und Computer. Trends und Perspektiven der Telematik, Wiesbaden, 1990, insbesondere S. 97 ff.
7 Nora, S., Mink, A., Die Informatisierung der Gesellschaft, Frankfurt/M., New York, 1979, S. 29.
8 Vgl. Rogers, E.M., Communication Technology. The New Media in Society, New York, 1986, S. 4 ff.; siehe auch: Williams, F., Rice, R.E., Rogers, E.M., Research Methods in the New Media, New York, 1988, S. 10 ff.

b) **Individualisierung der Kommunikation** (de-massification): Im Vergleich zur Massenkommunikation sind die Nutzer weit weniger von den durch die Medien bereitgestellten Angeboten abhängig; sie können nach eigenen Entscheidungen und Intentionen ihre Kommunikationsabsichten realisieren.

c) **Asynchrone Kommunikation:** Damit ist gemeint, daß die kommunikativen Botschaften unabhängig von der direkten Erreichbarkeit des Kommunikationspartners gespeichert und zeitverschoben abgerufen werden können.

Darüber hinaus sollte noch, eine mit einer Reihe von kommunikationstechnologischen Innovationen verbundene, größere **Mobilität** erwähnt werden, die ein Zustandekommen von Kommunikationskontakten raumunabhängig werden läßt, gleichzeitig aber auch eine umfassendere Erreichbarkeit mit sich bringt.

2. Wirkungsdimensionen

Die Verbreitung neuer Kommunikationstechnologien befindet sich im privaten Bereich weitgehend noch am Anfang. Wie beim Telefon übernehmen Organisationen auch hier eine Vorreiterrolle.[9] Bei den gegebenen politischen Voraussetzungen, einer weiter im Ausbau befindlichen technischen Infrastuktur und bedingt durch eine ökonomisch motivierte Verbreitung werden auch zunehmend immer mehr Bereiche des Alltagslebens einbezogen. Die sich so ergebende "Informatisierung der Gesellschaft" und deren Subsysteme führt unweigerlich zur Notwendigkeit, die damit einhergehenden Folgen, nicht zuletzt auch im Interesse einer "sozialverträglichen" Technikgestaltung, auf breiter Front zu diskutieren. In weiten Bereichen kann dabei keineswegs auf einen empirisch-wissenschaftlich fundierten Forschungsbestand zurückgegriffen werden. Bei der Sichtung von Versuchen, den Stand der Forschung in Teilbereichen zu systematisieren, fällt zunächst die Heterogenität, wenn nicht sogar die Widersprüchlichkeit der einzelnen Ergebnisse ins Auge.[10] Zudem werden von einer Reihe von Wissenschaftlern unter einem warnenden Vorzeichen die negativen Auswirkungen für Individuum und Gesellschaft in den Vordergrund gerückt - z.B. unter den negativen Vorzeichen der Individualisierung als Vereinzelung und Entfremdung, einer Störung des "kommunikationsökologischen"

---

9 Vgl. Höflich, J.R., Wiest, G., Neue Kommunikationstechnologien und interpersonale Kommunikation in Organisationen. Stand der Forschung und theoretische Perspektiven, in: Publizistik, Nr. 35, 1990, S. 62-79.

10 Beispielhaft für solche Gegenüberstellungen vgl. Kerr, E.B., Hilz, S.R., Computer-Mediated Communication Systems. Status and Evaluation, New York, London, Paris u.a., 1982, insbesondere S. 89 ff.; Johansen, R., Social Evaluation of Teleconferencing, in: Telecommunication Policy, Vol. 12, 1977, S. 395-419.

Gleichgewichts oder zunehmender Kontrollmöglichkeiten in einer vernetzten Gesellschaft - und Gestaltungsoptionen eingefordert.[11] Indessen bleibt ein Informations- und Forschungsbedarf, verbunden mit der Forderung nach einer interdisziplinär angelegten Technikfolgenabschätzung bestehen. Daß ein derartiger Bedarf auch und gerade bei politischen Entscheidungsträgern zu unterstellen ist, zeigt der vom Office of Technology Assessment (OTA) dem U.S. Congress vorgelegte und jüngst veröffentlichte Bericht: "Critical Connections. Communication for the Future", in dem Implikationen kommunikationstechnologischer Neuerungen für Wirtschaft, Politik, Kultur und für das Individuum mit vorgeschlagenen Handlungsstrategien und -optionen verbunden werden.[12]

Eingedenk der vielschichtigen Entwicklungen und der zahlreichen Nutzungsoptionen ist bei den zu erwartenden komplexen Folgen eine systematische Analyse notwendig. Hinzu kommt, daß die Auswirkungen technologischer Innovationen immer und gerade im Zusammenhang mit den jeweiligen technologischen, ökonomischen, politischen, gesellschaftlichen und kulturellen Rahmenbedingungen zu sehen sind, so daß sich schon deshalb einfache Kausalannahmen verbieten. Zudem macht dies auch darauf aufmerksam, daß eine länderübergreifende Generalisierung und Übertragung von Forschungsergebnissen immer nur begrenzt möglich ist. Auch im Blick auf die zu untersuchenden technologischen Innovationen müßte zumindest folgende Unterscheidung getroffen werden:

- **Innovationen als Technik**, die spezielle Anpassungsleistungen, Anwendungswissen, Beherrschung technischer Regeln und technische Kompetenz u.a. erfordert, sowie

- **Innovationen als soziale Objekte**, die die Aufmerksamkeit auf die jeweiligen sozialen Arrangements, die soziale Bedeutung und Wertschätzung von Technik sowie die Etablierung sozialer Regulierungen lenkt und die dergestalt unterschiedliche Perspektiven einer Technikfolgenabschätzung mit sich bringt.

Aus Gründen der Systematik scheint es sinnvoll, mögliche Folgen weiter danach zu unterscheiden, je nachdem sie

- erwünscht oder unerwünscht (funktional/dysfunktional),
- direkt oder indirekt,

---

11 So z.B. Eurich, C., Das verkabelte Leben. Wem schaden und wem nutzen die neuen Medien?, Hamburg, 1980; Kubicek, H., Rolf, A., Mikropolis, Mit Computern in die "Informationsgesellschaft", 2. Aufl., Hamburg, 1986; Mettler-Meibohm, B., Soziale Kosten in der Informationsgesellschaft. Überlegungen zu einer Kommunikationsökologie, Frankfurt/M., 1987.

12 Vgl. U.S. Congress, Office of Technology Assessment, Critical Connections. Communication for the Future. OTA-CIT-407, U.S. Government Printing Office, Washington, D.C., January, 1990.

- antizipiert oder nicht antizipiert sind.[13]

Eine besondere Aufgabe ist es hierbei, über die erwünschten, direkten und antizipierten Auswirkungen hinaus die unerwünschten, indirekten und nicht antizipierten Folgen kommunikationstechnologischer Innovationen in das Zentrum wissenschaftlichen Interesses zu stellen.

Als Beispiel läßt sich anführen, daß die Büroautomatisierung sicherlich die Entstehung neuer Industrien begünstigt, und die gewachsene Fertigkeit im Umgang mit Computern und EDV eine größere Büro-Produktivität nach sich gezogen hat - allesamt direkt gewünschte und antizipierte Folgen. Eher indirekt, unerwartet und z.T. unerwünscht ist dabei als Folge aufgetreten, daß sich z.B. bisherige Arbeitsrollen verändert haben (z.B. höherer Status für Sekretärinnen, die vertraut mit Computerarbeit sind), die Privatsphäre durch Einsatz von Computern bei der Informationsverarbeitung durchdrungen wurde oder die Computerkriminalität anstieg.

Die schon seit langem etablierte Medienforschung hat solche Folgen bzw. Auswirkungen der Massenmedien nur am Rande untersucht, wenngleich bereits frühzeitig die erwähnten Lazarsfeld und Merton[14] auf eine mögliche narkotisierende Dysfunktion der Massenmedien hingewiesen hatten. Im Vordergrund der Medienwirkungsforschung stand stets ein weitaus engerer Wirkungsbegriff; insbesondere befaßte man sich hier mit den kurzfristig beobachtbaren Wirkungen der Massenmedien, jenen Wirkungen im Verhalten des Publikums - sei es offenes Verhalten, wie z.B. wählen, kaufen, oder subjektives Verhalten, wie Wissenserwerb oder Änderung von Meinungen und Einstellungen - als Folge der Tatsache, daß es einer bestimmten Kommunikation ausgesetzt war.[15] Ausgehend von mechanistischen, linearen Wirkungsmodellen bewegte sich die Diskussion um die Frage nach den Wirkungen der Massenmedien jeweils zwischen der Behauptung einer "Allmacht" bzw. "Ohnmacht". Dabei werden die Wirkungen der Massenmedien als kognitive, emotionale und Verhaltenswirkungen festgemacht, die auf den verschiedenen Ebenen des Individuums, der Gruppe und schließlich der Gesellschaft ihre Ausprägung finden können.[16] Der Wirkungsbegriff der Medienforschung läßt sich sicherlich nur begrenzt auf die Telekommunikation übertragen, zumal gerade der Aspekt der "Interaktivität" eigentlich lineare Modellvorstellungen zur Wirkung der Telekommunikation problematisch erscheinen läßt. Auch wird es sich bei den Wirkungen der Telekommunikation nicht um kurzfristige Effekte, sondern eher um längerfristig an-

13 Vgl. Rogers (1986), a.a.O., S. 162.
14 Vgl. Lazarsfeld, P.F., Merton, R.K., (1973), a.a.O.
15 Berelson, B., Steiner, G.A., Human Behavior, New York, 1964.
16 Schenk, M., Medienwirkungsforschung, Tübingen, 1987, S. 33.

gelegte Auswirkungen bzw. Folgen handeln. Um die noch recht neue Telekommunikationsforschung voran zu bringen, erscheint es allerdings nützlich, eine Übertragung der Untersuchungsebenen der Medienwirkungsforschung auf die Telekommunikationsforschung vorzunehmen. Wir unterscheiden demnach, mit entsprechend zunehmender Komplexität, folgende Untersuchungsebenen der Auswirkungen und Folgen von Telekommunikation: 1. die individuelle/interpersonale, 2. die gruppenbezogene (subsystemische) und 3. die gesellschaftliche und kulturelle Dimension. Diese stellen analytisch abgrenzbare Analyseeinheiten dar, die faktisch jedoch verzahnt sind und sich gegenseitig bedingen.[17] Das folgende Schaubild faßt das Gesagte und die weitere Vorgehensweise zusammen:

Schaubild 1: Auswirkungen und Folgen der Telekommunikation

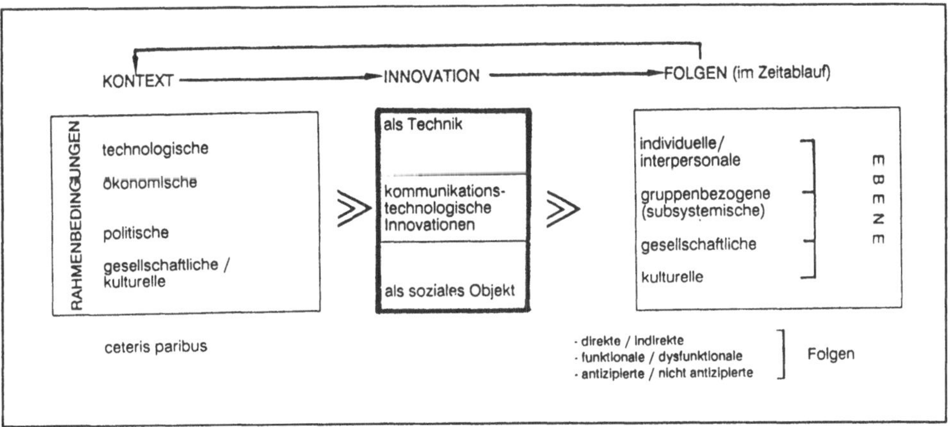

2.1 Auswirkungen auf das Individuum und die zwischenmenschlichen Beziehungen

Ein allererster Blick auf das Individuum als zentraler Bezugspunkt bietet sich schon deshalb an, weil sich hierbei für jeden erkennbar die sozialen Folgen zu zeigen scheinen: "Alles Soziale manifestiert sich in Individuellem, oder es manifestiert sich gar nicht".[18] Mögliche Auswirkungen lassen sich, wie schon angedeutet, in den Bereichen der Kognitionen (Denken, Wissen), der Gefühle und Gefühlsäußerungen und des Verhaltens

17 Rice spricht bei einer ähnlichen aber umfassenderen Differenzierung von unterschiedlichen "Domänen" (Individuum, Dyade, Rollen, Gruppen, Organisationen und Institutionen, gesellschaftliche Beziehungen), um nicht nur unterschiedliche analytisch abgrenzbare Untersuchungsebenen, sondern zugleich unterschiedliche "Sphären des Kommunikationsverhaltens" in die Betrachtung einzubeziehen; vgl. Rice, R.E., Issues and Concepts in Research on Computer-Mediated Communication Systems, in: Anderson, J.A. (ed.), Communication Yearbook 12, Newbury Park, London, New Delhi, 1989, S. 436-476, hier: S. 453 ff.

18 Wien, E.R., Soziales und Verhalten, Tübingen, 1971, S. 74.

verorten. Während man sich im Rahmen der Medienwirkungsforschung allerdings stark auf die Wirkung massenmedial vermittelter Inhalte konzentrierte, stehen bei den Kommunikationstechnologien die aus der Techniknutzung resultierenden Effekte im Vordergrund. Positive und erwünschte Effekte werden in vielen Bereichen des Alltagslebens, von der Erziehung, über den Konsum bis hin zur Freizeit, gesehen. Die neuen Technologien stehen dabei für Aktivität, Kreativität, Flexibilität, für eine bei der Wissensaneignung förderliche kognitive Herausforderung, bessere Partizipationschancen; sie würden nicht zuletzt auch eine weitreichende Aufrechterhaltung sozialer Beziehungen ermöglichen. Dem wird allerdings ein "Verlust der Zwischenmenschlichkeit",[19] eine Gefühls- und Sinnentleerung, Erfahrungsverlust, ein Verlust der kommunikativen Kompetenz und Ausdrucksfähigkeit, Vereinsamung und Isolierung, um nur einige Stichworte zu nennen, gegenübergestellt.

Solche virtuellen positiven wie negativen Effekte bleiben indessen so lange im spekulativen Bereich, bis genauere Erkenntnisse über die faktische Nutzung vorliegen. Offenkundig ist ja doch eines, daß nämlich vor einer möglichen Wirkung die Nutzung erfolgen muß. Man befindet sich hier in einer Situation, die durchaus mit der Frage nach den Wirkungen der Massenmedien zu vergleichen ist. Im Rahmen des in der Wirkungsforschung entwickelten Nutzen- und Belohnungsansatzes (Uses and Gratifications Approach) wurde dabei nicht mehr die Frage gestellt, was die Medien mit den Menschen machen, sondern umgekehrt: Was machen die Menschen mit den Medien?[20] Analog dazu ist zunächst danach zu fragen: Was machen die Menschen mit den neuen Kommunikationstechnologien? Welche Motive und Bedürfnisse leiten deren Nutzung? Durch welche Medien werden spezifische Kommunikationsabsichten realisiert bzw. zu welchen Zwecken werden die Techniken genutzt? Was für "Gratifikationen" liefern die neuen Technologien?[21]

Die Grafitikationstheorie ist vielfach als "Defizit"-Nachweis verwendet worden: Massenmedien werden genutzt, um sich zu unterhalten und zu entspannen, Zeit totzu-

---

19 Siehe weiter und zusammenfassend: Eurich, C., Der Verlust der Zwischenmenschlichkeit. Neue Medien und ihre Folgen für das zwischenmenschliche Zusammenleben, in: Müllert, N. (Hrsg.), Schöne elektronische Welt. Computer - Technik der sozialen Kontrolle, Hamburg 1982, S. 88-111.

20 Vgl. Katz, E., Foulkes, D., On the Use of Mass Media as "Escape": Clarification of a Concept, in: Public Opinion Quarterly, Vol. 26, 1962, S. 377-388, hier: S. 378. Zusammenfassend: Schenk, M., Medienwirkungsforschung, Tübingen, 1987, insbesondere S. 369 ff.

21 Zur Anwendung des Nutzen- und Belohnungsansatzes auf neue Kommunikationstechnologien vgl. Williams, F., Phillips, A.F., Lum, F., Gratifications Associated with New Communication Technologies, in: Rosengren, K.E., Wenner, L.A., Palmgreen, P (eds.), Media Gratifications Research. Current Perspectives., Beverly Hills, London, New Delhi, 1985, S. 241-252; Rice, R.E., Williams, F., Theories Old and New: The Study of New Media, in: Rice, R.E. & Associates, Communication, Research, and Technology, Beverly Hills, London, New Delhi, 1984, S. 55-80, hier insbesondere S. 62 ff.

schlagen, Langeweile zu überwinden und psychologische Probleme zu lösen (Eskapismus). Auch als Ersatz für reale zwischenmenschliche Kontakte werden Medien benutzt; parasoziale Interaktion mit Medienakteuren fungiert gewissermaßen als Substitut für interpersonale face-to-face Kommunikation. Vorläufige Erkenntnisse der Gratifikationsforschung im Zusammenhang mit den neuen Telekommunikationsmedien deuten darauf hin, daß bei der Anwendung dieser Medien die Unterhaltungsfunktion nicht im Vordergrund steht. Da mit den neuen Medien nunmehr vermehrt Alternativen zur Aufnahme von Botschaften vorhanden sind, können Individuen beliebig, d.h. zeit- und raumunabhängig, Informationen empfangen, sind nicht gebunden an Programmschemata oder "Öffnungszeiten". Verschiedene Informationsdienste, wie z.B. Datenbanken, Informationen über Börsenkurse etc., lassen sich individuell abrufen und auch untereinander vergleichen, so daß die Kontrolle der Umwelt ("surveillance") durch die neuen Telekommunikationsmedien erleichtert wird.[22] Wirkungen der Telekommunikation dürften daher besonders die Kognitionen der Nutzer (Informationen, Wissen und Denken) berühren. Da Informationen zudem nicht nur beliebig aufgenommen, sondern auch produziert, weiterbearbeitet und weitergegeben werden können, entsteht ein erhebliches aktives Moment, das Nutzer der Telekommunikationsmedien von den Nutzern der allgemeinen Massenmedien unterscheidet. So wurde wiederholt festgestellt, daß erhöhte Computernutzung im Haushalt mit einer Abnahme der Fernsehnutzung einhergeht.[23]

Außerdem wurde darauf hingewiesen, daß die Möglichkeiten der sozialen Interaktion durch Telekommunikationsmedien verbessert werden (z.B. durch Konferenzsysteme, Bildtelefon etc.). Wie die Forschung im Bereich der neuen Kommunikationstechnologien in Organisationen belegt, vermögen neue Medien der Telekommunikation allerdings nicht die interpersonalen Beziehungen zu ersetzen.[24] Vielmehr scheinen Individuen mit den einzelnen Kommunikationsmedien einen unterschiedlichen Grad an persönlichem Kontakt zu verbinden. Mit dem Konzept der "sozialen Präsenz" wird das Ausmaß bezeichnet, in dem ein Kommunikationsmedium sich in sozio-emotionaler Hinsicht der "face-to-face-Kommunikation" annähert.[25] Soziale Präsenz drückt daher, verstanden als Kontinuum, die Kommunikationsqualität eines Mediums aus: Zwischen realer face-to-face Kommunikation und dem Schreiben eines Geschäftsbriefes (geringe soziale Präsenz) liegt z.B. die Videokonferenz mit einem mittleren Grad an sozialer Präsenz. Da bei der Kommunikation über Computer die nonverbalen Elemente der Humankommunikation wegfallen, wird Computernutzung weitgehend als unpersönlich

---

22 Vgl. Ausführungen in Willams, F., Phillips, A.F., Lum, F. (1985), a.a.O., S. 247.
23 Vgl. Rogers E.M. (1986), a.a.O.
24 Vgl. Höflich, J.R., Wiest, G. (1990), a.a.O.
25 Vgl. Short, J. et al., The Social Psychology of Telecommunications, New York, 1976.

beschrieben. Demgegenüber zeigen z.B. Inhaltsanalysen der Kommunikation in Computerkonferenzen, daß immerhin schon bis zu 30% der ausgetauschten Botschaften sozio-emotionale Bezüge aufwiesen, also nicht nur Aufgaben durch Kommunikation bearbeitet bzw. bewältigt werden.[26]

Die Frage ist also auch, welche bisherigen Kommunikationsformen sind substituierbar bzw. werden substituiert, und wie ändern sich in der Folge die Funktionen von Kommunikationsmedien oder direkter Formen der Kommunikation? Mit der Verfügbarkeit einer Technologie ist im übrigen nicht unbedingt eine intendierte Nutzungsweise gesichert. Bekanntermaßen hat sich z.B. Btx zunächst nicht im privaten Bereich, sondern in der Geschäftswelt durchgesetzt. Ein anderes Beispiel ist die Computernutzung, die in der Bundesrepublik anfangs deutlich hinter der Nutzung in anderen westlichen Ländern - nicht zuletzt aufgrund eines ungünstigen "Meinungsklimas" - zurückblieb. Bei der Einführung von Technologien muß daher mit den "eigenwilligen" Nutzungsentscheidungen der Individuen gerechnet werden.

Für eine verbreitete Nutzung neuer Medien der Telekommunikation sind eine Reihe von Faktoren ausschlaggebend, die bisher nur an wenigen Einzeltechnologien untersucht werden. So zeigt das Beispiel Personalcomputer, daß für eine verstärkte Adoption und Nutzung im privaten Haushalt sowohl personale als auch soziale Faktoren ausschlaggebend sind. Sozioökonomischer Status und insbesondere der Grad an formaler Bildung sind dabei ebenso zu erwähnen wie die soziale Umgebung der späteren Adoptoren: Wiederholt bestätigte sich nämlich, daß das Netzwerk der Freunde, Arbeitskollegen und Bekannten, die Computer bereits nutzen, für die individuelle Adoption eine große Rolle spielen. In den USA zeigte sich dies nicht zuletzt daran, daß ganze Netzwerke und Gruppen von Computernutzern sich zusammenfanden, der Computer dabei so stark in die Lebenswelten aufgenommen und integriert wurde, daß man vom Entstehen einer "Computerkultur" reden konnte.

Wie bei jeder Innovation werden auch die neuen Kommunikationstechnologien im Falle ihrer Adoption freilich im Zeitablauf verschiedene Nutzungsphasen durchlaufen, so daß sich anfängliche Nutzungen im Prozeß einer Veralltäglichung von Technik ändern können.[27] Gerade das Beispiel Personalcomputer zeigt, daß eine eingehendere Analyse der Nutzung und Wirkung der Telekommunikation zugleich spezifische Nutzungs-

26 Vgl. Rogers, E.M. (1986), a.a.O., S. 53.

27 Vgl. Dutton, W.H., Rogers, E.M., Jun, S.H., Diffusion and Social Impacts of Personal Computers, in: Communication Research, Vol. 14, 1987, S.219-250, die in einer Longitudinalstudie belegen, daß parallel zum Absinken des Neuigkeitswertes einer Innovation die Palette der Nutzungsmöglichkeiten schmäler wird und auch die für die Nutzung aufgewendete Zeit abnimmt.

kontexte - vor allem die sozialen Umwelten des Individuums - berücksichtigen muß, die unterschiedliche Nutzungsweisen stimulieren und damit eine differenziertere Betrachtung möglicher Folgen mit sich bringen. Mit Blick auf die Entwicklung der allgemeinen Medienwirkungsforschung sind wir skeptisch geworden, vorschnell Aussagen über generelle Medienwirkungen zu treffen, ohne weitere Determinanten einzubeziehen.

2.2 Auswirkungen auf gesellschaftliche Gruppen und auf Strukturen des Zusammenlebens

Wie erwähnt, sind Folgen der Telekommunikation nur adäquat in Verbindung mit der sozialen Einbindung des Individuums zu beurteilen. Zugleich ist aber auch danach zu fragen, ob und wie sich die Strukturen des Zusammenlebens ändern. Der Aspekt der "Vernetzungen" i.w.S. ist hier ein wesentlicher Gesichtspunkt - und diese zu untersuchen ist ein erklärtes Ziel einer "kommunikationsökologischen" Forschung.[28] Dabei sind nicht nur die Innergruppenbeziehungen, sondern ebenso die Verbindungen sozialer Gruppen und gesellschaftlicher Segmente von Interesse. Und insbesondere stellt sich hier die Frage, ob nicht gerade durch die Potentiale der Telekommunikation, verbunden mit dem beschriebenen Merkmal der Individualisierung, eine weitere Differenzierung der Gesellschaft in Gruppen mit unterschiedlichen Lebensstilen und "Kommunikationskulturen" und damit eine Segmentierung der Gesellschaft zuungunsten integrativer Momente gefördert wird.

Zunächst gilt es dabei zu erfassen, welche Kommunikationstechnologien im Haushalt zur Anwendung kommen bzw. zu welchen Zwecken diese genutzt werden und wie sie sich dort auswirken. Vor kurzem veröffentlichte Ergebnisse über die Nutzung von Informationstechnologien in niederländischen Haushalten zeigen[29], daß es dabei recht unterschiedliche Einstellungen, Motive und Nutzungweisen gibt, die zugleich die Haushalte voneinander unterscheiden. Es ergab sich dabei auch ein weiterer interessanter Befund, der zugleich bisherige Vermutungen unterstreicht: Nicht nur in Bezug auf den Beruf, sondern auch hinsichtlich der intrafamiliären Beziehungen scheint durch die neuen Technologien eine geschlechtsspezifische Arbeitsteilung, die die Frauen zu "technologischen Außenseitern" werden läßt, noch nicht überwunden zu sein. Ganz allgemein müßte somit, mit Blick auf Tendenzen induzierten Wandels, das Augenmerk auf mög-

28 Vgl. Mettler-Meibohm, B. (1987), a.a.O., S. 103 ff.
29 Vgl. Presvelou, C., The Use of Information Technologies in Dutch Houshoulds, in: The Information Society, Vol. 5, 1988, S. 245-264.

liche Folgen für die Strukturen und Rollenverteilungen in den jeweiligen gesellschaftlichen Subsystemen und sozialen Gruppen gelenkt werden.

Eine Abgrenzung wenn nicht sogar Ausgrenzung gesellschaftlicher Gruppen ergibt sich schon aufgrund der Verfügbarkeit und weiter durch eine differente Nutzung. Ein Mangel an verfügbaren ökonomischen Resourcen kann zunächst einmal bestimmte Gruppen (wie sozioökonomisch Unterprivilegierte, Alte) von einer "elektronischen Partizipation" ausschließen. Diesen stehen wiederum kommunikative Eliten gegenüber, die nicht zuletzt auch durch einen Wissensvorsprung eine Vorreiterrolle einnehmen. Des weiteren vermögen sich Verweigerer als "cross-pressures" oder Gegenkulturen zu formieren, die zumindest für Teilbereiche ihres Lebens eine Technisierung der Kommunikation ablehnen. Die bereits erwähnten "Computerkulturen" sind vielleicht ein überstrapaziertes Beispiel[30], doch stehen diese zugleich für mögliche distinkte "Kommunikationskulturen" mit je eigenen Normen und Wertschätzungen bestimmter Kommunikationsformen. Dies verweist zudem darauf, daß eine Trennung gesellschaftlicher Teilbereiche nicht nur durch eine Verfügbarkeit über bestimmte Technologien erfolgt, vielmehr vermögen diese durch distinkte Nutzungsweisen auch eine Tendenz zur gesellschaftlichen Differenzierung zu fördern, und wenn es nur darum geht, Lebensstil demonstrativ damit auszudrücken. Die DBP Telekom hat diesbezüglich auch schon in ihren Werbeanzeigen reagiert: "Ein Telefon sagt viel über Persönlichkeit und Lebensstil. Sie haben es in der Hand, ihren individuellen Geschmack zum Ausdruck zu bringen. Mit dem Telefonprogramm der Telekom."

Als kommunikationswissenschaftlich äußert interessantes Feld könnten sich die Untersuchung von über die Primärbeziehungen hinausgehenden technisch vermittelten Kommunikationsnetzen, die sogar in gewisser Hinsicht einer Segmentierung gesellschaftlicher Gruppen entgegenwirken könnten, anbieten. Solche technologiespezifischen Vernetzungen ergeben sich schon aufgrund der Tatsache, daß zur sinnvollen und effektiven Nutzung eine "kritische Masse" an Nutzern erforderlich ist.[31]

Technische Kommunikationsnetze können es erleichtern, Netzwerke sozialer Beziehungen herzustellen und aufrechtzuerhalten; sie dienen sowohl informationellen Zwecken als auch einem Wohlbefinden in psychologischer Hinsicht. Neue Kommunikationsmedien dürften daher die Muster und Charakteristika sozialer Interaktion beeinflussen, ob

30 Exemplarisch: Turkle, S., Die Wunschmaschine. Der Computer als zweites Ich, Reinbek bei Hamburg, 1986.

31 Vgl. Markus, W., Toward a "Critical Mass" Theory of Interactive Media. Universal Access, Interdependence, and Diffusion, in: Communication Research, Vol. 14, 1987, S. 491-511.

es sich dabei nun um engere Freunde, Verwandte oder gar um völlige Fremde handelt, mit denen kommuniziert wird.[32] Neue Informations- und Kommunikationstechnologien können einerseits dazu beitragen, vielseitigere und zweckmäßigere Kommunikationschancen zu nutzen, andererseits aber auch zwischenmenschliche Kommunikation unpersönlicher, distanzierter und unbefriedigender werden zu lassen. Dabei sind Kommunikationssysteme, mit denen Botschaften einseitig übermittelt werden können (z.B. unidirektionale Electronic Mail-Systeme oder Fernruf), von interaktiven Kommunikationssystemen (z.B. Konferenzssysteme), mit deren Hilfe Personen gleichzeitig kommunizieren können, zu unterscheiden. Gerade die letzteren Systeme bieten auch eine Austauschmöglichkeit, um konkreten Interessen - etwa im Freizeit- und Hobbybereich - nachzugehen. Die Systeme sind dabei z.T. auch so angelegt, daß Kontakt zu vollkommen fremden Personen aufgenommen werden kann. Vor allem zu Beginn der Diffusion werden die aufgenommenen Kontakte häufig auch deshalb nicht dem normalen Feld der sozialen Beziehungen (Primärgruppen) entspringen, weil die Technologie hier u.U. noch gar nicht verfügbar ist. Technisch vermittelte Kommunikationsnetze können daher als virtuelle Gruppen geradezu einen Kontrast oder eine Ergänzung zu vorhandenen Primärgruppenkontakten bilden.

Die Netzwerkanalyse ("network analysis") stellt hierbei Verfahren zur Verfügung, um solche Kommunikationsnetze genauer zu untersuchen.[33] Neben der Teilgruppenbildung - etwa von einzelnen Cliquen oder Clustern - trägt sie dazu bei, strukturelle Einzelpositionen, wie z.B. Zentrale (Opinion leader) oder Marginale, Isolierte etc., zu ermitteln. Man erhält gewissermaßen Aufschluß über die Integration einzelner Positionen und Rollen und auch des gesamten Netzwerkes. Auch läßt sich feststellen, ob sich persönliche und technisch vermittelte Netze überlappen, wo gegebenenfalls deren Schnittstellen sind und welche Funktionen mit den jeweiligen Netzen verbunden sind. Mit Blick auf die Schnittstellen kommt dabei den sogenannten "Brücken" bzw. "Liaisonen" besondere Bedeutung zu, da sie - technisch vermittelte - Verbindungen zwischen Gruppen und Milieus herstellen. Da es die interaktiven Kommunikationsnetze erleichtern, auch flüchtigere und schwach intensive Kontakte zu entfernteren Bekannten aufzunehmen, wird häufig die Brückenfunktion über solche schwachen Verbindungen ("weak ties") zustande kommen.[34] Mit den "weak ties" wird nun gerade auch auf den Unterschied zwischen sozialen Gruppen und umfassenderen Kommunikationsnetzen aufmerksam ge-

32 Vgl. zum folgenden: Congress of the United States (1990), a.a.O., S.221 ff.
33 Zusammenfassend: Schenk, M., Soziale Netzwerke und Kommunikation, Tübingen, 1984.
34 Siehe weiter hierzu: Schenk, M., Massenkommunikation und interpersonale Kommunikation, in: Kaase, M., Schulz, W. (Hrsg.), Massenkommunikation. Theorien, Methoden, Befunde, Sonderheft 30 der Kölner Zeitschrift für Soziologie und Sozialpsychologie, Opladen, 1989, S.406-417.

macht. Kommen im Gruppenkonzept vor allem die dauerhaften, intensiven und intimen starken Beziehungen ("strong ties") zum Ausdruck, so finden in Netzwerken auch die schwachen Verbindungen ("weak ties") Berücksichtigung, die wiederum als "Brücken" Verbindungen nach "Außen" herstellen und dergestalt Segmentierungen kompensieren, indem sie - hier technisch vermittelt - Transmissionen von Informationen zwischen Gruppen leiten und dabei diffusionsfördernd Nutzung und Nutzungsweisen generalisieren.

Im Zusammenhang mit der "gruppenbezogenen" Betrachtung soll schließlich noch auf die Folgen einer Trennung gesellschaftlicher Bereiche mit hoher und geringer kommunikationstechnologischer Durchdringung hingewiesen werden. Im besonderen ist hier die berufliche Nutzung neuer Technologien in Organisationen sowie die Frage nach den Auswirkungen auf verschiedene Berufsgruppen anzusprechen. Aufgrund der Vorreiterrolle, die Organisationen bei der Übernahme von kommunikationstechnologischen Innovationen innehaben, sind, im Kontext einer Rationalisierung und Informatisierung des Berufslebens, neben der organisationsbezogenen Technikfolgenabschätzung, vor allem mögliche Tranferprozesse vom beruflichen in den privaten Alltag von Interesse. Aus dem Blickwinkel der angesprochenen Segmentierung und der Verbindung durch "Liaisonen" erscheint dies eine durchaus notwendige Ergänzung, verbunden mit der Frage, ob sich berufliche Einflüsse schließlich im privaten Alltagsleben als "Rationalisierung des Alltagslebens" fortsetzen.

2.3 Gesellschaftliche und kulturelle Auswirkungen

Die Analyse gesellschaftlicher Auswirkungen der Telekommunikation mündet in eine Untersuchung der "Informationsgesellschaft". In der hier vorliegenden Arbeit können nur einige zentrale kommunikationswissenschaftliche Aspekte aufgegriffen werden. Es wurde schon auf die enge Beziehung zwischen einer "Informatisierung der Gesellschaft" und der Entwicklung von Kommunikationstechnologien hingewiesen. Ein wesentlicher Schwerpunkt der neuen Technologien ist in der Informationsleistung (beliebiger Zugriff, Abruf, erhöhter Umschlag) zu sehen. Die wachsende emittierte und zu verarbeitende Information scheint aber auch dysfunktionale Folgen zu haben, die als "Informationsflut" oder "information overload" bezeichnet werden.[35] Der amerikanische Zukunftsforscher

---

[35] Diese zu untersuchen und vor allem zu messen hat man sich insbesondere in Japan unter der Bezeichnung "Johoka Shakai" ("Informationsgesellschaft") zugewandt. Vgl. z.B. Ito, Y., The 'Johoka Shakai' Approach to the Study of Communication in Japan, in: Keio Communication Review, Vol. 1, 1981, S. 13-40.

Naisbitt[36] drückte dies so aus: Wir haben Informationen im Überfluß und trotzdem einen Hunger nach Wissen. Offenbar bestehen erhebliche Diskrepanzen zwischen dem wachsenden Informationsfluß auf der einen Seite und andererseits den Möglichkeiten, diesen Fluß zu bewältigen, zu verarbeiten und in vorhandene Wissensbestände zu integrieren. Mit dem Begriff Informationsüberlastung ("information overload") sind zwei Phänomene zu bezeichnen, einmal der Informationsüberschuß, der dadurch entsteht, daß Information produziert und angeboten, aber nicht rezipiert wird und zum anderen ein eher subjektives Gefühl, durch das "Überangebot" in Informationsstreß zu geraten. In Japan, USA und auch in der Bundesrepublik sind Modellrechnungen für die klassischen Massenmedien durchgeführt worden, die belegen, daß die Informationsüberlastung durch diese Medien bereits an die 97% heranführt. Anders gewendet: 97% des vorhandenen Angebotes wird gar nicht von den Empfängern aufgenommen, geschweige verarbeitet. Mit Blick auf die neuen Kommunikationstechnologien kann man freilich einwenden, daß mit deren Hilfe spezifische Informationen für klar abgegrenzte Interessen- und Zielgruppen angeboten werden könnten (etwa Btx oder Videotext). Dennoch dürfte es auch hier zu Informationsüberschüssen kommen, allzumal schon Untersuchungen von zielgruppengerechten Printmedien (z.B. Ärztezeitungen) Informationsüberlastung belegen konnten.[37] Bei Informationsüberlastung werden die Empfänger der Botschaften eine immer lückenhaftere, oberflächliche Informationsrezeption aufweisen. Auf der anderen Seite werden die Informationsangebote immer auffälliger verpackt werden müssen; da sich hierfür Bilder als Reize besonders eignen, wird der schon vorhandene Trend zur Bildkommunikation weiter zunehmen. Neue Telekommunikationsmedien, die Bildkommunikation ermöglichen (z.B. Telekonferenz, Bildtelefon) dürften daher in der Konkurrenz der Informationsangebote Vorteile aufweisen.

Die Ausführungen zur gesellschaftlichen Informationsüberlastung zeigen, daß ein zentrales Problem zu sein scheint, wie die Gesellschaft mit einer wachsenden Informationsmenge und den damit verbundenen Konsequenzen umgeht.

---

36 Naisbitt, I., Megatrends. 10 Perspektiven die unser Leben verändern werden, 6. Aufl., Bayreuth, 1986, S. 22.

37 Vgl. hierzu und zum folgenden: Pool, I. de Sola et al., Communication Flows. A Census in the United States and Japan, Amsterdam, New York, 1984; Kroeber-Riel, W., Informationsüberlastung durch Massenmedien und Werbung, in: Die Betriebswirtschaft, Nr. 3, 1987, S.257-264.

In einer eher programmatischen Arbeit hat Natan Katzman die sozialen Auswirkungen von Kommunikationstechnologien behandelt und in folgenden Thesen zusammengefaßt:[38]

1. Die Übernahme neuer Kommunikationstechnologien erhöht den Umfang der verteilten und empfangenen Information.
2. Die empfangenen Informationen sind dabei nach der Adaption der Kommunikationstechnologie größer als vorher.
3. Individuen mit einem hohen Informationsstand ("Informationsreiche") profitiern durch die Technologien mehr als solche mit niedrigem Informationsstand.
4. Menschen haben eine begrenzte Kapazität zur Informationsspeicherung und Verarbeitung.
5. Im Gegensatz dazu ist diese Kapazität bei Maschinen beinahe grenzenlos.
6. Neue Kommunikationstechnologien schaffen neue "Informationsklüfte" bevor sich alte schließen können.

Damit ist eine Problemstellung angesprochen, mit der man sich spätestens seit Anfang der 70er Jahre in der Massenkommunikationsforschung wiederholt befaßt hat: Die These von der "wachsenden Wissenskluft". In ihrer urspünglichen Formulierung lautet sie: "Wenn der Informationsfluß von den Massenmedien in ein Sozialsystem zunimmt, tendieren die Bevölkerungssegmente mit höherem sozioökonomischen Status bzw. höherer formaler Bildung zu einer rascheren Aneignung dieser Information als status- und bildungsniedrigere Segmente, so daß die Wissenskluft zwischen diesen Segmenten tendenziell zu- anstatt abnimmt.[39] Die damalige Formulierung bezog sich insbesondere auf sozialstrukturelle Zusammenhänge (sozioökonomischer Status, Bildung), die unterschiedlichen sozialen Gruppen einen ungleichen Zugang zu gesellschaftlich relevanten Informationen ermöglichen, sowie auf die damit zusammenhängende ungleiche Nutzung unterschiedlicher Medien (Printmedien und elektronische Medien).

Diese gesellschaftlich äußerst relevante Fragestellung nach einer Zementierung oder Verstärkung sozial bedeutsamer Wissensdisparitäten erhält vor dem Hintergrund der Telekommunikationsentwicklung wiederum besondere Aktualität. Insbesondere die erwähnten Untersuchungen zur Adoption und Nutzung von Personalcomputern weisen den

---

38 Siehe: Katzman, N., The Impact of Communication Technology. Some Theoretical Premisses and their Implications, in: Ekistics, Nr. 225, 1974, S. 125-130.

39 Vgl.: Tichenor, P.J., Donohue, G.A., Olien, C.N., Mass Media Flow and Differential Growth in Knowledge, in: Public Opinion Quarterly, Vol. 34, 1970, S. 159-170. Den aktuellen Stand zusammenfassend vgl.: Saxer, U., Wissensklassen durch Massenmedien? Entwicklungen, Ergebnisse und Tragweite der Wissenskluftforschung, in: Fröhlich, W.D., Zitzlsperger, R., Franzmann, B. (Hrsg.), Die Verstellte Welt. Beiträge zur Medienökologie, Frankfurt/M, 1988, S. 141-189.

formal gebildeteren Personen, den kommunikativen Eliten, eine Vorreiterrolle zu, so daß die Kommunikationskluft auch im Bereich der Telekommunikationsmedien auf der Hand liegt. Im Zusammenhang mit den erwähnten Segmentierungsprozessen ist es allerdings fraglich, ob eine sozioökonomische Verankerung etwa i.S. von Bildung und Beruf ausreicht. Sieht man die kommunikationstechnologischen Innovationen im Kontext von Lebensstil und Kommunikationskultur, so rückt dabei um so stärker das Moment der gesellschaflichen Integration in den Vordergund, bei dem wiederum Wissensklüfte und -disparitäten nur einen Teilaspekt darstellen. So schreibt denn auch Saxer:

> "**Gesamtgesellschaftlich** ist die Entwicklung der demokratischen Industriegesellschaften zu Informationsgesellschaften für die Ausbildung der Kommunikationspotentiale von besonderer Bedeutung. Das Gewicht von Wissen, der Verfügbarkeit über komplexe und flexible Strukturen für die Realisierung gesellschaftlicher Werte steigt und steigert mithin auch die politische Tragweite disparitärer Wissensverteilungen. Die weiter fortschreitende evolutionäre Differenzierung dieser Gesellschaften in immer mehr Subsysteme schafft ja auch immer neue Integrationsprobleme und zeigt mit Notwendigkeit immer noch andere differentielle Wissensverteilungen. Sozialstrukturell prägen sich geschlechts-, alters- und wohnortgeprägte Charakteristika gegenüber den traditionellen Schichtmerkmalen Einkommen, Bildung und Beruf, u.a. im Zusammenhang mit einer stärkeren Freizeitausrichtung postindustrieller Gesellschaften, im Lebensstil deutlicher aus."[40]

Eine Individualisierung der Kommunikation durch technologische Innovationen würde eine solche Tendenz verstärken. Dabei wird zugleich das Verhältnis kommunikationstechnologischer Innovationen zu den "klassischen" Massenmedien virulent. Wurde den Massenmedien eine Homogenisierung des Publikums in Richtung "Massenkultur" zugeschrieben, so taucht jetzt eine möglich segmentierungsfördernde Tendenz und Isolierung des Einzelnen als Thema auf. Bezieht man die immer stärker zurücktretende Grenze von Massenkommunikation und anderen Formen technisch vermittelter Kommunikation in die Betrachtung mit ein, so wird zugleich die verfassungsgerichtlich erwähnte integrative Funktion der Massenmedien[41] zu diskutieren sein.

Nicht nur in Verbindung mit den Massenmedien ist festzuhalten: Kommunikationstechnologische Innovationen haben zugleich Einfluß auf Institutionen gesellschaftlicher Kommunikation, indem sie deren Funktionen verändern sowie neue Normen, Regeln und Verhaltensweisen ausbilden. Dies erklärt auch den mit jeder Kommunikationstechnik verbundenen politischen und sozialen Regelungsbedarf. Insofern sind Kommunikationsmedien auch Ausdruck der Kultur einer Gesellschaft. Jede Technologie

---

40 Saxer, U. (1988), a.a.O., S. 176f.

41 Vgl. z.B.: Maletzke, G., Integration - eine gesellschaftliche Funktion der Massenkommunikation, in: Publizistik, Nr. 25, 1980, S. 199-206.

ist vor diesem Hintergrund ein "Kulturobjekt", wird von der Kultur beeinflußt und nimmt Einfluß auf die Kultur. In diese Richtung zielt Neil Postman:

> "Kultur ist zwar ein Produkt der Sprache; aber von jedem Kommunikationsmedium wird sie neu geschaffen, von der Malerei und den Hieroglyphen ebenso wie vom Alphabet und vom Fernsehen. Wie die Sprache selbst, so begründet auch jedes Medium einen bestimmten, unverwechselbaren Diskurs, indem es dem Denken, dem individuellen Ausdruck, dem Empfindungsvermögen eine neue Form zur Verfügung stellt."[42]

Und er verweist damit auch darauf, daß Einflüsse auf die Kultur eben nicht nur deren Manifestationen wie Kunst und Wissenschaft tangieren, sondern das gesamte System von Werten, Normen, Symbolen und tradierten Verhaltensweisen. So wie von Eigenheiten und signifikaten Folgen einer "Schriftkultur"[43] oder einer "Fernsehkultur"[44] gesprochen werden kann, so müßte denn auch eine "Telekommunikationskultur" noch näher bestimt werden.

Die Relevanz neuer Kommunikationstechnologien zeigt sich letztlich nicht nur auf gesellschaftlich/kultureller Ebene, sondern auch hinsichtlich der Beziehung zwischen Gesellschaften bzw. zwischen Kulturen. Schon weil die neuen Kommunikationstechnologien auch einen Markt mit internationalen Dimensionen darstellen, gelangt man schließlich auf das Gebiet der technisch vermittelten internationalen respektive interkulturellen Kommunikation, das auch hier nicht nur Chancen, sondern zugleich auch Risiken und Konflikte in sich birgt.[45] Solche internationalen und interkulturellen Kontakte sind vor allem durch Geschäftsverbindungen getragen. Mehr noch: Eine Internationalisierung der Märkte setzt die Verfügbarkeit einer adäquaten Kommunikationstechnologie voraus, führt dabei zu einem internationalen Einsatz dieser Technologien und trägt dergestalt dazu bei, daß die Potentiale internationaler/interkultureller Kommunikation gesteigert werden. Ein bedeutsames Feld für den Einsatz neuer Kommunikationstechnologien wird im Zusammenhang mit der Förderung sogenannter "Entwicklungsländer" gesehen. Waren es dabei vormals die Massenmedien, denen man eine zentrale Funktion als Katalysator in Entwicklungsprozessen zusprach, so kann diese Euphorie - angeregt durch die scheinbar grenzenlosen Möglichkeiten des Computers bis hin zur Utopie einer technisch verbundenen Weltgesellschaft - schnell auch auf die neuen Technologien

42 Postman, N., Wir amüsieren uns zu Tode. Urteilsbildung im Zeitalter der Unterhaltungsindustrie, Frankfurt/M., 1988, S. 19.

43 Vgl. z.B. Goody, J., Watt, J., Gough, K. (Hrsg.), Entstehung und Folgen der Schriftkultur, Frankfurt/M., 1986.

44 Vgl. z.B. Fiske, J., Television Culture, London and New York, 1987.

45 Konflikte im Zusammenhang mit internationalen Vernetzunge behandelt beispielsweise: Woodrow, R.B., Telecommunications and Information Networks: Growing International Tensions and Their Underlying Causes, in: The Information Society, Vol. 6, 1989, S. 117-125.

übertagen werden.[46] Internationale Disparitäten stehen dem allerdings entgegen. Dies lenkt letztlich die Aufmerksamkeit auf internationale Kommunikationsklüfte und die Chance zum freien internationalen Informationsfluß, verbunden mit der Forderung nach einer "Neuen Weltkommunikationsordnung".[47] Gerade im Zusammenhang mit den neuen Kommunikationstechnologien und der Herstellung einer internationalen technischen Infrastruktur scheinen die Probleme hierbei keineswegs ausgeräumt zu sein.

3. Schlußbemerkungen

Folgen der Telekommunikationsentwicklung oder der "Telematik" manifestieren sich auf verschiedenen Ebenen. Angesprochen wurde die individuelle/interpersonale, gruppenbezogene/subsystemische, die gesellschaftliche und kulturelle Ebene. Im Rahmen dieser knappen Skizze konnten hierbei nur einige kommunikationswissenschaftliche Aspekte angesprochen werden. Klar wird dabei: Technikfolgenabschätzung wird sowohl zu einer gesellschaftlichen, aber zugleich auch wissenschaftlichen Aufgabe. Zuvorderst ist aus der hier vertretenen Position die Kommunikationswissenschaft gefordert, die damit ihren Gegenstandsbereich über die klassischen Massenmedien hinaus zu erweitern und zugestandenermaßen auch erst noch zu verorten hat. Dabei wird es sich bei der Entwicklung der z.T. recht unterschiedlichen Technologien als notwendig erweisen, die jeweiligen Innovationen differenzierter auf medienspezifische Durchdringungsgrade, Nutzungsformen und Folgen hin zu untersuchen. Die Komplexität des Gegenstandsbereiches setzt überdies ein interdisziplinäres Zusammenwirken und eine fächenübergreifende Diskussion voraus, ohne die letzthin eine umfassende Technikfolgenabschätzung nicht denkbar wäre. Da in vielen Bereichen die Verbreitung kommunikationstechnologischer Innovationen erst begonnen hat, dürfte hierbei nicht die Chance vertan werden, die Entwicklungen von Anfang an und im Zeitablauf zu untersuchen, um den Diffusionsprozeß und damit verbundene Stadien sozialen Wandels erfassen zu können. Schließlich sollte man nicht wie beim Telefon mehr als einhundert Jahre warten, um es als relevantes Kommunikationsphänomen "entdecken" zu müssen.

---

46 Vgl. etwa: Shields, P., Servaes, J., The Impact of the Transfer of Information Technology on Development, in: The Information Society, Vol. 6, 1989, S. 47-57; siehe auch: Turner, G., Zeidler, G. (Hrsg.), Dritte Welt und technische Kommunikation. Einsichten und Prognosen, Stuttgart, 1983.

47 Vgl. als Überblick: Abel, E., International Communication: A New Order?, in: Rogers, E.M., Balle, F. (eds.), The Media Revolution in America and in Western Europe, Vol. II in the Paris-Standford-Series, Norwood, N.J., 1985, S. 150-164.

Teil II

Privacy

4

Privacy in der Telekommunikation: Trends und Probleme[1]

James E. Katz

Bellcore
Morristown, New Jersey, USA

Technologische Fortschritte führen zu einer flexiblen, mobilen und persönlichen Kommunikation. Das zukünftige Telekommunikationssytem wird es seinen Nutzern ermöglichen, überall zu jeder Zeit und in jeder Form erreichbar zu sein. Neuartige Dienste werden u.a. den Zugang zu Supercomputern ermöglichen und zu Datenbanken erleichtern; dies wird mittels Bedienung weniger Tasten oder weniger mündlicher Befehle aus dem Büro, dem Flugzeug oder dem Auto möglich sein. Diese Netzwerkrevolution wirft einige Fragen hinsichtlich von Privacy[2] auf, da nicht jeder wünscht, zu jeder Zeit für jeden erreichbar zu sein. Diese Entwicklungen führen auch zu einigen kritischen Fragen, wie man unter diesen Bedingungen persönliche Privacy bewahren und vergrößern kann. In diesem Aufsatz werden ausgewählte technologische Trends und Privacy-Probleme in den Bereichen Mobilkommunikation, Datenschutz und Datensicherheit aufgezeigt.

---

1 Dies ist eine Übersetzung des englischen Manuskripts durch die Herausgeber. Begriffliche und sprachliche Ungereimtheiten sind daher auch nur diesen anzulasten.

2 Wir haben bewußt auf eine Übersetzung des Terminus verzichtet, da er - wie aus dem weiteren Text deutlich ersichtlich - weitaus umfassender als die naheliegende Übersetzung mit Privatheit ist.

1. Mobilkommmunikation

1.1 Trends

Das rasche Wachstum der Mobilkommunikation beginnt erst; doch heute ist schon in Ballungsgebieten Kommunikation von jedem Punkt aus möglich.[3] Es gibt bereits Pläne für Kleinzellennetzwerke in New York City und Washington, D.C. Mobile Büros werden in Luxusautos eingebaut, einige Fluglinien bieten ein Telefon an jedem Sitz an. Sogar Computer werden schnurlos verbunden sein.[4]

Die Netzwerkentwicklung wird von einer physischen zu einer logischen Adressierung führen. In Zukunft wird man persönliche Nummern wählen, unter denen man jeden, wo immer er sich auch aufhält, erreichen kann; heute muß man u.U. nacheinander die Büro-, die häusliche oder noch eine andere Telefonnummer ausprobieren. Eine Folge dieses Systems könnte es sein, daß der Aufenthaltsort der Nutzer bekannt wird und vom System verfolgt werden kann. Diese Daten könnten für Wirtschafts- und Regierungsstellen von potentiellem Interesse sein.

Eine weitere mögliche Folge dieses Trends ist leicht einsehbar: Nicht jeder möchte für jeden erreichbar sein, der irgendeinen zu erreichen wünscht. Es gibt schon Klagen, daß Mobiltelefone die angenehme Abgeschiedenheit im Flugzeug, im Schwimmbad oder auf dem Lande aufgehoben haben. Es könnte das Gefühl einer Kommunikationssättigung entstehen: Man bekommt mehr Anrufe von Personen, mit denen man nicht sprechen möchte, was es zudem erschwert, mit denen zu sprechen, mit denen man gerne kommunizieren möchte. Dieses Problem könnte so gelöst werden, daß sogar eine Verbesserung gegenüber der heutigen Situation erreicht würde, und zwar durch die Entwicklung eines Systems, mit dem man Anrufer unterschiedlich bevorzugt behandeln kann, und in dem bei Belästigungen durch Telemarketing sogar die Werbenden dafür bezahlen müssen, daß man solche Anrufe entgegennimmt. Wenn ein Dienst wie die Rufnummernanzeige (CNI bzw. Caller-ID) vorhanden wäre, hätte der Angerufene eine gute Möglichkeit, den Zugang, den andere zu ihm haben, zu kontrollieren. Diese Kontrolle könnte durch eine Vielzahl von Wegen realisiert werden, z.B. durch eine entsprechende Programmierung von Endgeräten (customer premise equipment / CPE), Anrufe von Perso-

---

[3] Motorola hat sogar schon ein Mobilfunksystem mit einem weltumspannenden Satellitenring vorgeschlagen, daß eine schnurlose Kommunikation von und zu jedem Punkt auf der Erdoberfläche ermöglicht. Vgl. Bradsher, K., Science fiction nears reality: pocket phone for global calls, in: New York Times vom 26.6.1990, S. A1.

[4] Vgl. "Cutting the computer wire snarl", in: New York Times vom 21.11.90, S. D9.

nen mit niedriger Priorität zu ignorieren bzw. nur Nachrichten von diesen entgegenzunehmen, Anrufe von Personen mit mittlerer Priorität an das Sekretariat weiterzuleiten und die wichtigsten Anrufer durch bestimmte Klingelzeichen anzukündigen. Diese Möglichkeit könnte schon durch eine zentrale Stelle auf der Netzebene realisiert werden, was gerade für Angerufene, die mobil sind, sehr praktisch und bequem sein dürfte. Man könnte auch ein Expertensystem konstruieren, das Gespräche individuell nach persönlichem Interessenprofil behandelt; dieses System könnte sogar Gespräche von Personen, die noch nicht angerufen haben, nach der Firmenzugehörigkeit, die an Hand von Telefonbuchinformationen ermittelt werden, einordnen und behandeln. So könnte ein Versicherungsvertreter genauso wie ein Lehrer von der örtlichen Schule identifiziert werden. Diese intelligenten Auswahlprozeduren könnten die Bedrohung aufheben, daß man in einer Welle von Telefonanrufen untergeht.

Das jetzige amerikanische Recht schützt Mobiltelefone vor Abhörung, obwohl es keinen dementsprechenden Schutz für Gespräche mit schnurlosen Telefonen gibt. Einmal abgesehen vom gesetzlichen Schutz sind alle tragbaren Telefone anfällig für Abhörung und Überwachung. Diese Verletzlichkeit berührt Informationen über die Nutzer in zweierlei Hinsicht: den Inhalt des Gespräches und den Standort des Benutzers. Jedoch wird sich mit der digitalen Revolution die technische Sicherheit deutlich verbessern; es gibt hier in der Tat viele erfolgversprechende Forschungen.[5] Ich gehe davon aus, daß bei Mobiltelefonaten durch den technischen Fortschritt ein viel höheres Sicherheitsniveau erreicht werden kann. Würde dies in der Praxis erreicht, könnte sich auch das Recht ändern, da das Recht oft der Praxis folgt.[6]

1.2 Probleme

Die gegenwärtige U.S. Regulierungspolitik bestimmt, daß die Kunden nur für Dienste zahlen, die sie benutzen, nicht aber für Dienste, die sie nicht benutzen. Diese Politik stellt Privacy in Frage, da die Erlangung von Telekommunikations-Privacy zu einem erweiterten bzw. gebührenpflichtigen Dienst wird. Es mag sinnvoll sein, wie es auch Eli Noam empfiehlt, einen Grunddienst an Privacy zu schaffen, in dessen Genuß alle Nutzer kommen, und höhere Niveaus an Privacy gegen Aufpreis anzubieten.[7] In meinen infor-

5 Vgl. Beller, M., Chang. L.F., Yacobi, Y., Options for Privacy and Authentication on a Portable Communication System, Bellcore, Morristown, NJ (unveröffentlichtes Papier).

6 Katz, J.E., Telecommunications Privacy Policy in the U.S.A.: Socio-Political Responses to Technological Advances, in: Telecommunication Policy, Vol. 12, No.4, 1988, S. 353-368.

7 Vgl. "Telecom privacy inquiry opens", in: State Telephone Regulation Report, vom 22.02.1990.

mellen Befragungen von Privatnutzern frage ich oft, wie wichtig ihnen Privacy ist. Meistens antworten sie, daß es ihnen wichtig ist, aber wenn ich frage, wieviel sie bereit wären, monatlich zusätzlich zur Sicherstellung von Privacy zu zahlen, so liegt der Betrag meistens weit unter einem Dollar.

Das Thema "Stadt vs. Land" ist mit dem obigen eng verknüpft. Es ist wahrscheinlich, daß der Zusatzdienst, der erweiterte Privacy-Dienstleistungen beinhaltet, erst in städtischen Gebieten eingeführt wird. Falls solche Dienste überhaupt erhältlich sein werden, könnten die Preise für solche Dienste in ländlichen Bereichen unerschwinglich sein. Falls es so kommt, wird die Aussicht auf ein je nach Region unterschiedliches Privacy-Niveau zu politischen Problemen führen.

Wie schon oben festgestellt, gibt es eine Eigentümlichkeit in der U.S. Privacy-Politik hinsichtlich schnurloser Telefonkommunikation. Da Gerichte zu diesem Thema unterschiedliche Urteile gefällt haben, muß die endgültige Lösung wahrscheinlich vom Congress kommen.

Obwohl es eine Reihe von Regeln und prozeduralen Anforderungen zur vertraulichen Behandlung von Systembenutzungsinformationen gibt, die von Telekommunikationsnetzbetreibern generell beachtet werden, fügen Mobilkommunikationstechnologien eine spezielle sensible Dimension zu diesem Problem hinzu. In Mobilkommunikationsnetzen kann der Aufenthaltsort des Nutzers dem System bekannt sein, und daher möglicherweise auch unauthorisierten Interessen. Angesichts der Sensibilität des Problems, sollten spezifische Schritte unternommen werden, um das höchstmöglichste Niveau an Privacy zu erreichen.

2. Datenschutz

2.1 Trends

Die USA haben in der Datenschutzgesetzgebung einen segmentierten Ansatz verfolgt, im deutlichen Gegensatz zu der westeuropäischen Vorliebe für einen umfassenden, integrativen Ansatz.[8] Es wird eine getrennnte Politik für jeden Sektor entwickelt, welche kaum in Beziehung zu einer umfassenden Politik steht, in der alle Aspekte des Datenschutzes geregelt werden könnten. So gibt es zum Beispiel unterschiedliche Regelungen

[8] Katz, J.E., Europeans like their privacy, in: Telephony, vom 04.02.1991, S. 22-26.

für medizinische Berichte, Versicherungsinformationen, Finanz- und Kreditdaten und Studienbelegen. Obwohl es im Congress periodisch ein Drängen nach der Einrichtung einer föderalen Privacy-Behörde gibt, die die allgemeine Politik kontrollieren soll, und dementsprechende Gesetzesentwürfe gelegentlich eingebracht werden, wird es wahrscheinlich keine Resultate in dieser Richtung geben, bevor es nicht zu einem Skandal in den Ausmaßen von Watergate kommt.

Durch das Fehlen übergreifender Gesetze in vielen Bereichen müssen die einzelnen Bundesstaaten in einigen Fällen ihre eigenen Privacy-Gesetze und -Vorschriften schaffen. Eine Folge davon ist ein wachsender Flickenteppich mit unterschiedlichen Regelungen. So unübersichtlich die Realität auch sein mag, es ist eine Situation, an die sich die Amerikaner gewöhnt haben, und es ist unwahrscheinlich, daß sich dies ändern wird. Gleichzeitig ist es wichtig zu beachten, daß die Bundesstaaten oft als Experimentierlabors für die föderale Ebene fungieren und daß Erfahrungen auf lokaler bzw. regionaler Ebene ein Modell und Anregungen für nationale Regelungen sind.

Bis auf wenige Ausnahmen, wie z.B. bestimmte Kreditinformationen, gibt es kaum Einschränkungen, hinsichtlich des Austausches von personenbezogenen Informationen unter privaten Organisationen. Im Gegensatz dazu gibt es eine Reihe von Beschränkungen für staatliche Behörden hinsichtlich der Freigabe und des Austausches von solchen Daten. Kritiker haben jedoch darauf hingewiesen, daß diese Restriktionen eher umgangen als befolgt werden. Ich erwarte, daß zusätzliche Schritte unternommen werden, um Patientendaten zu schützen, während Versuche, andere personenbezogene Daten zu schützen, eher abnehmen werden. Doch gibt es wichtige Unterschiede, wie in diesen beiden Sektoren personenbezogenen Daten, die mit Kommunikationsdaten verknüpft sind, genutzt werden, die ich im folgenden beschreiben werde.

Die Telefonnutzung wird zu einer wichtigen Datenquelle, in der eine Menge personenbezogener Daten enthalten sind. Diese Telekommunikationsdaten[9] gehen weit über den Inhalt des Gesprächs hinaus, der in mancher Hinsicht durch den Gebrauch von Glasfaserkabel und anderen technischen Fortschritten stärker geschützt werden kann. Diese Daten betreffen nicht nur die Telefondienste, die man in Anspruch nimmt, sondern auch die Orte, die man anruft, die Waren, die man telefonisch bestellt und die Datenbanken, die man abruft.[10] Durch die Deregulierungspolitik der FCC werden diese Daten für geschäftliche Interessen zugänglicher, die die Daten für Werbezwecke oder zu

---

9 Der englische Fachterminus lautet: telephone transaction-generated information (TTGI).

10 McManus, Th.E. Telefon Transaction-Generated Information - Rights and Restrictions, Report, Havard University Program on Information Resources Policy, 1989.

besseren Planung von Netzwerkerweiterungen nutzen können.[11] Die öffentliche Aufmerksamkeit darüber, daß diese Daten verfügbar sind, ist nicht hoch; aber falls sie es würde, könnte es zu einem starken öffentlichen Protest kommen.

Bedingt durch die zunehmende Leistungssteigerung von Computern, wird es für Firmen leichter, ihre Produkte zielgruppenspezifisch zu vermarkten. Dies hat eine erhebliche Nachfrage nach detaillierten Informationen über Verbraucher gebracht; u.a. nach Systemen, die das Einkaufsverhalten von Familien überwachen. Zur selben Zeit haben Bedenken über die Effizienz staatlicher Wohlfahrtsprogramme zu größeren Anstrengungen der Regierung geführt, personenbezogene Datensätze zusammenzuführen und abzugleichen. Jeder dieser Trends ist für Privacy-Experten besorgniserregend, je mehr Detailinformationen verfügbar sind, umso weniger Privacy werden Personen haben. Ferner sind manchmal beide Trends miteinander verwoben, wenn öffentliche Datenbanken an Privatfirmen verkauft werden und umgekehrt. Wie oben erwähnt gibt es Restriktionen hinsichtlich des Zusammenführens von Datenbanken durch staatliche Stellen, diese sind jedoch nicht stringent und werden nur verfahrensmäßig beachtet.[12] Für die Datensammlung, -verarbeitung und -zusammenführung gibt es für Privatfirmen keine Restriktionen; und es gibt kaum Restriktionen hinsichtlich der Datennutzung. Diese Situation macht besonders den universitären Privacy-Experten Sorgen. Aber es gibt noch keinen Ansatzpunkt für eine Mobilisierung des Widerstands gegen diese Praktiken, und da gewichtige Interessen Vorteile durch diese Praktiken haben, ist es unwahrscheinlich, daß viele erfolgreiche Initiativen stattfinden werden. Trotzdem wird die Datenzusammenführung ein wichtiges Thema bleiben, um das es weitere harte Auseinandersetzungen geben wird.

2.2 Probleme

Natürlich müssen Systemdesigner und -verwalter immer darauf achten, daß die Systeme nicht zu einem Alptraum à la Orwells "1984" beitragen. In der Tat dürfte eine Wachsamkeit gegenüber solchen Entwicklungen ihr Entstehen verhindern. Deshalb sind Vorschriften zur Beschränkung der Zunahme und Verwendung personenbezogener Information in elektronischen Netzen sinnvoll. Aber es ist auch offensichtlich, daß Individuen und Gesellschaft einige personenbezogene Daten brauchen, um vernünftig funktionieren zu können. Folglich gibt es ein inhärentes Dilemma beim Festlegen von

---

11 Die Regierung hat jedoch keinen Zugang zu diesen Daten; außerdem gibt es spezielle Restriktionen für diese Daten, wenn diese von den Bell Nachfolgegesellschaften kommen.

12 Vgl. "Computer Matching and Privacy Protection Act of 1988", U.S. House of Representatives, vom 27.07.1988.

Privacy-Niveaus in intelligenten elektronischen Netzen bzw. Umwelten, bezüglich des Ausmaßes von öffentlichem Wissen über Individuen und Organisationen.

Wir haben uns daran gewöhnt, daß unsere Namen und Telefonnummern in Telefonbüchern veröffentlicht und für jeden erhältlich sind, die die Telefonauskunft anrufen; falls wir nicht Schritte unternehmen, um dies zu verhindern, wie z.B. eine Geheimnummer zu erlangen. Viele von uns sehen darin keine Verletzung ihrer Privacy. Aber wieviele Informationen sollten über uns öffentlich erhältlich sein? Zum Beispiel möchten wir nicht, daß unser Religionsbekenntnis, unsere Zugehörigkeit zu einer ethnischen Gruppe und unsere politischen Überzeugungen offen zugänglich sind. Unter Umständen aber möchten wir, daß andere, die unseren Glauben teilen, mit uns in Kontakt treten können, möchten wir über ein Volksgruppenfest informiert werden oder die Chance haben, an einer Veranstaltung eines Kandidaten unserer Wahl teilzunehmen. Dies setzt voraus, daß jemand eine Liste mit unseren Neigungen hat. Natürlich wollen wir, daß unsere personenbezogenen Daten uns nützen und nicht schaden. Aber wenn erst einmal Daten in zugänglicher Form existieren, werden wir nicht immer in der Lage sein, bestimmen zu können, wie diese Daten später einmal gebraucht werden. Es ist wahrscheinlich, daß Marketingfirmen und politische Gruppen, elektronische Datenbanken mit personenbezogenen Daten aufbauen, verkaufen und austauschen werden. In der Tat ist dies schon allgemein üblich.[13] Wenn sich dieser Prozeß fortsetzt, könnten immer bessere Profile von Individuen und ihrer Lebensläufe für unbekannte, potentiell schädliche - aber auch potentiell hilfreiche - Zwecke konstruiert werden.

Ein ähnliches Problem existiert bei der zwischenmenschlichen Kommunikation. Viele Menschen wollen andere kontaktieren können, möchten aber nicht durch andere kontaktiert werden oder sich dabei zumindest sehr selektiv verhalten können. Es ist leicht verständlich, daß ein führender Krebsforscher nicht für Krebspatienten und deren Familien, für einen Rat leicht erreichbar sein möchte, da die Belastung durch diese Kontakte die Arbeitseffizienz des Forschers gefährden würde. Andererseits möchte der Forscher durch einen bis dahin unbekannten Forscher kontaktiert werden können, der einen methodologischen Fehler in seinen Testreihen entdeckt hat. Das zentrale Problem besteht also darin, wie man umfassende, nützliche Informationsverzeichnisse konstruiert, ohne daß es dabei zu belastenden Bloßstellungen kommt.

[13] Rule, J., McAdam, D., Politics of Privacy, Westport, 1981; Vgl auch die neuesten Veröffentlichung des MIT Professors Marx, G.T., Privacy and Technology, in: The World & I, September 1990, S. 523-541.

Privacy wird mit anderen sozial wertvollen Gütern - wie ökonomische Leistungsfähigkeit, öffentliche Sicherheit und Verbraucherschutz - konkurrieren. Eine Reihe von Abwägungen müssen dabei getroffen werden, und es ist wahrscheinlich, daß Privacy-Rechte in vielen Bereichen - wie beim Drogenproblem - unterliegen werden. Es mag ein systemischer Verlust an Privacy dadurch eintreten, daß öffentliche Datenbanken mittels elektronischem Zugriff zugänglicher gemacht werden. Händlerinformationen könnten ein anderer Bereich sein, wo Privacy eingeschränkt werden wird; speziell Konsumenten könnte besser geholfen werden, wenn Beschwerde- und Leistungsdaten über Händler zugänglich wären. In der Arbeitswelt jedoch könnten Privacy-Rechte verstärkt werden, besonders wenn die elektronische Kommunikation der Beschäftigten betroffen ist. Teilweise wurde schon problematisiert, wer Zugang und Kontrolle über die elektronische Post von Beschäftigten haben darf, die persönliche Mitteilungen enthält.[14]

Technologien wie die Rufnummernanzeige haben Politiker vor das interessante Problem gestellt, wessen Recht den Vorrang haben soll: Das Recht des Anrufers oder das Recht des Angerufenen.[15] Trotz der Kritik einer kleinen Minderheit stimmen die meisten Experten darin überein, daß die Rufnummernanzeige alles in allem eine gute Sache ist. Hingegen sind sich die meisten Experten nicht darüber einig, ob der Anrufer die Möglichkeit haben sollte, die Anzeige seiner Nummer beim Angerufenen unterdrücken zu können. Vertreter der Nichtblockierungs-Position führen aus, daß es das Recht des Angerufenen ist, zu wissen, wer ihn in seiner häuslichen Situation anruft. Weiterhin führen sie an, daß die Zahl von obszönen Anrufen[16] eingeschränkt werden wird. Vertreter der Blockierungs-Position führen aus, daß aus einer Reihe von Gründen die Anrufer die Möglichkeit haben sollten, ihre Nummer zu schützen. Zu diesen Gründen zählen u.a.: die Möglichkeit einer nicht autorisierten Aufnahme des Anrufers in eine Datenbank, verstärkte Möglichkeiten des Telemarketings und mögliche Bedrohungen der Sicherheit von Personen, wie z.B. Frauen, die in einem Frauenhaus Zuflucht suchen. In Kalifornien wurde ein Gesetz erlassen, daß eine Blockierungsmöglichkeit vorschreibt; ähnliche Gesetzentwürfe sind aber in anderen Bundesstaaten gescheitert. Einige bundesstaatliche Regulierungskommissionen erlauben "Nicht-Blockade", andere fordern, daß gewisse Formen der Blockierung möglich sein müssen. Gesetzentwürfe, die eine Blockierung für alle Bundesstaaten vorschreiben, sind zwar in den Congress eingebracht worden, haben aber geringe Chancen durchzukommen. Einige Monate Praxiserfahrung in Kanada zeigt,

14 Davis, F., Beware: Little Brother' May be Reading your E-mail, in: PC Week, vom 19. 10.1990, S. 198.

15 Katz, J.E., Caller-ID, Privacy, and Social Processes, in: Telecommunications Policy, Oktober 1990, S. 372-412.

16 Ungefähr 9% aller amerikanischen Haushalte erhalten zumindest einen obszönen Anruf im Monat.

daß wenn eine Blockade (per Anruf) universell in den USA gegen eine kleine Gebühr angeboten würde, sie kaum genutzt werden würde.[17] Ausgehend von den existierenden großen Unterschieden bei den bundesstaatlichen Regulierungen hinsichtlich der Rufnummernanzeige, könnte eine vergleichende Forschung darüber durchgeführt werden, welches System am besten funktioniert. Technologische Fortschritte könnten einen "Blockade-des-Blockierers"-Dienst ermöglichen; dies könnte einen Weg darstellen, mit dem die Technologie die angenommenen Privacy-Bedürfnisse des Anrufers und das Recht des Angerufenen zu wissen, wer in seine Privatsphäre mittels Telefon eindringt, am besten vereinbart.

3. Datensicherheit

3.1 Trends

In weniger als einem Jahrzehnt hat sich die Computerkriminalität von einem Bereich, der entweder ignoriert wurde oder durch die Lücken des Gesetzes fiel, zu einem stark geregelten Bereich entwickelt, in dem für fast jede vorstellbare illegale Aktivität, die mit oder an einem Computer unternommen werden kann, Strafen vorgesehen sind. Eine wahre Flut von Aktivitäten hat seit 1972 den Status der Computer gewandelt: von kaum einer spezifischen Erwähnung in den Gesetzen zu einer umfassenden und spezifischen Rechtsprechung, die Computer vor einer Reihe von Angriffen schützt und Strafen auf bundesstaatlicher und föderaler Ebene vorsieht. Trotz der großartigen Ankündigungen, die die Verabschiedung des Gesetzes vor fünf Jahren begleitete, ist erst eine Person verurteilt worden, die gegen den umfassenden "Computer Fraud and Abuse Act"[18] verstoßen hat. Interessanterweise sind es Bürgerrechtsbewegungen, wie die American Civil Liberties Union (ACLU), die dies als Tendenz zur Kriminalisierung kritisieren; sie behaupten, daß solche Gesetze der Polizei zu viel Macht geben würden. Zudem glauben einige Gruppen von Computerexperten, daß übertriebene Polizeimethoden eher schaden als nützen; sie haben schon einen Verein gegründet, um die exzessive Kriminalisierung zu bekämpfen.[19] Aus anderer Perspektive wird die Ansicht vertreten, daß die moralische Erziehung von Computernutzern der bessere Ansatz und der letztlich einzig gangbare

17 Boulos, H.A., The Canadian Experience, in: National Issues Forum, Caller-ID Debate, (AZ), Scottsdale, 21. 8. 1990.

18 Vgl."Convicted Computer Hacker Doing Time Answering Lawyers Telephones", in: AP Nachrichtendienst, vom 11.11.1990.

19 Wie z.B. die Electronic Frontier Foundation; vgl. auch Denning, D.E., Concerning hackers who break into computer systems, Vortrag auf der 13th National Computer Security Conference, Washington, DC, 1.-4.10.1990.

Weg sei. Trotzdem gibt es heute eine umfassende Menge von Gesetzen, die Computer und Netzwerke als spezielle Klasse von Informationseinheiten stark schützen. Die Kriminalisierung sagt viel über die Bedeutung dieser Technologien zur Erreichung gesellschaftlicher Wohlfahrt aus. Es sagt auch viel darüber aus, wie Politiker in einer Zeit Lösungen für Probleme suchen, in der das harte Durchgreifen gegen Kriminalität betont wird. Es kommt hinzu, daß die Kritiker keine großen Fortschritte machen, und es keine Anzeichen dafür gibt, daß der Congress einen Rückzieher von der umfassenden Kriminalisierung des Computermißbrauchs macht.

Trotz der Betonung auf Gesetze und Verfahren ist es wahrscheinlicher, daß die größten Schritte zur Erhöhung der Sicherheit eher durch Verbesserungen von Hard- und Software kommen werden, als durch Versuche, das menschliche Verhalten durch Zureden und Strafen zu verändern. Eine Beschreibung der zukünftigen Technologien kann nicht Gegenstand dieses Aufsatzes sein, aber es ist klar, daß kostengünstige Technologien, die unsichtbar für den Nutzer aber undurchdringlich für den Angreifer sind, wahrscheinlich der bevorzugte Ansatz sein werden.[20] Dies mag auf die Tatsache zurückzuführen sein, daß in den USA fast schon jede Form von Computer- und Telekommunikationskriminalität unter Strafe gestellt worden ist, und daß sogar noch drakonischere Maßnahmen kaum zu noch mehr Sicherheit führen werden.

Zur selben Zeit, in der die Sicherheitshardware verbessert wird, können Innovationen, die den Komfort des Nutzers steigern, unter gewissen Umständen zu einer Gefährdung der Sicherheit führen. Ein gutes Beispiel dafür ist der Trend zu schnurlosen Computernetzwerken. Um die große Menge von Kabeln in modernen Bürogebäuden zu eliminieren, führen Computerfirmen nun Produkte ein, die die Computer mit Licht-, Radio- und Mikrowellen untereinander verbinden. Während diese Innovationen den Nutzern in vieler Hinsicht helfen, ermöglichen sie Eingriffe in die Netzwerkübertragungen - und vielleicht noch schlimmer - das Einbringen von Computerviren mittels Radio- oder anderen Signalen. Während Sicherheitshardware eine praktische Alternative für gegenwärtige Systemprobleme bietet, führen Veränderungen bei den Systemen selbst zu neuen Verwundbarkeiten, wenn Innovationen nicht richtig durchdacht sind.

---

[20] In den U.S.A. führt die schon weit verbreitete Telefax-Technologie zu Privacy-Probemen. Telefaxe werden oft an die falsche Nummer verschickt oder im Büro von Mitarbeitern aufgelesen werden, an die sie nicht adressiert sind. Ein guter Ansatz zur Lösung dieser Probleme ist das Faxgerät "Cryptek" von General Kinetics, welches Telefaxe vor einem elektronischen Mitschnitt schützt und verhindert, daß Faxe an die falsche Adresse geschickt werden; vgl. hierzu das Wallstreet Journal vom 11.11.1990, S. A-9.

Mehr und mehr Mittel wurden oder werden dafür ausgegeben, die Einstellung und das Sicherheitsbewußtsein und -verhalten der Beschäftigten zu verbessern. Diese Mittel fliessen in Trainingskurse und -videos, Bedienungsanleitungen und Poster, die zu mehr Vorsicht und Mißtrauen auffordern, sogenannte "Tiger Teams", die Scheinangriffe auf die Sicherheitsvorkehrungen der Computersysteme von Organisationen durchführen, die Ausgabe von Dienstausweisen an Beschäftigte und mehr Sicherheitskräfte. Solche Anstrengungen sind der wahren Bedrohung selten angemessen. Es gibt bis heute noch kaum Untersuchungen darüber, für welchen Preis man ein bestimmtes Sicherheitsniveau erreichen kann. Es wird die Zeit kommen, wo von Firmen Betriebswirtschaftler und nicht Polizisten angestellt werden, um die Sicherheit zu kontrollieren: kostengünstige Sicherheit wird ein anerkanntes Forschungsthema werden.

3.2 Probleme

Ein wichtiges Thema ist der Standardisierungsgrad von Sicherheitsprotokollen. Auf der einen Seite bringen Standards Vorteile hinsichtlich Vernetzungsfähigkeit und Transferierbarkeit. Es ist auch von Vorteil, wenn Untersuchungen über die Schwachpunkte eines Systems sich auf einen Standard - anstatt auf mehrere - beziehen können. Auch der Lernaufwand bei Nutzern kann verringert werden, wenn es nur einen Standard gibt. Auf der anderen Seite kann es Vorteile haben, wenn man unterschiedliche Standards hat. So würden, falls ein System beeinträchtigt ist, andere nicht gefährdet; die Verwundbarkeit wäre somit eingeschränkt. Fortschritte bei dem Versuch, Systeme gleichzeitig anwenderfreundlich und sicher zu machen, könnten außerdem erzielt werden, wenn eine Reihe von Entwicklungslinien simultan verfolgt werden könnten, wie es z.B. bei konkurrierenden Systemen der Fall wäre.

Auch wenn die Sicherheitskosten hoch sind, bleibt es immer noch eine offene Frage, welches Sicherheitsniveau für welchen Preis realisiert werden sollte. Neben den offenen Kosten für Hardware und Verwaltungspersonal gibt es die verdeckten Kosten durch reduzierten Benutzerkomfort. So könnte z.B. größere Sicherheit zu System- und Netzzugangsbeschränkungen führen. Sogenannte "TypII-Fehler", bei denen das System annimmt, daß ein Nutzer Privacy verletzt, dieser es aber nicht tut, können zu großen Unannehmlichkeiten für die Betroffenen führen. Eine andere Unbequemlichkeitlichkeit könnte man als "kognitive Belastung" umschreiben; damit ist die Erinnerungs- und Verhaltensleistung gemeint, die der Benutzer aufbringen muß, um das System zu bedienen. Wenn zum Beispiel ein nicht-memonisches Passwort in ungewohnter Weise wöchentlich gewechselt werden muß, oder mehrere Passwörter benötigt werden, belastet dies den Nutzer kognitiv. Falls jedoch Sicherheit isoliert betrachtet wird, ist es wahrscheinlich, daß solche Probleme - wie oben beschrieben -auftreten werden.

Ein großer Teil der Anstrengungen wird unternommen, um Netzwerke gegen Angriffe von außen zu schützen. Dem entgegen zeigen meine ersten vorläufigen Untersuchungen, daß über 90% der Angriffe - wie böswillige Zerstörung, Veränderungen von Daten und Überschreiten der Befugnisse - von Insidern gemacht werden. Mitunter wird das Umgehen von offiziellen Vorschriften durch Vorgesetzte begünstigt.[21] In dem Ausmaß wie das Ungleichgewicht zwischen Bedrohung und Mittelzuwendung erkannt wird, können wir eine Umorientierung - weg von der Abwehr der Bedrohungen von außen und hin zu der Sicherstellung von Systemintegrität gegen unterschiedlichste Angriffe von innen - erwarten.

Die neuartige Fähigkeit von autorisierten Nutzern, in Netzwerken Dokumente zu verändern, könnte nicht nur die Privacy von Individuen verletzen, sondern auch wissenschaftliche Projekte beeinträchtigen, die auf vernetzte und archivierte Daten aufbauen. Noch bedeutender ist es jedoch, daß es auch zur Fälschung von größeren historischen Tatbeständen mit bedeutenden sozialen Folgen kommen könnte. Das Problem, daß autorisierte Offizielle in Datenbestände eindringen, um in unautorisierter Weise Datensätze zu verändern, wurde auf Bundesebene gesetzgeberisch nur im Kontext finanzieller Transaktionen und bundesstaatsübergreifenden Verbrechen angesprochen. Es gibt auch bundesstaatliche Gesetze in diesem Bereich. Aber unter dem gegenwärtigen Recht könnten eine Reihe von offiziellen Veränderungen in Dokumenten gemacht werden, die zwar perfekt legal aber gleichzeitig auch falsch und unsachgemäß sein können. Dieses Problem wird umso kritischer, da alle Dokumentformen - Berichte, Aufsätze, Videoaufzeichnungen, Filme, Reden, Fotografien - digitalisiert in vernetzten Computern gespeichert werden. Daraus resultierende Folgen könnten von einem fälschlichen Anspruch auf eine Erfindung durch Individuen oder Firmen bis hin zur Veränderung ganzer Archive mit wissenschaftlichem oder historisch wichtigem Material reichen.

Man mag glauben, daß die offizielle Herstellung oder Neuschreibung von Geschichte gewöhnlicherweise nur unter totalitären Regimen möglich ist, es scheint jedoch, daß auch die Regierung der USA fähig ist, Aufzeichnungen mit historischer Bedeutung zu

---

21 Ein Beispiel soll dies illustrieren: Ein hochrangiger Manager wies den Leiter des Computerzentrums an, einem Beschäftigten ein Super-Passwort zu geben, obwohl dieser nach den Organisationsvorschriften und seinen Fähigkeiten nicht dazu berechtigt war, eines zu bekommen; dieser Beschäftigte verursachte durch den Mißbrauch dieses Passworts der Firma viele Schwierigkeiten.

verändern. Eine Untersuchung hat das folgende aufgedeckt: Gegen Ende des 2. Weltkriegs versuchte das Verteidigungsministerium der USA, deutsche Raketenwissenschaftler zur Arbeit am amerikanischen Raketenprogramm zu bewegen. Dabei ordnete das Verteidigungsministerium an, Aufzeichnungen über die Nazi-Vergangenheit der Wissenschaftler - und auch über mögliche Beteiligungen an Greueltaten gegenüber Zwangsarbeitern - zu verändern oder zu zerstören.[22] Zur Zeit werden durch die Bundesregierung im Rahmen ihrer Maßnahmen zum Schutz von Kronzeugen Dokumenten(ver)-fälschungen vorgenommen; dies ist jedoch in der Größenordnung nicht vergleichbar bzw. nicht so kontrovers.

Dokumentenfälschung ist für Privacy in zweierlei Hinsicht wichtig. Zum einen wird die Kontrolle und der Zugang zu in Computern gespeicherten Informationen thematisiert und gezeigt, daß persönliche, private Aufzeichnungen durch Offizielle ohne das Wissen oder Zustimmung des Subjektes oder "Besitzers" der Informationen verändert werden können. Zum anderen muß darauf geachtet werden, daß Aufzeichnungen von wissenschaftlichem und historischem Wert vor Zerstörung und "Verunreinigung" geschützt werden. Konsequenterweise, müssen Schritte unternommen werden, um Regelungen zu entwickeln, die folgende Punkte ansprechen bzw. klären:

- Wer besitzt Aufzeichnungen und unter wessen permanenter Aufsicht sind sie?
- Wer sollte schließlich Zugang zu ihnen haben?
- Welche Art von Manipulationen sind erlaubt?
- Welche Regelungen können unternommen werden, um die Datenintegrität und den Datenschutz vor vermeintlich autorisierten Veränderungen zu gewährleisten?

Bis zu einem gewissen Grad mag dieses Problem technisch gelöst werden können. Zum Beispiel haben zwei Forscher bei Bellcore einen Weg entdeckt, Dokumente mit einem "Zeitstempel"[23] zu versiegeln, und so einen Weg aufgezeigt, wie man die Authentizität von digitalisierten elektronischen Dokumenten - unanhängig davon was sie zum Inhalt haben - nachweisen kann. Von diesem sogenannten "digital-time-stamping service" wird

22 Eine Anweisung des Defense Departments vom 4.12.1947, die diese Wissenschaftler betrifft, ordnet an, daß "their classification as ardent Nazis should be revised". Daten des U.S. Document Center in Berlin und andere Aufbewahrungsorte in Deutschland wurden bei dieser Revisions-Operation eingeschlossen. So wurden im Untersuchungsreport, der Wernher von Braun betraf, die Nazi-Sympathie und -Aktivitäten heruntergespielt. Diese Informationen wurde in einem Fernsehprogramm "Front Line" des PBS gebracht, das von Tom Bower produziert und am 4.03.1987 gesendet wurde.

23 Vgl. "Bellcore battles electronic fraud with 'time-stamp' for documents", in: Star Ledger, Newark, NJ, 20.11.1990, S. 17.

erwartet, daß er eine weitreichende Bedeutung für alle digitalisierten Informationen - einschließlich Telefongespräche - haben wird. Computersicherheitsexperten betrachten dieses System als eine wichtige Innovation, die ernste Probleme löst, die auch schon bei elektronischen Geldüberweisungen, elektronischer Post oder Telefax-Authentisierung bestehen. Mit dem vorgeschlagenen System von Bellcore würde sogar der Austausch nur eines Buchstabens im Original das Siegel verletzen. In dem Ausmaß, wie sich das System als robust erweist und genutzt wird, könnte es viele von den oben beschriebenen Bedenken aufheben; das System muß sich jedoch erst noch bewähren.

4. Zukunftsperspektiven

Selbstverständlich gibt es Zeiten, in denen Individuen und Gesellschaft zwischen Privacy auf der einen Seite und Effizienz, Komfort, öffentliche Sicherheit und Offenheit von Regierung und Organisationen auf der anderen Seite abwägen müssen. Es gibt jedoch wahrscheinlich eine Vielzahl von Möglichkeiten, Technologien so zu nutzen, daß die gleichzeitige Erreichung all dieser Ziele maximiert werden kann. Das Ziel ist es, die Möglichkeiten neuer Dienste streng dahingehend zu prüfen, wie dies zu erreichen ist, welches nicht immer einfach sein wird. Für Systemdesigner und Politiker verbleiben noch schwierige Herausforderungen.

Die Standards der Europäischen Gemeinschaft hinsichtlich Privacy werden einigen Einfluß auf eine Intensivierung der Privacy-Gesetzgebung und der Schutzmaßnahmen in den USA haben. Es mag auch sein, daß amerikanische Computer- und Telekommunikationsfirmen, die Geschäfte in Europa machen, sich den europäischen Standards anpassen werden.

In den USA sind ca. 25% aller Privattelefonbenutzer nicht in den Telefonbücher aufgeführt. In einigen städtischen Gebieten ist die Zahl sogar höher und steigt rapide: In Los Angeles sind es ca. 38%, in New York City stieg sie um 4% in den letzten acht Monaten.[24] Während die Motive für die Inanspruchnahme eines solchen Dienstes, welcher zwischen 75 Cents und 3 Dollar im Monat kosten kann, unterschiedlich sind, bezahlen die meisten diese Gebühr aus Gründen, die mit Privacy zusammenhängen. Wenn man diese Gebühr multipliziert mit der Zahl der Abonnenten und weiter mit zwölf für jeden Monat, ist der Umsatz enorm. Überdies verkauft sich die Rufnummernanzeige und an

---

24 Sheehan, P., Dial 212-Get-Lost, in: New York Times vom 31.10. 1990, S. A-25.

dere sicherheitserhöhende Funktionen genauso gut, wie es das Tastentelefon kurz nach seiner Einführung tat.

Betrachtet man diese Zahlen, so scheint es einen großen Markt für Privacy-Dienste zu geben. In dem Ausmaß, wie die Bedürfnisse der Konsumenten nach neuen Privacy-Diensten steigen, werden Industrie und Regierung diese unterstützen. Wenn jedoch die Bedürfnisse nach Privacy mit den Firmenprofiten und der Verwaltungseffizienz konfligieren, werden sie auf Widerstand stoßen. Das am leichtesten erreichbare Ziel dürfte es dann sein, Dienste zu schaffen, die synergetisch Privacy in der Gesellschaft stärken, ohne Interessen gegeneinander auszuspielen.

Letztlich wird die Sicherheit eines Systems - und auch der Privacy ihrer Nutzer - am besten auf der Systemebene realisiert. Das System muß nicht nur sicher vor Angriffen von Außenstehenden sondern auch vor Mißbrauch durch Insider sein.

Grundsätze des "guten Managements und Verantwortlichkeit" sind mit Erfolg in Institutionen wie Banken und Nachrichtendiensten eingesetzt worden. In diesen Bereichen entstehen die Bedrohungen oft durch vertrauenswürdige Beschäftigte auf höchster Ebene. Ich empfehle nicht, diese Institutionen als Modelle für die Organisation der Sicherheit in zukünftigen Netzwerken zu gebrauchen, diese Grundsätze sollten jedoch bei dem Systemdesign beachtet werden, um das Risiko zu minimieren, das durch vertrauenswürdige, hochrangige Manager entsteht. Ähnliche Grundsätze sollten auch generell bei der zukünftigen Netzentwicklung angewandt werden, so daß nicht nur optimale Privacy-Niveaus für die Nutzer erreicht werden, sondern auch - und das ist sehr wichtig - die Nutzer das Gefühl entwickeln können, daß ihr Vertrauen gerechtfertigt ist.

5. Resümee

Eine allumfassende Privacy-Regelung wird nicht der amerikanische Weg sein. Man kann jedoch einen sektoralen Ansatz erwarten, der eine Verbindung amerikanischer Werte darstellen wird, wobei ein Ausgleich zwischen konkurrierenden Interessen bei deutlicher Betonung auf ökonomische Effzienz und Verbrechenskontrolle und einem moderaten Schutz der individuellen Privacy gesucht werden wird. Die Telekommunikationsindustrie der USA wird sich in vorderster Front von jenen befinden, die die Sicherheit der Kundeninformationen zu schützen versuchen, aber auch von jenen, die diese Informationen zur Verfolgung von wirtschaftlichen Interessen benötigen.

5

ISDN, Privacy und Datenschutz
- Anmerkungen zur aktuellen Diskussion in den USA und in der BRD

Herbert Kubicek

Forschungsgruppe Telekommunikation
Universität Bremen

1. Einführung

Die Mitwirkung eines Kollegen aus den USA an diesem Workshop möchte ich zum Anlaß nehmen, einige vergleichende Anmerkungen zu der Diskussion über Datenschutzprobleme im ISDN oder bei vergleichbaren Techniken in der Bundesrepublik und in den USA zu machen. Meine Kenntnisse der Diskussion in den USA beruhen auf dem Studium einer Reihe von Aufsätzen, Zeitungsmeldungen, Gesetzen und Gesetzesentwürfen sowie Stellungnahmen in Anhörungen, von denen sich die meisten mit der Rufnummernanzeige befassen. Ich kann nicht den Anspruch erheben, vollständig über alle relevanten Aspekte der Diskussion in den USA informiert zu sein. Einige Anmerkungen haben daher eher den Charakter von Hypothesen, die durch die weitere Diskussion sowie gründliche Forschung erhärtet werden müssen. Dementsprechend geht es im folgenden auch nicht um abschließende Wertungen, sondern um Vorschläge für zukünftige Forschungsfragen und politische Handlungsoptionen.

Eine Feststellung erscheint zweifelsfrei gesichert: Ein in der deutschen Diskussion weitverbreitetes Urteil ist endgültig widerlegt. Nach diesem Vorurteil ist die Datenschutzkritik hierzulande eine typisch deutsche Marotte, während das, was hier kritisiert wird, in den USA uneingeschränkt begrüßt wird. Als ein Beispiel von vielen möchte ich aus dem Editorial der "telepost" zitieren, die im Auftrag des Bundesministers für Post und Telekommunikation herausgegeben wird:

> "...während in den USA eine neue technische Einrichtung für den Kampf gegen anonyme Anrufe und Telefonterror als sinnvolle Schutzmaßnahme gelobt wird, greift bei uns genau die gegenteilige Diskussion um sich. Der Meinungsstreit entzündet sich daran, daß in der künftigen Welt des diensteintegrierten digitalen Fernmeldenetzes (ISDN) die Anzeige der Rufnummer des Anrufenden auf dem Gerät des Angerufenen zum technischen Standard gehört. Anonyme Anrufer werden also nicht länger geschützt. Belästigungen über das Telefon werden erheblich erschwert.
>
> Die Rufnummeranzeige bringt noch eine ganze Palette weiterer Vorteile. Zum Beispiel kann damit zweifelsfrei ein Notruf identifiziert und lokalisiert werden, was oft lebensrettend sein kann.
>
> Es ist schon verwunderlich, daß die Datenschützer diesen Verbraucherschutzargumenten so reserviert gegenüberstehen. Warum soll gerade beim Telefon ein moralisch verwerfliches Verhalten geschützt werden? Diese Frage wird insbesondere dann für die Masse der Telefonkunden unverständlich, wenn klargestellt ist, daß für besondere Fälle, beispielsweise bei sozialen Beratungsdiensten, technische Lösungen zur Anonymhaltung des Anrufers möglich sind."[1]

Ich kann mich selbst nicht von dem Vorwurf freisprechen, gelegentlich vereinfachende Aussagen in die Welt gesetzt zu haben, die mißverstanden werden können. Solche Vereinfachungen waren von der Motivation geprägt, öffentliche Aufmerksamkeit zu erzeugen und eine breite Diskussion in Gang zu setzen. In dem Zitat finden wir jedoch eine Ansammlung von teils mißverständlichen, teils eindeutig falschen Aussagen, die der weiteren Diskussion nicht förderlich sind und einer Richtigstellung bedürfen:

- So wird der Eindruck erweckt. daß die Rufnummernanzeige zum technischen Standard des ISDN gehört. Tatsache ist jedoch, daß sie im D-Kanal-Protokoll als optional eingestuft ist.[2]

- Die Aussage, daß anonyme Anrufer nicht länger geschützt werden, erweckt einen falschen Eindruck. Ein ISDN-Anschluß bietet keinen wirksamen Schutz vor belästigenden Anrufen. Denn diese können von einem der 30 Millionen Analoganschlüsse oder von einer Telefonzelle kommen. Und selbst wenn die

1 telepost, Editorial, No. 8, 1990, S.3.
2 Höller, H., Gestaltungsspielräume trotz Normfestlegung, Manuskript, Bremen, 1990.

Belästiger einen ISDN-Anschluß haben sollten, können sie heute schon die Anzeige ihrer Rufnummer an anderen ISDN-Anschlüssen generell unterdrücken lassen. Ab 1992 soll dies auch fallweise möglich sein.

- Die letzte Aussage, daß für besondere Fälle wie soziale Beratungsdienste technische Lösungen zur Anonymhaltung der Anrufenden möglich sind, trifft zwar abstrakt zu. Entsprechende Verfahren sind, wenn man von den Unterdrückungsmöglichkeiten absieht, jedoch nicht konkret geplant und vor allem heute im ISDN der DBP Telekom nicht verfügbar.

- Vor allem aber ist es eine glatte Verdrehung der Tatsachen, wenn behauptet wird, die Rufnummernanzeige würde in den USA gelobt, nur hierzulande von Datenschützern kritisiert, und so der Eindruck erzeugt wird, in den USA gebe es keine Kritik. Das Gegenteil ist, wie auch Herr Katz berichtet, der Fall. Er selbst lobt zwar die Rufnummernanzeige, die die amerikanischen regionalen Telefongesellschaften, die die Forschungs- und Entwicklungseinrichtung "bellcore" tragen, der auch Katz angehört, gegen zusätzliches Entgelt vermarkten wollen. Tatsache ist aber auch, daß die Rufnummernanzeige (Caller ID, Calling Number Identification CNI) in den USA in einzelnen Bundesstaaten von Aufsichtsbehörden und Gerichten zunächst verboten oder mit Auflagen versehen worden ist, daß in einem kalifornischen Gesetz eine technische Möglichkeit zur Unterdrückung der Anzeige vorgeschrieben wird und daß aus Anlaß dieser Auseinandersetzungen in den Senat eine "Telephone Privacy Bill" eingebracht worden ist.[3]

Eine vergleichende Betrachtung zeigt also, daß Kritik zu einzelnen technischen Elementen in beiden Ländern anzutreffen ist. Sie zeigt aber auch, daß die Diskussion in beiden Ländern zum Teil erhebliche Unterschiede aufweist im Hinblick auf

- die normativen Wertmaßstäbe (Privacy vs. Datenschutz),
- die inhaltlichen Problemschwerpunkte (Caller ID vs. Kommunikationsdatenverarbeitung),
- den Regulierungsrahmen, die Hauptakteure der Kritik und die Formen der Auseinandersetzung.

---

3 Procomm Staff, Calling Number Identification. Whose Privacy will Prevail? in: Procomm Enterprises Magazine, Sept. 1989, S. 34-36 und S. 59; Slaa, P., Telecommunications and Privacy - The "Caller ID Controversy" as an Example, in: Medien Forum Berlin '89, Kongreßteil 1: Medienpolitik, München, 1989, S. 65-74; Toth, V.J., Pensylvania Court Chills Calling Line ID and Related Services, in: Business Communications Review, Vol. 20, No.7, 1990, S. 56-58.

Zu diesen drei Aspekten möchte ich im folgenden kurz Stellung nehmen, um Vorschläge zu machen, was wir aus der Diskussion in den USA für die weitere Entwicklung in der Bundesrepublik lernen können.

2. Privacy vs. Datenschutz

Die Bewertung technischer Elemente, Funktionen oder Verfahren hängt selbstverständlich von den Bewertungsmaßstäben ab. Diese sind kulturell bedingt und nicht so leicht zu standardisieren, wie dies bei den technischen Funktionen durch multinationale Herstellerkonzerne und internationale Standardisierungsgremien möglich ist. Wir müssen also bei allem beachten, daß dasselbe technische Element in unterschiedlichen Kulturkreisen mit unterschiedlichen Wertmaßstäben beurteilt wird. Nach sorgfältiger Prüfung kann man aber auch darüber diskutieren, ob bestimmte Anforderungen aus einem anderen Kulturkreis übernommen werden können und sollen.

Das englische Wort Privacy wird häufig mit Datenschutz gleichgesetzt.

Vom Ergebnis her mag in dem einen oder anderen Fall dasselbe herauskommen. Im ursprünglichen Ansatz sind die beiden Begriffe zwar noch relativ ähnlich, in der Konkretisierung jedoch grundverschieden. James E. Katz umschreibt Privacy mit dem Recht "to be let alone".[4] Diese Rechtsnorm entspricht angelsächsischer Tradition (My home is my castle) und einem konsequent individualistischen Gesellschaftsmodell. Aufgrund einer Literaturrecherche konkretisiert er den Begriff Privacy durch vier Kriterien, nach denen eine Verletzung der Privatsphäre vorliegt:

(1) Eindringen in die Privatsphäre, insbes. in die Wohnung (intruding),

(2) Sammeln von Informationen über Individuen ohne deren Einwilligung und/oder Wissen (information gathering),

(3) Beschränkung der Wahl- und Handlungsfreiheit von Individuen durch andere aufgrund der Verfügung über personenbezogene Informationen (interfering),

(4) Verletzung akzeptierter Verhaltensnormen (violating accepted standards).

Katz betont, daß es sich dabei um soziologische und nicht "nur" um juristische Kriterien handelt. Ich kenne die rechtswissenschaftliche Literatur über Privacy nicht genau genug,

[4] Katz, E.J., Caller-ID, Privacy and Social Processes, in: Telecommunications Policy, October 1990, S. 374.

um zu beurteilen, ob hier nicht eine gezielt selektive Auswahl vorgenommen worden ist, die zu Kriterien führt, die für die Bemühungen von Katz um eine Rechtfertigung des gegenwärtigen Verfahrens der Rufnummernanzeige besonders geeignet sind. Jedenfalls konkretisiert Eli M. Noam, bis vor kurzem Commissioner der Public Service Commission des Staates New York, Privacy in etwa ähnlich durch zwei unterschiedliche, aber zusammenhängende Aspekte:[5]

(1) Schutz gegen das Eindringen nicht gewollter Informationen bzw. das Recht, in Ruhe gelassen zu werden (protection against intrusion by unwanted information, right to be let alone),

(2) die Möglichkeit, Informationen über einen selbst und die eigenen Aktivitäten zu beeinflussen und zu überschauen (the ability to control information about oneself and one's activities).

Die Beziehung zwischen beiden Aspekten charakterisiert Noam derart, daß es in beiden Fällen darum geht, Informationsflüsse zwischen dem Individuum und der Gesellschaft zu beschränken. Im ersten Fall geht es um Beschränkungen (barriers) zufließender, im zweiten Fall um die Beschränkung abfließender Informationen.

Die rechtliche Ausgestaltung dieser Schutzzwecke in den USA beschreibt Noam als adhoc-legislation, die häufig aufgrund konkreter Klagen von Individuen und diesbezüglicher Rechtsprechung entstanden ist und die, nebenbei bemerkt, aufgrund der konkurrierenden Gesetzgebung auf der Ebene der einzelnen Bundesstaaten und des Bundes äußerst unübersichtlich ist. In dem zitierten Artikel nennt Noam alleine für die Bundesebene sieben Gesetze und höchstrichterliche Urteile, die sich auf elektronische Überwachung im Zusammenhang mit der Telekommunikation beziehen, und 21, die sich auf Fragen der Privacy bei der Telekommunikation beziehen. Die europäische, wohl insbesondere deutsche rechtliche Regelung bezeichnet er als "comprehensive (omnibus) law", das alle möglichen Probleme abdecken soll.

Im Zusammenhang mit den rechtlichen Auseinandersetzungen über die Rufnummernanzeige in den USA haben allerdings bundes- und einzelstaatliche Gesetze eine Rolle gespielt, zu denen es durchaus Parallelen bei uns gibt und die sich insbesondere auf das Fernmeldegeheimnis beziehen (Electronic Communications Privacy Act von 1986 bzw. Pennsylvania Wiretapping and Electronic Surveillance Control Act).

---

5 Noam, E.M., Telecom Privacy Policy Elements, in: Transnational Data and Communications Report, March, 1990, S. 10.

Die Datenschutzdiskussion im Zusammenhang mit dem ISDN in der Bundesrepublik ist bisher fast ausschließlich an den Regelungen der Datenschutzgesetze und am Volkszählungsurteil des Bundesverfassungsgerichts orientiert.[6] Die deutsche Datenschutzgesetzgebung stellt aufgrund der historischen Erfahrungen mit der Informationssammlung durch den Staat auf die Grenzen von Eingriffen in die Grundrechte ab. Dementsprechend wurden für die Verarbeitung von personenbezogenen Daten durch öffentliche Stellen wesentlich schärfere Beschränkungen erlassen als für die Verarbeitung von Daten in der Wirtschaft. Für den staatlichen Bereich, zu dem auch nach der Deregulierung die DBP Telekom - zumindest mit dem Monopolbereich und damit mit dem Fernsprechdienst - gehört, gilt das Prinzip des Verbots mit Erlaubnisvorbehalt, d.h. staatliche Stellen dürfen personenbezogene Daten nur speichern, verarbeiten und übermitteln, wenn dies ausdrücklich erlaubt ist. Ihre Datenverarbeitung unterliegt der Kontrolle durch unabhängige Datenschutzbeauftragte. Im nicht-öffentlichen Bereich gilt das Prinzip der Vertragsfreiheit bzw. der Einverständnisregelung. Überprüfungen sind nur aufgrund von Beschwerden zulässig.

Maßstab ist dabei vor allem das allgemeine Persönlichkeitsrecht nach Artikel 2 Abs. 1 GG. In der Rechtsprechung des Bundesverfassungsgerichts und in der rechtswissenschaftlichen Literatur wurde insbesondere in den 70er Jahren die Zulässigkeit von Eingriffen mit Hilfe einer Sphärentheorie zu bestimmen versucht. Danach gibt es einen innersten Kern, die Intimsphäre, die sich insbesondere auf den sexuellen Bereich bezieht und in die staatlich überhaupt nicht eingegriffen werden darf. Diese Intimsphäre ist von einer Privatsphäre umgeben, in die nur aus besonderen Gründen begrenzt eingegriffen werden darf. Und schließlich gibt es eine Sphäre öffentlicher Betätigung der Bürger und Bürgerinnen, in der sie sich weitgehende Eingriffe gefallen lassen müssen. Als Abgrenzungskriterium und damit Eingriffsgrund dient dabei der Sozialbezug. In der rechtswissenschaftlichen Literatur ist jedoch nachgewiesen worden, daß es nicht möglich ist, einzelne Verhaltensweisen eindeutig und konsistent einer Sphäre zuzuordnen. Ebenso ist es in der Datenschutzdebatte nicht gelungen, personenbezogene Daten generell einem auch nicht in Einzelfällen unantastbaren Bereich zuzuordnen.[7] Podlech hat allerdings früher

---

[6] Kubicek, H., ISDN im Lichte von Demokratieprinzip und informationeller Selbstbestimmung, in: Datenschutz und Datensicherheit, Jg. 1, 1987, S. 21-26; Schmidt, J., Die Gewährleistung des Datenschutzes bei der Teilnahme an Telekommunikationsdiensten der Deutschen Bundespost - dargestellt unter besonderer Berücksichtigung der Telekommunikationsordnung, in: Jahrbuch der Deutschen Bundespost 1988, Bad Windsheim, 1988, S. 315-355; Badura, P., Die Tragweite des Rechts auf informationelle Selbstbestimmung für die normative Regelung der öffentlichen Telekommunikationsdienste der Deutschen Bundespost, in: Jahrbuch der Deutschen Bundespost 1989, Bad Windsheim, 1989, S. 9-40.

[7] Podlech, A., Art. 2, Abs. 1, Alternativkommentar zum Grundgesetz für die Bundesrepublik Deutschland, Neuwied und Darmstadt, 1984, S. 336.

schon versucht, ohne Bezug auf die Sphärenabgrenzung ein Recht auf Privatheit zu formulieren, in dem er Privatheit als eine mögliche Eigenschaft des Umgangs mit anderen begreift und sie damit nicht dem Sozialbezug entgegenstellt.[8]

Das Bundesverfassungsgericht hat im Volkszählungsurteil im Anschluß an die rechtswissenschaftliche Literatur das Grundrecht auf informationelle Selbstbestimmung als Konkretisierung des allgemeinen Persönlichkeitsrechts präzisiert und dabei Abstand von der früher vertretenen Sphären-Theorie genommen. Nach der nun vertretenen Auffassung gibt es keine generelle Unterscheidung zwischen harmlosen und sensiblen Daten aufgrund einer Sphärenzugehörigkeit. Entscheidend ist vielmehr der jeweilige Verwendungszusammenhang von personenbezogenen Daten. Grundsätzlich soll der einzelne selbst bestimmen können, wann und innerhalb welcher Grenzen wem gegenüber und zu welchen Zwecken er persönliche Lebenssachverhalte offenbart. Hermann Heußner, der berichterstattende Richter, faßt den neuen Ansatz wie folgt zusammen:

> "Inhalt des Rechts auf informationelle Selbstbestimmung ist nicht nur das Recht des Bürgers, in einem konkret abzugrenzenden "unantastbaren Bereich" privater Lebensgestaltung in Ruhe gelassen zu werden, sondern auch als wichtige Funktionsbedingung der freiheitlichen demokratischen Gesellschaft, das Recht, Privatheit und Mitwirkung des Bürgers als gesicherte Grundrechtsausübung in der Kommunikation mit anderen, also im Sozialbezug, sicherzustellen."[9]

An anderer Stelle spricht Heußner davon, daß die Unbefangenheit der menschlichen Kommunikation geschützt werden soll, die gestört würde, wenn jeder mit dem Bewußtsein leben müßte, daß jede Äußerung und jede seiner Bewegungen festgehalten, beliebig hervorgeholt, übermittelt und aus dem ursprünglichen Zusammenhang gelöst verwendet werden könnte.[10]

Auf den ersten Blick deckt sich diese Charakterisierung des Rechts auf informationelle Selbstbestimmung mit dem von Katz und Noam erwähnten Recht auf Kontrolle der Informationen über einen selbst. Die Zielrichtung und Form der Konkretisierung ist jedoch grundlegend anders. Katz und Noam stellen, wie auch die Kommissionen und Gerichte in den USA, auf die Kommunikationen zwischen Inidviduen oder zwischen Individuen und Organisationen ab und nehmen dabei die Perspektive des betroffenen einzelnen ein. Das Bundesverfassungsgericht knüpft demgegenüber an dem Zielkonflikt zwischen dem

8 Podlech, A., Das Recht auf Privatheit, in: Perels, J. (Hrsg.), Grundrechte als Fundament der Demokratie, Frankfurt/M., 1979, S. 51.

9 Heußner, H., Datenverarbeitung und Grundrechtsschutz, in: Hohmann, H. (Hrsg.), Freiheitssicherung durch Datenschutz, Frankfurt/M., 1987, S. 119.

10 Ebd., S. 117.

Schutz des individuellen Persönlichkeitsrechts und der Notwendigkeit von Beschränkungen im öffentlichen Interesse an. Dabei wird, wie in der Datenschutzgesetzgebung generell und wie es dem zu entscheidenden Fall der Volkszählung entspricht, die Zulässigkeit staatlicher Beschränkungen des individuellen Selbstbestimmungsrechts in den Vordergrund gestellt. Dementsprechend wird für die automatische Verarbeitung personenbezogener Daten durch öffentliche Stellen das strenge Zweckbindungsgebot formuliert, ergänzt um die Grundsätze der Erforderlichkeit, der Transparenz und des Gesetzesvorbehalts. Aus Zeitgründen muß ich hier auf eine nähere Erläuterung dieser Grundsätze verzichten.[11] Hier nur soviel:

- Zweckbindung heißt, bei der Erhebung muß der Verwendungszweck festgelegt werden und klar sein; die Verarbeitung darf nur zu diesen Zwecken erfolgen. Eine Vorratsspeicherung für noch nicht konkretisierte Zwecke ist unzulässig.

- Erforderlichkeit heißt, daß die Grundrechte nur soweit beschränkt werden dürfen, als es zum Schutz öffentlicher Interessen unerläßlich ist. Es darf kein Verfahren geben, das zugelassene Zwecke mit weniger personenbezogenen Daten erfüllt.

- Transparenz heißt, daß die Bürger und Bürgerinnen wissen können müssen, welche Stellen welche Daten über sie zu welchen Zwecken speichern und verarbeiten und an welche anderen Stellen weiterleiten.

Im Grundsatz gelten diese Prinzipien auch für die Datenverarbeitung im nicht-öffentlichen Bereich (Drittwirkung der Grundrechte). Hier ersetzt jedoch die Einwilligung den Gesetzesvorbehalt. Festzuhalten bleibt, daß es sich im wesentlichen um Regelungen für die Zulässigkeit der Verarbeitung personenbezogener Daten durch speichernde Stellen handelt und daß bei dieser Zuspitzung von einigen der ursprünglich formulierten Schutzziele, wie z.B. der Unbefangenheit der menschlichen Kommunikation, kaum noch etwas sichtbar wird.[12]

Das mit dem Begriff Privacy ebenfalls in Verbindung gebrachte Grundrecht auf Unversehrtheit der Wohnung ist in der deutschen Rechtssystematik vom informationellen Selbstbestimmungsrecht zu trennen. Bis auf den speziellen Dienst Temex und vielleicht

---

11 Denninger, E., Das Recht auf informationelle Selbstbestimmung, in: Hohmann, H. (Hrsg.), Freiheitssicherung durch Datenschutz, Frankfurt/M., 1987, S. 127-172; Heußner, H.(1987), a.a.O., S. 110-126.

12 Roßnagel, A., Das Recht auf (tele-)kommunikative Selbstbestimmung, in: Kritische Justiz, No. 23, 1990, S. 267-289.

das Telefonmarketing spielt es bisher in bezug auf die Telekommunikation in der deutschen Diskussion keine Rolle. Die Rufnummernanzeige ist rechtssystematisch als ein Fall der Übermittlung personenbezogener Daten durch öffentliche Stellen einzuordnen.

Wenn in der Bundesrepublik über Probleme der Verletzung der Privatsphäre gesprochen wird und dabei aktuelle rechtliche Abwägungen und vielleicht auch rechtliche Schritte behandelt werden, muß man bei der Begrifflichkeit der Datenschutzgesetze bleiben. Man muß aber auch - durchaus selbstkritisch - feststellen, daß diese Begrifflichkeit von den meisten Menschen, deren Rechte geschützt werden sollen, bisher kaum verstanden und erst recht nicht internalisiert worden ist. Dies beginnt bei der mißverständlichen Bezeichnung Datenschutz, die den Eindruck erweckt, daß vor allem Daten und nicht Rechte von Menschen zu schützen sind. Die Konkretisierung des Begriffs Privacy von Katz und Noam und die Diskussion in den USA zeigen, daß es dort zu einer stärkeren Deckung von Gesetzesbegriffen und allgemeiner Problemwahrnehmung kommt. Während bei uns Datenschutzbeauftragte und Juristen die kritische Diskussion bestimmen und sich dabei auf Interpretationen der Prinzipien des Volkszählungsurteils oder einzelner Formulierungen der Datenschutzgesetze konzentrieren, kam die Kritik an der Rufnummernanzeige in den USA vor allem von Verbraucherorganisationen und -anwälten, Bürgerrechtsgruppen und Organisationen zum Schutz einzelner Bevölkerungsgruppen in bestimmten Lebenslagen (z.B. zum Schutz von mißhandelten Frauen, Drogenberatungs- und AIDS-Beratungsstellen). Hinzu kommt, daß die Begriffe der deutschen Datenschutzgesetze zum Teil nicht unmittelbar auf Probleme der Telekommunikation passen und daß oft komplizierte Ableitungen und Konstruktionen erforderlich sind, um eine konkrete Situation zu würdigen. Von daher erscheint es durchaus sinnvoll, bei der Diskussion über rechtliche Regelungen zur Wahrung der Belange aller Beteiligten an der Telekommunikation auch die Begriffe der Datenschutzgesetze zu überdenken und noch einmal an der Konkretisierung der zu sichernden Grundrechte unter den Bedingungen der Telekommunikation anzusetzen. Eine bereichsspezifische gesetzliche Datenschutzregelung, wie sie von Datenschutzbeauftragten und auch u.a. von mir früher gefordert wurde, reicht dabei nach meiner heutigen, auch durch die Kenntnisse über die Diskussion in den USA weiterentwickelten Auffassung nicht aus. Um die Gesamtheit der Grundrechte der an der Telekommunikation Beteiligten gegenüber dem Betreiber und anderen Teilnehmenden zu sichern, erscheint es vielmehr erforderlich, Konkretisierungen des Grundrechts auf informationelle Selbstbestimmung, des Rechts am eigenen Bild und Wort, des Rechts auf Nichtbeeinträchtigung der Handlungsfreiheit, des Rechts der Unverletzlichkeit der Wohnung, des Fernmeldegeheimnisses u.a.m. in **einem** Telekommunikationsgesetz zusammenzufassen. Einen ersten Versuch, neben dem informationellen Selbstbestimmungsrecht weitere für die Gestaltung von Telekommunikationsdiensten relevante Grundrechtskonkretisierungen zusammenzustellen, hat jüngst Alexander Roßnagel unternommen.[13] Bei den weiteren Diskussionen können auch die in den USA im Zusammenhang mit der Rufnummernanzeige behandelten Anforderungen Anregungen liefern.

Zunächst soll hier nur festgehalten werden, daß es aufgrund unterschiedlicher Rechtssysteme und Konkretisierungsakzente in den USA und der BRD unterschiedliche Bewertungen ähnlicher Telekommunikationselemente gibt. Darüber hinaus soll die Entwicklung in den USA auch daraufhin untersucht werden, ob sie Anregungen dafür liefert, wie die Grundrechtssicherung in der Telekommunikation institutionell und verfahrensorganisatorisch gestaltet werden könnte.

3. Unterschiedliche Bewertungen einzelner Telekommunikationsdienstleistungen

Nicht nur unterschiedliche Rechtsnormen führen zu unterschiedlichen Bewertungen von Telekommunikationsdienstleistungen in den USA und der BRD, sondern mindestens ebenso auch unterschiedliche Netzstrukturen und Organisationsformen der Netzträgerschaft. Einzelne technische Elemente oder Leistungsmerkmale werden drüben und hier auch deshalb unterschiedlich heftig kritisiert, weil sie in der Art ihrer Gestaltung grundverschieden sind und von daher eine ganz andere Betroffenheit auslösen. Dies wird sowohl bei der Bewertung ein- und derselben technischen Funktion als auch bei der Schwerpunktbildung der in den Vordergrund gestellten Probleme deutlich.

3.1 Rufnummernanzeige

Die Rufnummernanzeige wird, wie erwähnt, in beiden Ländern kritisiert. In den USA heftiger als bei uns und mit anderen Konsequenzen.

3.1.1 Technische Unterschiede - Unterschiedliche Betroffenheit

Die Rufnummernanzeige (Caller ID) ist in den USA unabhängig vom ISDN. Mit der Umrüstung auf den Zentralen Zeichengabekanal Nr. 7 (Signaling System No. 7) wird die Rufnummer der rufenden Anschlüsse von der Ursprungsvermittlungsstelle bis zur Zielvermittlungsstelle übertragen. Die Telefongesellschaften haben auf dieser Basis eine

13 Ebd.

Reihe von neuen Leistungsmerkmalen entwickelt, die den Teilnehmern und Teilnehmerinnen einzeln gegen zusätzliches Entgelt angeboten werden. Die regionalen Bell-Gesellschaften fassen die neuen Leistungsmerkmale unter der Bezeichnung CLASS (Custom Local Area Signaling Service) oder COMMSTAR zusammen. Im einzelnen handelt es sich um die folgenden Leistungsmerkmale,[14] die in der Bundesrepublik in ähnlicher Form in betrieblichen Nebenstellenanlagen (TK-Anlagen) verfügbar sind und von denen die meisten im weiteren Verlauf der ISDN-Entwicklung auch im öffentlichen Netz verfügbar gemacht werden sollen:

- Wahlwiederholung (Repeat Dialing): Wenn eine angewählte Rufnummer besetzt ist, wird diese aufgrund des Eintippens von zwei Ziffern von der Vermittlungsstelle alle 45 Sekunden bis zu 30 Minuten lang automatisch erneut angewählt.

- Rückruf (Call Return): Teilnehmer und Teilnehmerinnen können Rufnummer und Zeitpunkt des zuletzt eingegangenen Anrufs oder Anrufversuchs abfragen und einen automatischen Rückruf veranlassen.

- Rufnummernanzeige (Number ID oder Caller ID): Die Rufnummer der Anrufenden wird auf dem Display eines Zusatzgerätes oder eines neues Telefons mit dem Klingeln angezeigt.

- Besonderes Klingeln (Priority Ringing): Es kann eine Liste von Rufnummern eingegeben werden. Anrufe, die von diesen Anschlüssen kommen, werden mit einem besonderen Ton angekündigt.

- Anrufweiterleitung und selektive Anrufweiterleitung (Call Forwarding, Select Forwarding): Alle Anrufe oder Anrufe von Anschlüssen aus einer vorher eingegebenen Liste, werden automatisch zu einem anderen Anschluß weitergeleitet.

- Fangen (Call Trace): Teilnehmer und Teilnehmerinnen können veranlassen, daß etwa bei belästigenden Anrufen die Telefongesellschaft die Rufnummer des Anrufenden während eines ankommenden Gesprächs speichert. Wenn Anzeige erstattet wird, wird diese Rufnummer als Beweismittel herausgegeben.

- Rufnummernsperre (Call Block): Es kann eine Liste von Rufnummern eingegeben werden, von denen keine Anrufe durchgeschaltet werden sollen. Die

---

14 Pacific Telesis Group, Revised CLASS-Questions and Answers, Press-Information, 10. Mai 1989.

Anrufenden erhalten dann die Ansage "Wir bedauern, der Teilnehmer, den Sie wünschen, nimmt den Anruf nicht an".

Von all diesen Leistungsmerkmalen hat alleine die Rufnummernanzeige öffentliche Kritik erzeugt. Deren Heftigkeit liegt daran, daß dieses Leistungsmerkmal nicht auf Verbindungen im ISDN beschränkt ist. Die Angerufenen, die ankommende Anrufe angezeigt haben wollen, brauchen keinen neuen Anschluß und kein neues Telefon, sondern nur ein kleines Zusatzgerät. Wenn die Vermittlungsstellen auf das neue Signalisierungsverfahren umgestellt werden, sind schlagartig alle Teilnehmer und Teilnehmerinnen, die daran angeschlossen sind, insofern betroffen, als sie damit rechnen müssen, daß nun ihre Nummer bei den Angerufenen angezeigt wird, wenn diese das Leistungsmerkmal installiert haben. In der Bundesrepublik hatte die Deutsche Bundespost ursprünglich ebenfalls geplant, auch die Anrufe, die von Analog-Anschlüssen ausgehen, an ISDN-Anschlüssen anzuzeigen. Nach kritischen Hinweisen auf die fehlende Transparenz für die Anrufenden hat sie aber sehr schnell Abstand von dieser Absicht genommen und die Rufnummernanzeige auf Verbindungen zwischen ISDN-Anschlüssen beschränkt. In den USA ist somit die Betroffenheit wesentlich größer. Gleichzeitig geht es dort nicht um die Kritik an einem international genormten System wie dem ISDN, das als Paket aus Diensteintegration und mehreren Leistungsmerkmalen nur komplett angeboten wird,[15] sondern um Einwände gegen eine technisch separate Einzelfunktion.

3.1.2 Der kurze Weg von der Kritik zu Verboten

Diese Kritik ist von Verbraucherorganisationen und Bürgerrechtsgruppen bei den ersten Probeeinführungen geäußert worden. Dabei wird die grundsätzliche Möglichkeit der Rufnummernanzeige aus der Sicht der Angerufenen in der Regel begrüßt. Im Hinblick auf die Art und Weise der Realisierung wurden in Anhörungen jedoch insbesondere vier Kritikpunkte formuliert:[16]

- Die Rufnummernanzeige verstößt gegen mehrere Gesetze.
- Die Anonymität von Anrufen bei Drogen- und Aidsberatungsstellen ist nicht mehr gewährleistet.
- Im geschäftlichen Bereich werden die Rufnummern von Anrufenden gespeichert und ohne deren Wissen kommerziell ausgewertet.

---

15 Vgl. zur Kritik dieser "Alles-oder-Nichts-Strategie" Lange, U., "Nach freier Wahl" - Mehr Transparenz vor Ort - Ansprüche an ein technisches Kommunikationssystem aus der Sicht der Nutzer, Forschungsgruppe Telefonkommunikation, Freie Universität Berlin, Berlin, 1990.

16 Vgl. z.B. Rhodes, J. jr., Six Arguments Against Caller ID, in: Privacy Journal, Vol. 16, No.5, 1990, S.3-4.

- Verdeckte polizeiliche Ermittlungen durch Under-Cover-Agenten werden gefährdet.

In einigen Bundesstaaten haben die Public Service Commissions (PSC) oder Public Utilities Commissions (PUC), die bei öffentlichen Dienstleistungen wie Gas, Wasser, Strom und Telefon Tarife genehmigen müssen, daraufhin entweder die Rufnummernanzeige zunächst generell untersagt oder nur unter der Bedingung zugelassen, daß die Anrufenden im Einzelfall die Anzeige unterdrücken können müssen. In Pennsylvania hatte die PSC eine solche Unterdrückungsmöglichkeit nur für bestimmte Anschlüsse wie die von Organisationen gegen Gewalt im häuslichen Bereich oder die von Strafverfolgungsbehörden vorgeschrieben sowie für Individuen, die durch das Fehlen einer Unterdrückungsmöglichkeit erwiesenermaßen Unrecht erleiden könnten. Verbraucherorganisationen und die Vereinigung zum Schutz von Frauen vor Gewalt haben daraufhin ein Gericht angerufen, das verfügt hat, daß die Rufnummernanzeige vorerst nur für Notruf-Anschlüsse installiert werden darf und daß bei einer generellen Einführung eine Möglichkeit zur Unterdrückung der Rufnummernanzeige durch die Anrufenden geschaffen werden muß (Commenwealth Court of Pennsylvania). Ausschlaggebend für dieses Urteil waren für das Gericht insbesondere folgende Punkte:

- Der Pennsylvania Wiretapping and Electronic Surveillance Control Act erlaubt die Registrierung von Telefongesprächen nur den Telefongesellschaften, auch zum Schutz der Kunden und Kundinnen vor belästigenden Anrufen. Er ermächtigt die Telefongesellschaften jedoch nicht, Informationen über die bei einem Anschluß ankommenden Verbindungen an die Kunden und Kundinnen herauszugeben.

- Die Kläger haben nach Ansicht des Gerichts deutlich gemacht, daß durch die Rufnummernanzeige ohne generelle Unterdrückungsmöglichkeit schutzwürdige Belange der von ihnen Vertretenen verletzt werden. Die Beschränkung der Unterdrückungsmöglichkeit auf einige wenige staatliche Stellen und anerkannte Hilfsorganisationen ist zu selektiv. Das Individuen eingeräumte Recht, eine Unterdrückungsmöglichkeit im Einzelfall beantragen zu können, ist hinsichtlich der Entscheidungskriterien und -verfahren nicht klar genug.

- Die Vertreter der Betroffenen haben deutlich gemacht, daß andere CLASS-Leistungsmerkmale einen wirksamen Schutz gegen Belästigungen sowie Hilfe bei Notrufen bieten und daß daher durch die generelle Einführung einer fallweisen Unterdrückungsmöglichkeit der Rufnummernanzeige keine öffentlichen Belange beeinträchtigt werden.

In Kalifornien ist diese Möglichkeit der fallweisen Unterdrückung der Rufnummernanzeige bereits Anfang 1989 nach mehreren Anhörungen gesetzlich verankert worden. Die Assembly Bill No. 1146 vom 18. Sept. 1989 ermächtigt die Public Utilities Commission von Telefongesellschaften, die die Rufnummernanzeige anbieten, gleichzeitig eine kostenlose Möglichkeit zur Unterdrückung durch die Anrufenden zu verlangen.[17] Die Telefongesellschaften sollen verpflichtet werden können, ihre Kunden und Kundinnen 30 Tage vor Einführung der Rufnummernanzeige darüber zu informieren, daß bei von ihnen getätigten Anrufen ihre Nummer weitergegeben werden soll und wie die Unterdrückungsmöglichkeit funktioniert. Ausgenommen von dieser Regelung sind die Rufnummernanzeige im Internverkehr in betrieblichen Nebenstellenanlagen oder geschlossenen Gemeinschaftsanlagen (Centrex), Anrufe bei öffentlichen Stellen, die Notrufe entgegennehmen, sowie gesetzlich zugelassene Fangschaltungen.

In anderen Bundesstaaten ist die Rufnummernanzeige ohne die Forderung nach einer fallweisen Unterdrückungsmöglichkeit eingeführt und von den PSCs bzw. PUCs genehmigt worden. Die Federal Communications Commission (FCC) als Bundesaufsichtsbehörde hat schon 1988 Petitionen gegen die Rufnummernanzeige bei der von AT&T geplanten ISDN-Einführung im Zusammenhang mit dem Service 800 Information Forwarding 2 (INFO-2) erhalten, diese aber zunächst zurückgewiesen, weil eine Unrechtmäßigkeit nicht hinreichend nachgewiesen worden sei. Aufgrund der anhaltenden Diskussionen in einzelnen Bundesstaaten wurden im Sommer 1990 dann Stellungnahmen angefordert. Bis zu deren Auswertung im Frühjahr 1991 soll nach Auskunft von Vertretern der FCC keine Entscheidung getroffen werden.

Weil aber unterschiedliche Regelungen in den einzelnen Bundesstaaten weder im Interesse der Transparenz für die Fernsprechteilnehmer und -teilnehmerinnen sind noch im Interesse der Telefongesellschaften, hat Senator Herbert Kohl (D-Wisc.) im Sommer 1990 einen Gesetzentwurf in den Kongreß eingebracht, der eine bundeseinheitliche Regelung schaffen soll. Einerseits soll damit die rechtliche Zulässigkeit der Rufnummernanzeige klargestellt werden, andererseits soll diese Zulässigkeit an eine im einzelnen

17 Assembly California Legislature, Assembly Bill No. 1446, Act to Add Section 2893 to the Public Utilities Code, Relating to Privacy, 18 Sept. 1989, Sacramento, 1989.

nicht näher konkretisierte Unterdrückungsmöglichkeit gekoppelt werden. Senator Kohl begründete diese Forderung mit folgenden Beispielen:[18]

- Ein Verbraucher erkundigt sich bei einem Unternehmen telefonisch nach einem Produkt, will aber nicht, daß das Unternehmen seine Rufnummer speichert und ihn später zu Werbezwecken anruft.

- Eine von Gewalttätigkeiten ihres Ehemannes bedrohte Frau hat Zuflucht in einem Frauenhaus gefunden, möchte sich telefonisch nach dem Wohlergehen ihrer Kinder erkundigen, aber nicht, daß ihr Ehemann ihren neuen Aufenthaltsort erfährt.

- Ein Lehrer eines aufsässigen Schülers will die Eltern anrufen. Seine private Rufnummer ist nicht ins Telefonbuch eingetragen, und er will nicht, daß der Schüler, wenn dieser ans Telefon geht, diese Geheimnummer erfährt und ihn im Gegenzug belästigt.

- Ein Arzt oder Rechtsanwalt, der ebenfalls eine Geheimnummer hat, möchte von zu Hause aus einen Patienten bzw. Klienten anrufen, will aber nicht, daß dieser ihn auch zu Hause zurückrufen kann.

- Jemand, der ein Verbrechen beobachtet hat, möchte es zwar der Polizei melden, aber selbst nicht als Zeuge auftreten müssen.

- Eine Person in einer Krisensituation möchte anonym eine Beratungsstelle anrufen.

- Ein verdeckter Drogenermittler möchte eine Falle stellen. Seine Verhandlungspartner sollen aber seinen geheimen Aufenthaltsort nicht erfahren.

Der von Senator Kohl eingebrachte sowie ein weiterer, im Grundsatz ähnlicher Gesetzentwurf befinden sich zur Zeit (Oktober 1990) in der Beratung im Rechtsausschuß. Ein Teil der aktuellen öffentlichen Diskussion in den USA ist vor diesem Hintergrund zu sehen.

---

[18] Kohl, H., Begründung für den "Telephone Privacy Act" (S 2030), in Congressional Record-Senate, 29. Jan. 1990, S. 485-487.

3.1.3 Soziale Rechtfertigung oder sozialverträgliche Technikgestaltung?

In den meisten Bundesstaaten argumentieren die Telefongesellschaften gegen eine fallweise Unterdrückung der Rufnummeranzeige. James E. Katz hat diese Argumente ebenso wie die Gestaltungsalternativen, die in den USA diskutiert werden, in seinem umfangreichen Papier zusammengestellt. Er kommt zu dem Ergebnis, daß die Rufnummernanzeige die Privatsphäre nicht verletze, sondern schütze. Zur Rechtfertigung der bisher geplanten Form der Rufnummernanzeige führt er unter Bezugnahme auf die oben wiedergegebenen vier Privacy-Kriterien insbesondere folgende Argumente an.

- Durch die generelle, nicht unterdrückbare Rufnummernanzeige wird ein bisher nicht verfügbarer Schutz gegen unerwünschte Störungen möglich und das Privacy-Kriterium 1 erfüllt. Endlich kann auch für das Telefon der Schutz geboten werden, der für Einlaßbegehren in die Wohnung seit langem existiert und anerkannt ist: Wer eindringen will, muß sich identifizieren.

- Es findet keine nennenswerte zusätzliche Informationssammlung über Individuen gegen deren Willen statt (Privacy-Kriterium 2). Mit zunehmender Verbreitung der Rufnummernanzeige weiß jeder, daß seine Rufnummer angezeigt wird. Im Verkehr mit Organisationen kann es in Einzelfällen Probleme geben. Ihnen ist durch Verbote für bestimmte Organisationen Rechnung zu tragen. Ein Mißbrauch durch Telefonmarketing ist nicht zu befürchten. Wenn auch die Rufnummern der Telefonmarketingfirmen bei den Angerufenen angezeigt werden, können diese protestieren und "zurückschlagen" (fight back). Die grundsätzliche Kontrolle der Betroffenen bleibt somit insgesamt erhalten.

- Das Risiko, daß Betroffene dadurch in ihren Rechten beeinträchtigt werden, daß anderen ihre Rufnummer bekannt wurde, wird nicht größer, sondern kleiner (Kriterium 3). Weil auch die Rufnummer derer angezeigt wird, die eine solche Beeinträchtigung vornehmen könnten, reduziert sich die Wahrscheinlichkeit. Die Individuen erhalten eine größere Freiheit und Kontrolle über ihre Lebensumstände.

- Schon bisher war es anerkannte Verhaltensnorm, daß derjenige, der anruft, sich als erster vorstellt (Kriterium 4). Die Rufnummernanzeige setzt diese Verhaltensnorm nur noch technisch um.[19]

---

[19] Katz, J.E. (1990), a.a.O.

Darüber hinaus verweist Katz auf Meinungsumfragen, in denen gefragt wurde, was angemessen ist, wenn eine Person nicht gestört werden will und jemand anders sie telefonisch erreichen will. 60% der Befragten waren der Auffassung, daß der Anrufer nicht stören dürfen soll, nur 28% waren dafür, daß der Wunsch des Anrufenden Vorrang haben soll.

Entsprechend seiner Bewertung lehnt Katz generelle Verbote der Rufnummernanzeige wie auch die fallweise Unterdrückungsmöglichkeit ab, weil diese den Wert des zusätzlich zu bezahlenden Leistungsmerkmals aus der Sicht der Angerufenen mindert. Mit seinem Artikel will er, wie er im persönlichen Gespräch eingeräumt hat, eine bundeseinheitliche Vorschrift zur Einführung einer individuellen Unterdrückungsmöglichkeit, wie sie in dem Gesetzentwurf von Senator Kohl vorgesehen ist, verhindern. Auf den ersten Blick erscheint dies aus der Sicht von "bellcore" verständlich: Bezahlen sollen ja die Angerufenen; also wird deren Nutzen in den Vordergrund gestellt. Bemerkenswert ist jedoch, daß sich in Kalifornien Pacific Bell zum Fürsprecher der Kritiker gemacht hat und unter Verweis auf umfangreiche Marktstudien die fallweise Unterdrückungsmöglichkeit als korrespondierendes Leistungsmerkmal "Schutz der Privatsphäre bei einzelnen Anrufen " (Per Call Privacy) propagiert.

In einer Stellungnahme für eine Anhörung des Rechtsausschusses des Senats am 1.8.1990, die wohl im Zusammenhang mit dem Gesetzentwurf von Kohl stand, warnte John Stangland als Vertreter von Pacific Bell zwar vor einer überstürzten bundesweiten Detailregelung.[20] Er betonte jedoch, daß Pacific Bell aufgrund von umfangreicher Marktforschung und vielen Diskussionen die vergleichbare gesetzliche Regelung in Kalifornien nachdrücklich unterstützt und sie für Kalifornien als die in jeder Hinsicht beste Lösung einschätzt. In Kalifornien soll die Rufnummernanzeige individuell durch das Wählen der Zeichenfolge "*67" bzw. "1167" vor der Zielnummer unterdrückt werden können. Wenn die Angerufenen die Rufnummernanzeige installiert haben, erscheint im Falle der Unterdrückung durch die Anrufenden dort auf dem Display der Hinweis "Private Number" oder "P". Nach Auffassung von Pacific Bell beeinträchtigt die Unterdrückungsmöglichkeit nicht den Wert der Rufnummernanzeige aus der Sicht der Angerufenen. Erstens habe auch die Anzeige "Private Number" einen Nachrichtenwert für den Empfänger. Und zweitens könne speziell der Schutz vor belästigenden Anrufen durch andere CLASS-Leistungsmerkmale wie Call Trace, Call Block und Call Return

20 Written Statement of John Stangland, Assistant Vice President for Product Development and Management, Pacific Bell before the Subcommittee on Technology and the Law of the United States Senate Committee on the Judiciary. Heraring on the Privacy-Related Concerns Surrounding "Caller ID" Service, 1. Aug. 1990.

erzielt werden. Ebenso sind spezielle Lösungen für die Identifizierung von eingehenden Notrufen vorhanden.

Bei dieser Beurteilung stützt sich Pacific Bell auf lange und intensive Gespräche mit Konsumentenvereinigungen und anderen "focus groups", Konsumentenpanels und Industrieforen sowie Marktforschungen. Dabei seien im Laufe der Zeit systematisch sechs Optionen geprüft worden:[21]

- Verzicht auf jede Unterdrückungsmöglichkeit,
- generelle Unterdrückung für einen Anschluß auf Antrag,
- generelle Unterdrückung für bestimmte Gruppen von Teilnehmern,
- generelle Anzeige nur auf Antrag der Teilnehmer,
- genereller Verzicht auf die Rufnummernanzeige bei Beibehaltung der übrigen CLASS-Leistungsmerkmale,
- Piepton bei den Anrufenden, wenn die Angerufenen über das Leistungsmerkmal Rufnummernanzeige verfügen.

Die Forschungen von Pacific Bell haben dieser Stellungnahme zufolge ergeben, daß bei der Rufnummernanzeige ohne Unterdrückungsmöglichkeit der Anteil der Befürworter und Gegner konstant bei 50% liege. Nur bei zusätzlicher fallweiser Unterdrückungsmöglichkeit sinke der Anteil der Kritiker signifikant, und letztlich sei die Akzeptanz für das Geschäft entscheidend.

Während Pacific Bell auf die hohe Zustimmung zur individuellen Unterdrückungsmöglichkeit in Kalifornien sowie auf einen entsprechenden Probebetrieb einer anderen Telefongesellschaft in Rochester verweist, betont Katz die positiven Erfahrungen, die mit der Rufnummernanzeige ohne Unterdrückungsmöglichkeit in New Jersey gemacht worden sind. Dort sei etwa die Anzahl von falschen Notrufen bei der Feuerwehr erheblich zurückgegangen.

Meinungsbefragungen sind ebenso wie Einzelbefunde aus Probebetrieben keine hinreichende Grundlage für Systementscheidungen. Auch die Versuche, durch eine Reihe von Argumenten zu klären, ob insgesamt die Rechte der Angerufenen oder die der Anrufenden höher zu bewerten sind, mögen für die Urteilsfindung eines Gerichts zwar unvermeidlich sein, führen aber letztlich zu keiner befriedigenden Klärung, wie das zukünf-

---

21 Ebd.

tige Telefonsystem aussehen soll. Vielmehr provozieren sie einen endlosen Austausch von Argumenten und Gegenargumenten.

Katz behauptet, durch sachliche und logische Argumente nachgewiesen zu haben, daß durch die nicht unterdrückbare Rufnummernanzeige die Interessen der Angerufenen besser berücksichtigt würden, die der Anrufenden nicht merklich beeinträchtigt würden und daß letztlich die Interessen der Angerufenen höher zu bewerten sind als die der Anrufenden. Zu demselben Ergebnis kommt auch das Bundesministerium für Post- und Telekommunikation in einem Sachstandsbericht für den Infrastrukturrat vom 5.7.1990.[22] Zu jedem Argument von Katz gibt es jedoch mindestens ein ebenso sachliches Gegenargument.

- Die stärksten Argumente von Katz beziehen sich auf Anrufe in Privatwohnungen. Dort ist es üblich, sich vorzustellen. Wenn ich hingegen in einem Laden etwas kaufen möchte, ist das Gegenteil der Fall. Katz kann daher auch nur feststellen, daß es im geschäftlichen Bereich Probleme geben kann, und schlägt dafür rechtliche Verbote vor.

- Der Vergleich mit dem Vorstellen an der Wohungstür trifft allerdings insofern nicht genau, als die Sprechanlage oder der Türspion für beide Seiten erkennbar sind, die Rufnummernzeige für die Anrufenden jedoch nicht. Nach der von Katz gerechtfertigten Variante der Rufnummernanzeige können Anrufende nicht wissen, ob ihre Rufnummer angezeigt wird. Nicht die Türsprechanlage oder der Türspion, sondern eine Tür mit einem Einwegspiegel, durch den der Wohungsinhaber schauen kann, wer klingelt, ist hier das Pendant. Dies ist jedoch rechtlich und sozial nicht als Regelfall akzeptiert.

- Die Behauptung, daß eine Kontrolle über die Weiterverwendung der übermittelten Rufnummer im Prinzip gegegeben ist, verkennt oder verschweigt die Entwicklungen im Bereich des computergestützten Telefonierens (CIT) und der sogenannten intelligenten Netze, für die eine Reihe von kommerziellen Anwendungen existieren oder entwickelt werden, die auf der Speicherung von Rufnummern ankommender Verbindungen basieren, ohne daß die Anrufenden darauf einen Einfluß haben.

---

22 Der Bundesminister für Post und Telekommunikation, Datenschutz im ISDN - Sachstandsbericht für den Infrastrukturrat vom 5.7.1990, Bonn, 1990.

Bei vielen Argumenten und Gegenargumenten werden nicht nur die Perspektiven der Anrufenden oder Angerufenen gewechselt, sondern auch die Anwendungssituationen (Wohnung vs. Geschäft, Belästigung vs. Notruf). Weil aber die Menge aller Anwendungssituationen weder vollständig aufgelistet noch hinsichtlich ihrer Häufigkeit oder Bedeutung einvernehmlich gewichtet werden kann, kann auch keine Gesamt-Kosten-Nutzen-Bewertung vorgenommen werden. Bei einem durch unvollständige Informationen und Zielkonflikte gekennzeichneten Entscheidundungsproblem muß letztlich ein demokratisch legitimiertes Entscheidungsgremium die Prioritäten bestimmen. Dies kann sicherlich nicht die Telefongesellschaft sein. In diesem Sinne sind das kalifornische Gesetz und der Gesetzentwurf im Kongreß eine Lösung. Allerdings sollte dieser Schritt erst dann getan werden, wenn alle technischen Optionen geprüft worden sind und sicher ist, daß es keine technische Möglichkeit gibt, den Zielkonflikt zu verringern.

Bei dieser Suche ist die Definition des Problems und des Ziels entscheidend. Mit der technischen Möglichkeit der fallweisen Unterdrückung der Rufnummernanzeige, die nicht nur in Kalifornien, sondern auch in Frankreich vorgeschrieben ist und die mit dem Euro-ISDN 1992/93 auch von der DBP Telekom angeboten werden soll, kann das Problem belästigender Anrufe nicht bewältigt werden. Diese technische Lösung ist eine Entscheidung dafür, die Rechte der Anrufenden höher zu bewerten als die der Angerufenen. Da es jedoch um Kommunikationsbeziehungen geht, sollte nicht die Frage im Vordergrund stehen, wessen Interessen höher zu bewerten sind oder wem die Rufnummer gehört. Vielmehr sollte die Suche nach technischen Alternativen von der Frage geleitet werden, wie den berechtigten Belangen beider Seiten möglichst gleichgewichtig Rechnung getragen werden kann. In diesem Sinne sprach Senator Kohl bei der Begründung seines Gesetzentwurfs davon, daß eine "privacy balance" hergestellt werden müsse. Und Katz stellt fest: "Reciprocity is the key".[23]

Allerdings erscheint mir in beiden Fällen die Suche nach technischen Optionen, die den Interessen von Anrufenden und Angerufenen gleichermaßen gerecht werden, zu früh abgebrochen zu werden. Wenn Reziprozität der Schlüssel ist und das Beispiel von der Türsprechanlage ernst genommen wird, dann sind die maßgeblichen Kriterien Transparenz für beide Seiten und die Möglichkeit der Verständigung über die Kommunikationsbedingungen.[24]

---

23 Katz, J.E. (1990), a.a.O., S. 379.

24 Vgl. zum Kriterium der Transparenz bei Leistungsmerkmalen der Telekommunikation auch Höller, H., Datenschutz und Leistungskontrollen bei ISDN-Anlagen und Endgeräten. Kurzgutachten, Werkstattbericht Nr. 48, in: Ministerium für Arbeit, Gesundheit und Soziales des Landes Nordrhein-Westfalen (Hrsg.), Mensch und Technik, Sozialverträgliche Technikgestaltung, , Düsseldorf, 1988; Roßnagel, A. (1990), a.a.O.

Hinweise auf eine solche technische Lösung finden sich in einer kurzen Anmerkung von Katz und in den Anforderungen in dem "Vorschlag der EG-Kommission für eine Richtlinie des Rates zum Schutz personenbezogener Daten und der Privatsphäre in öffentlichen digitalen Telekommunikationsnetzen..." vom September 1990.

Katz erwähnt am Ende seiner umfassenden Rechtfertigung ein denkbares Leistungsmerkmal "Block-Block", das einerseits Anrufenden die Möglichkeit biete, ihre Rufnummer nicht anzuzeigen, andererseits aber den Angerufenen garantiere, daß, wenn sie es wollen, keine Anrufe mit Unterdrückung der Rufnummernanzeige durchkommen. Diese Softwareerweiterung werde von bellcore zur Zeit geprüft, sei aber, wie Katz im persönlichen Gespräch meinte, auf absehbare Zeit zu teuer.[25]

In dem Richtlinienentwurf der EG-Kommission heißt es in Artikel 12:

> "(1) Bei Verbindungen zwischen Teilnehmern, die an digitale Vermittlungsstellen angeschlossen sind, muß der anrufende Teilnehmer die Möglichkeit haben, über eine einfache technische Einrichtung die Anzeige seiner Telefonnummer auf dem Display des Endgeräts des angerufenen Teilnehmers bzw. die Aufzeichnung in einem Speicher dieses Endgeräts von Fall zu Fall auszuschließen. ...
>
> (2) ...Der angerufene Teilnehmer muß die Entgegennahme ankommender Verbindungen auf diejenigen beschränken können, bei denen die Nummer des anrufenden Teilnehmers angegeben ist. ..."[26]

Diese Vorgabe von zwei Leistungsmerkmalen kann man zu einer Dialoglösung weiterführen, die sich nicht auf das Blockieren nicht identifizierter Anrufe beschränkt, sondern mit der die Anrufenden aufgefordert werden, sich zu identifizieren: Ein Telefon muß so programmiert werden können, daß es nur Anrufe mit Identifizierung der Anrufenden entgegennimmt. Wenn dann ein Anruf kommt, für den die Rufnummer der Anrufenden nicht von vornherein übermittelt wird, klingelt es zunächst nicht, sondern dem anrufenden Apparat wird eine Aufforderung zur Identifizierung übermittelt (auf dem Display oder akustisch). Die Anrufenden müssen dann die Übermittlung ihrer Rufnummer veranlassen (durch Taste oder Wahl einer Ziffer). Erst dann klingelt es bei dem Angerufenen, und die übermittelte Nummer wird angezeigt.

Dieses Dialogverfahren hat den Vorteil, daß stets für beide Seiten Transparenz über die Bedingungen der Kommunikation herrscht und sich die Beteiligten über diese Bedin-

---

25 Katz, J.E. (1990), a.a.O.

26 EG-Kommission, Vorschlag für eine Richtlinie des Rates zum Schutz personenbezogener Daten und der Privatsphäre in öffentlichen digitalen Telekommunikationsnetzen, insbesondere im dienste-integrierenden digitalen Telekommunikationsnetz (ISDN) und in öffentlichen digitalen Mobilfunknetzen, KOM (90) 314 endg.-SYN, 287-288 v. 13. Sept. 1990, Brüssel, 1990.

gungen verständigen können. Zu prüfen bleibt noch, ob es Fälle gibt, in denen Anrufende trotz der Aufforderung zum Identifizieren auch dann durchgeschaltet werden sollen, wenn sie sich nicht identifizieren wollen. Solche Fälle sehe ich im Moment nicht. Falls es sie doch geben sollte, wäre über eine besondere Art der Signalisierung zu diskutieren.

Ein solches Dialogverfahren, das ich unter Bezugnahme auf den in Frankreich vorgeschriebenen Knopf zur Unterdrückung der Rufnummernanzeige schon im Dezember 1989 auf einer Veranstaltung der Friedrich-Ebert-Stiftung als "Zwei-Knopf-Lösung" skizziert habe und das von Roßnagel als "handshaking-Verfahren" bezeichnet wird,[27] erfordert eine Erweiterung des D-Kanal-Protokolls im ISDN. In dem für 1992/93 zur Einführung vorgesehen Euro-ISDN ist eine solche Funktion leider nicht vorgesehen. Es erscheint mir jedoch dringend geboten, diese Möglichkeit in dem noch laufenden Standardisierungsverfahren näher zu prüfen. Die EG-Richtlinie erfordert ohnehin eine Erweiterung des D-Kanal-Protokolls, so daß die Gelegenheit zu einer langfristig tragbaren Lösung besteht. In den USA existiert diese Möglichkeit kurzfristig, und es ist zu wünschen, daß sich der Kongreß mit dieser Option befaßt. Bei einer solchen Lösung können auch, wie in den USA, Analoganschlüsse einbezogen werden.

Darüber hinausgehend schlägt Ulrich Lange von der Forschungsgruppe Telefonkommunikation der FU Berlin vor, mittels einer Chipkarte die Wahlmöglichkeit der Anrufenden im Hinblick auf die Art der Identifizierung zu erweitern.[28] Man soll entscheiden können, ob man sich mit der Rufnummer, dem Namen, einer Funktionsbezeichnung oder - falls Bildtelefone verfügbar sind - mit einem Foto identifiziert. Abgesehen von einer Reihe offener technischer Fragen und den Kosten löst dieser Vorschlag nicht das Problem der Abstimmung zwischen den Anforderungen der Anrufenden und der Angerufenen. Langfristig sollte man sicher über ein sehr breites Spektrum von Möglichkeiten diskutieren. Für die Standardisierung des Euro-ISDN kommen jedoch wohl nur die Kombinationen der bereits geplanten Leistungsmerkmale in Betracht.

3.2 Kommunikationsdatenverarbeitung und Einzelgebührennachweis

Nachdem durch die frühe Kritik an der Rufnummernanzeige in der BRD die Deutsche Bundespost ihren Plan aufgegeben hat, auch die Rufnummern von Analog-Teilnehmern und -Teilnehmerinnen an ISDN-Anschlüssen anzuzeigen und die Rufnummernanzeige

---

27 Roßnagel, A. (1990), a.a.O.
28 Lange, U. (1990), a.a.O.

somit auf den Verkehr zwischen ISDN-Anschlüssen beschränkt bleibt, hat das Thema bei uns erheblich an Brisanz verloren und ist durch andere im Hinblick auf die öffentliche Aufmerksamkeit fast verdrängt worden. Zu den beiden Hauptproblemen gehören die zentralisierte Kommunikationsdatenverarbeitung (KDV) und der Einzelgebührennachweis (EGN).

Weil die rechtlichen Auffassungen der Datenschutzbeauftragten und anderer Kritiker einerseits sowie der DBP Telekom und des BMPT andererseits oft genug vorgetragen worden sind, möchte ich hier nicht die gesamte Problematik entfalten,[29] sondern die Möglichkeiten sozialverträglicher Technikgestaltung in den Vordergrund stellen. Erfreulicherweise ist dies in jüngster Zeit auch in einer Studie der SCS-Unternehmensberatung im Auftrag der Landesregierung Nordrhein-Westfalen[30] sowie von einer Arbeitsgruppe ISDN und Datenschutz der Informationstechnischen Gesellschaft im VDE versucht worden.[31] Hinsichtlich der Beurteilung von Einzelheiten und der gezogenen Schlußfolgerungen gibt es jedoch noch Auffassungsunterschiede, die ich herausstellen möchte.

3.2.1 Zentrale oder dezentrale Kommunikationsdatenverarbeitung?

Bei elektromechanischen und bei digitalen (!) Vermittlungsstellen erfolgt die Gebührenermittlung durch während der Verbindung laufende Gebührensummenzähler. Mit der Umstellung auf den ISDN-Standard wird dieses Verfahren aufgegeben und ein Verfahren der Gebührennachverarbeitung eingeführt.[32] Die Einzelverbindungsdatensätze bleiben nach Verbindungsende gespeichert und werden bundesweit in einem einzigen Rechenzentrum konzentriert. Dort werden unter Zugrundelegung der jeweils geltenden Tarife die Gebühren ermittelt. Diese Zentralisierung der Kommunikationsdaten in einem "Bundeskommunikationsregister" ist auf heftige Kritik des Bundesdatenschutzbeauftragten und einiger Wissenschaftler gestoßen.

Aus den USA hört man zu diesem Problem kaum etwas. Dies liegt zunächst daran, daß dort eine solche Zentralisierung von Verbindungsdaten nicht stattfindet und nicht geplant ist. Dort gibt es ja nicht nur einen Netzbetreiber. Für Ortsgespräche gibt es Pauschaltarife, z.T. auch für bestimmte Gruppen von Ferngesprächen. Über die Zugriffsrechte von Polizei und Staatsanwaltschaft fehlen mir Einzelheiten. Meines Wissens gibt

29 Kubicek, H., Probleme des Datenschutzes bei der Kommunikationsdatenverarbeitung im ISDN, in: Computer und Recht, No. 6., 1990, S. 659-671.
30 SCS, Datenschutz für offene digitale Telekommunikation, Mülheim, 1989.
31 ITG, Datenschutz im ISDN, Frankfurt/M., 1990.
32 Schmidt, J. (1988), a.a.O.

es dort jedoch nicht die hier zu beobachtende Tendenz zur Ausweitung dieser Zugriffsrechte.[33] Auf jeden Fall gibt es spezielle Gesetze auf Bundesebene und in einzelnen Bundesstaaten, die, wie erwähnt, auch bei der Rufnummernanzeige eine Rolle gespielt haben.

In der Bundesrepublik gibt es außerhalb der DBP Telekom kaum jemanden, der diese Zentralisierung der Kommunikationsdaten und deren mehrere Monate andauernde Speicherung mit der vollen Zielnummer jedes einzelnen Gesprächs für zulässig hält.[34] Sie ist gemessen an den Grundsätzen des Volkszählungsurteils nicht erforderlich. Die Begründungen der DBP Telekom, die leider auch im ITG-Entwurf aus dem September dieses Jahres übernommen worden sind, überzeugen in einer Reihe von Punkten nicht:

- Dort wird nämlich erstens behauptet, die Gebührennachverarbeitung entspreche internationalem technischen Standard. Im ISDN-Standard 1 TR 7 heißt es demgegenüber "Die Gebührenerfassung findet im ISDN in der OVSt statt, im Normalfall in der Ursprungs-VSt, bei Gebührenübernahme in der Ziel-VSt.[35]

- Zweitens wird behauptet, die Vermittlungsrechner könnten nicht mit Funktionen der Gebührenermittlung belastet werden. Die funktionale Trennung von Vermittlungsfunktionen und Gebührenberechnungsfunktionen ist in der Tat Stand der Technik. Sie impliziert jedoch keine räumliche Trennung, wie die Praxis bei betrieblichen TK-Anlagen zeigt, und erst recht keine bundesweite Zentralisierung. Unter Risikogesichtspunkten macht es jedoch einen enormen Unterschied, ob Kommunikationsdaten von einer Million Menschen in nur einer Datei oder in 6200 Dateien gespeichert werden.

- Drittens wird behauptet, daß eine dezentrale Gebührenermittlung in den einzelnen OVSts zu wesentlich höheren Kosten führe, weil bei Gebührenänderungen die Software in letztlich 6.200 Rechnern und nicht nur in einem geändert werden müsse. Da aber die Gebührenanzeige ein festes Leistungsmerkmal im ISDN-Fernsprechdienst ist, muß die Software dafür ohnehin bei Änderungen des Fernsprechtarifs angepaßt werden.

---

33 Vgl. Institut für Informations- und Kommunikationsökologie (IKÖ) (Hrsg.), Die Verdatung des Telefonverkehrs, 2. Aufl., Dortmund, 1990.

34 Zur Kritik u.a. Der Bundesbeauftragte für den Datenschutz, 12.Tätigkeitsbericht, Bonn, 1990; SCS, a.a.O. (1989); ITG (1990), a.a.O.; Kubicek, H. (1987), a.a.O.

35 Fernmeldetechnisches Zentralamt, Anwendungsspezifikation für das CCITT-Zeichengabesystem Nr. 7 im nationalen Netz der Deutschen Bundespost (1TR7), Darmstadt, April 1987, S. 106, (Dabei steht Ovst für Ortsvermittlungsstelle und Ziel-Vst für Zielvermittlungsstelle, H.K.).

- Viertens wird als Begründung angeführt, die DBP müsse sich die Option auf flexible Gebührengestaltung offen halten und einzelne Dienste im ISDN auch kurzfristig unterschiedlich tarifieren können. Wenn heute bei digitaler Vermittlungstechnik die Gebührenzähler für unterschiedliche Entfernungszonen unterschiedlich schnell zählen, müssen sie dies auch für unterschiedliche Dienste können. Im französischen Teletelsystem wird eine unterschiedliche Tarifierung einzelner Diensteformen auch praktiziert. Zwar ist es richtig, daß bei einigen Diensten, die ins ISDN noch integriert werden sollen, kompliziertere Gebührenstrukturen vorliegen, die durch unterschiedliche Zählertakte nicht vollständig erfaßt werden können. Wenn aber die Integration von Nicht-Sprachdiensten mit einigen zehntausend Anschlüssen in den Fernsprechdienst überhaupt ein hinreichender Grund ist, die Gebührenberechnung für diesen einzigen Massendienst grundlegend zu verändern, dann ist zu fordern, daß die DBP Telekom bei ihrer bisherigen Ankündigung bleibt, im ISDN alle Dienste gleich zu tarifieren oder zumindest nach ähnlich einfachen Strukturen.
- In all diesen Fällen ist im übrigen die vollständige Zielnummernspeicherung für die Gebührenermittlung nicht erforderlich. Der Hinweis darauf, daß man irgendwann einmal Ansagedienste unterschiedlich tarifieren wolle und dafür die Zielnummern benötige, widerspricht dem Verhältnismäßigkeitsgrundsatz.

Nur die Begründung mit dem Beweissicherungsinteresse der DBP Telekom ist sachlich zutreffend. Sie ist jedoch bisher kein in der TKO zugelassener Zweck und rechtfertigt im übrigen keine Zentralisierung. Nun soll nach den neuesten Vorschlägen des BMPT, die dem Vernehmen nach auch von der Arbeitsgruppe der ITG akzeptiert worden sind, auf Antrag von ISDN-Teilnehmern und -Teilnehmerinnen die Speicherdauer verkürzt werden. Die Rechte der Angerufenen, deren Rufnummer als Zielnummer ohne deren Wissen und Einwilligung gespeichert wird, werden damit überhaupt nicht berücksichtigt. Die angesichts nicht präzise beschränkter Zugriffsrechte der Staatsanwaltschaft problematische Zentralisierung wird ebenfalls nicht in Frage gestellt. Insgesamt entsteht der Eindruck, daß aus betriebswirtschaftlichen Gründen eine an technischen Möglichkeiten orientierte Lösung gewählt wurde und gesetzliche Anforderungen des Datenschutzes dabei zunächst einfach übersehen wurden. Als dann Kritik aufkam, wurde diese pauschal und rechthaberisch abgewehrt und versucht, diese Lösung auch juristisch zu rechtfertigen.[36] Nachdem auch dies zunehmend schwieriger wird, wird nun versucht, mit dem Verweis auf technische Restriktionen und ökonomische Erfordernisse die

36 Schmidt, J. (1988), a.a.O.; Badura, P. (1989), a.a.O.

Modifikationen zu minimieren. Noch aber befindet sich der Aufbau der geplanten zentralisierten Kommunikationsdatenverarbeitung im Anfangsstadium. Noch werden die Daten aus den wenigen ISDN-Vermittlungsstellen auf Magnetbändern nach Offenburg transportiert. Erst 1992 sollen online-Verbindungen genutzt werden. Diese Vernetzung ist nach meiner Auffassung zunächst auszusetzen, damit technische Alternativen von unabhängigen Sachverständigen geprüft werden können.

Darüber hinaus werden im Vergleich mit der Auseinandersetzung über die Rufnummernanzeige in den USA erhebliche Demokratiedefizite bei uns deutlich. Der Bundesbeauftragte für den Datenschutz hat wesentlich schwächere Rechte als die PSCs bzw. PUCs. Er hat die zentralisierte Kommunikationsdatenverarbeitung zwar offiziell beanstandet. Der Bundesminister für Post und Telekommunikation hat diese Beanstandung jedoch zurückgewiesen, und damit endet das gesetzlich vorgeschriebene Kontrollverfahren. Mehr als 1000 Bürger und Bürgerinnen haben auf eine Initiative des Instituts für Informations- und Kommunikationsökologie (IKÖ) nach dem Bundesdatenschutzgesetz Anträge auf Auskunft und Löschung ihrer Rufnummer als Zielnummer gestellt. Auf die Ablehnung durch die DBP Telekom mußte mit einem Widerspruch reagiert werden. Erst gegen den ebenfalls abschlägigen Widerspruchsbescheid konnte dann, was inzwischen auch geschehen ist, vor den Verwaltungsgerichten geklagt werden.[37] Diese Verfahrensstufen machen eine zügige Klärung nicht gerade leicht.

3.2.2 Einzelgebührennachweis

Einzelgebührennachweise gibt es in den USA für Ferngespräche seit langem. Weil sie für Ortsgespräche, soweit ich weiß, nicht erstellt werden, entfällt ein wichtiger Kritikpunkt, der hierzulande geäußert wird, weitgehend. Es geht nämlich um die Garantie der unbeobachteten Kommunikation gegenüber Mitbenutzenden, insbesondere bei Anrufen bei Telefonseelsorge- und Beratungsstellen. Der zweite Kritikpunkt richtet sich dagegen, daß auch die Einzelgebührennachweise bundesweit in nur einem Rechenzentrum erstellt werden und die dafür erforderlichen Verbindungsdaten dort bis zu 4 Monaten gespeichert bleiben. Auch diese Zentralisierung gibt es in den USA nicht.

Die sozialverträglichste Lösung ist ohne Zweifel die, daß der Netzbetreiber nach wie vor nur die Gebührensummen speichert und diejenigen Teilnehmer und Teilnehmerinnen, die Einzelgebührennachweise wollen, diese auf dezentralen Zusatzgeräten generell oder fallweise erzeugen können - so wie dies bei betrieblichen Nebenstellenanlagen auch er-

37 IKÖ (1990), a.a.O.

folgt. Entsprechende Geräte für den Hauptanschluß gibt es bereits seit langem im Handel. Die Entsprechung zwischen zentral und dezentral erfaßten Gebühreneinheiten könnte nach jeder Verbindung durch einen Abgleich der beiden Speicher erfolgen.

Der Deutsche Bundestag hat schon 1984 die Erwartung formuliert, daß "die Deutsche Bundespost die Entwicklung preisgünstiger Zähleinrichtungen fachlich unterstützt, die beim Teilnehmer auf seinen Antrag installiert werden können und gegen Manipulation und unbeabsichtigte Störungen hinreichend gesichert sind".[38]

Auf eine Kleine Anfrage der Fraktion DIE GRÜNEN nach dem Stand entsprechender Bemühungen hat die Bundesregierung im September 1988 mitgeteilt: "Die Deutsche Bundespost hat die Möglichkeit einer dezentralen Gebühren- und Verbindungsdatenspeicherung beim Teilnehmer geprüft und ist zu dem Ergebnis gekommen, daß die Überlegungen nicht verwirklicht werden können."[39] Als Gründe werden genannt:

- Beim Teilnehmer seien die Räume nicht staubfrei und klimatisiert, so daß keine Störungsfreiheit der Geräte gegeben sei.
- Die Anschlußleitungen könnten mit vertretbarem Aufwand nicht so gegen Störungen gesichert werden, daß die Gebührenimpulse stets richtig übertragen werden.
- Die beim Teilnehmer untergebrachten Geräte können nicht gegen Manipulationen gesichert werden.
- Das Ablesen müsse entweder dezentral erfolgen und würde selbst mit dem Temex-Dienst zu erheblichen Verteuerungen führen, die vom Teilnehmer zu tragen wären.

Auch diese Argumente überzeugen nicht.[40] Vor allem aber muß bezweifelt werden, ob die Deutsche Bundespost diese Möglichkeit wirklich gründlich und objektiv geprüft hat.

Nach der Erörterung dezentraler Alternativen in einer Arbeitsgruppe der ITG, in der auch Post- und Herstellervertreter mitwirkten, wird eine etwas aufwendige technische

38 Deutscher Bundestag, Beschluß zur Registrierung und Bekanntgabe von Telefonverbindungsdaten, Drucksache 10/6583 vom 10.12.1986.

39 Deutscher Bundestag, Antwort der Bundesregierung auf die Kleine Anfrage des Abgeordneten Dr. Briefs und der Fraktion DIE GRÜNEN, "Datenschutz bei Telekommunikation", Drucksache 11/2853 vom 2.9.1988.

40 Kubicek, H., Berger, P., Was bringt uns die Telekommunikation? 66 kritische Antworten, Frankfurt/M., New York, 1990.

Möglichkeit als Alternative beschrieben und aus der Sicht der Teilnehmer als positiv bewertet. Und dann heißt es zur Realisierbarkeit, daß eine solche Möglichkeit bisher technisch nicht näher untersucht worden sei, so daß jetzt kaum Aussagen über die Realisierbarkeit gemacht werden könnten.[41]

Dieses Beispiel zeigt ein weiteres Mal, daß fehlendes Problembewußtsein dazu führt, daß Anregungen für technische Alternativen nicht verfolgt werden, sondern daß nur eine Entwicklungslinie betrieben wird, so Fakten als vermeintliche Sachzwänge geschaffen werden, und wenn dann Kritik geäußert wird, Rechtfertigungsstrategien ergriffen werden. Und das Beispiel zeigt darüber hinaus, wie problematisch in der Vergangenheit die Einheit von Netzbetreiber und Verordnungsgeber war. Noch habe ich auch meine Zweifel, ob die formale Trennung zwischen BMPT und DBP Telekom daran grundlegend etwas ändert.

Darüber hinaus werden technische Optionen auch zwischen Experten unterschiedlich bewertet. Während SCS eine Chipkarte zur dezentralen Abrechnung empfiehlt, lehnt die ITG-Arbeitsgruppe dies als zu aufwendig und teuer ab.

3.3 Weitere Leistungsmerkmale und Mehrwertdienste

Im Hinblick auf die Zeit möchte ich nur schlagwortartig einige weitere Problemkreise nennen, die sich abzeichnen und für die Regelungen noch gefunden werden müssen.

Bei den ISDN-Leistungsmerkmalen gibt es insbesondere Probleme mit der Anrufumleitung und -weiterschaltung (schon heute) und mit Anruflisten (geplant). Die Entwicklung bei den betrieblichen TK-Anlagen zeigt, daß es jedoch angemessene technische Gestaltungsvarianten gibt.:

- Nach § 108 Abs. 4 TKO dürfen die Anrufumschaltung und -weiterleitung vom Teilnehmer nur eingeschaltet werden, "wenn der Inhaber des Anschlusses, zu dem die Anrufe umgeleitet oder weitergeschaltet werden sollen, der Anrufumleitung oder Anrufweiterschaltung zugestimmt hat". Es ist jedoch nicht präzisiert, wie diese Zustimmung erteilt werden soll. Teilnehmer und Teilnehmerinnen, zu denen ohne ihre Zustimmung umgeleitet wird, können sich dagegen nicht unmittelbar wehren. Im Zusammenhang mit betrieblichen TK-Anlagen wurde aufgrund einer Analyse aus der Sicht der Anrufenden und der Angerufenen vorgeschlagen, daß diejenigen, zu denen umgeleitet wird, den

41 ITG (1990), a.a.O.

Umleitungswunsch technisch quittieren können und/oder eine geschaltete Umleitung auf ihren Apparat rückgängig machen können müssen. Ein weiteres Problem ist die Transparenz der Anrufenden darüber, daß und wohin sie umgeleitet werden. Hier ist eine Anzeige oder Ansage erforderlich.[42] In die Ausschreibung für TK-Anlagen für drei Bundesministerien sind diese Anforderungen übernommen worden.

- Bei Rückrufen über Anruflisten besteht ein Problem darin, daß bei einigen TK-Anlagen der Eintrag automatisch erfolgt. Zu fordern ist demgegenüber eine fallweise Veranlassung einer solchen Eintragung.

Während bei betrieblichen TK-Anlagen die Mitbestimmungsrechte von Betriebs- und Personalräten zu entsprechenden Anforderungen führen können, die dann auch früher oder später von den Herstellern aufgegriffen werden, fehlt bei der Gestaltung von Leistungsmerkmalen im öffentlichen Netz eine vergleichbare Instanz. Es erscheint jedoch erforderlich, Wege zu finden, über die solche Abwägungen und Anforderungen Eingang in die Standardisierungsprozesse finden können und die dadurch Gewicht erhalten, daß spätestens bei der Einführung Verbote ausgesprochen werden können, falls offenkundige Anforderungen nicht berücksichtigt worden sind.

Noch sehr viel größere Probleme als bei Leistungsmerkmalen des Fernsprechdienstes sehe ich bei den sogenannten Mehrwertdiensten, bei denen Daten übertragen und weiterverarbeitet werden und die ja das ISDN maßgeblich unterstützen soll. Dort geht es zusätzlich zur Speicherung von Verbindungsdaten ja auch um Nutzungs- und Inhaltsdaten, die wesentlich mehr Einblicke in das individuelle Verhalten ermöglichen und die zudem bei privaten Dienstebetreibern gespeichert werden, die ein kommerzielles Verwertungsinteresse haben und weniger strengen Kontrollen unterliegen als die DBP Telekom. Beispiele sind der Temex-Dienst und das POS-Banking (Electronic Cash, Telecash).

Temex-Anwendungen umfassen das Ablesen von Stromzählern, Alarmsysteme, Altennotruf oder Patientenüberwachung. In einigen Bundesländern gibt es landesgesetzliche Regelungen. So verlangt das Berliner Medienerprobungsgesetz, daß die Zählerablesung angezeigt und von den Verbrauchern abgeschaltet werden kann ("rote Lampe, roter Knopf"). Andere Anwendungen sind, u.a. wegen der Zuständigkeitsgrenzen des Landesdatenschutzbeauftragten, entweder nicht oder sehr pauschal geregelt.

---

42 Höller, H., Kubicek, H., Leistungsmerkmale moderner Telefonnebenstellenanlagen, in:Technologieberatungsstelle des DGB Hessen (Hrsg.), Frankfurt/M., 1989.

Beim POS-Banking besteht das Risiko, daß Verbrauchs- und Bewegungsprofile in den Autorisierungs- und Clearingzentralen erstellt werden, die Geheimnummer bei der Eingabe ausgespäht wird und die Folgen technischer Fehlfunktionen auf die Verbraucher und Verbraucherinnen abgewälzt werden. Bei privaten Diensteanbietern haben die Datenschutzbeauftragten praktisch keinen Einfluß auf die Gestaltung. Wenn die TELEKOM ihren Telecash-Dienst anbietet, sollte der Bundesdatenschutzbeauftragte beratend hinzugezogen werden. Bisher hat die Deutsche Bundespost von sich aus diese Beratung jedoch nie angefordert. Ein wirksamer Zwang besteht gesetzlich auch nicht.

4. Konsequenzen für die Regulierung und die Technikfolgenabschätzung

4.1 Konsequenzen für die Regulierung der Telekommunikation

Bei der Poststrukturreform wurde bewußt auf eine Zulassungspflicht für Diensteanbieter verzichtet. Der Postminister rühmt sich, die liberalsten Bedingungen für Diensteanbieter auf der ganzen Welt geschaffen zu haben. In der Tat. In den USA unterliegen zumindest die tariflich relevanten Dienste und Dienstemerkmale einer Genehmigungspflicht durch Public Service oder Public Utilities Commissions. Bei uns kann der Bundesdatenschutzbeauftragte im nachhinein zwar beanstanden, was die Post tut, er hat jedoch keine Sanktionsgewalt. Und bei privaten Diensteanbietern gibt es nur eine anlaßbedingte Kontrolle. In den USA ist der Weg zu den Gerichten kürzer, und die Gerichte sind wohl auch entscheidungsfreudiger.

Der in Kalifornien beschrittene Weg, die Befugnisse der PUC bei der Zulassung von Telekommunikationsdiensten über die klassischen Regulierungsfragen hinaus auch auf Datenschutzanforderungen zu erweitern, ohne diese Anforderungen im Gesetz abschließend detailliert vorzuschreiben, erscheint für die weitere Debatte in der Bundesrepublik äußerst interessant. Wenig wünschenswert ist hingegen die aus dem Rechtssystem der USA resultierende Vielzahl von Einzelurteilen und daran anschließenden Einzelgesetzen. Sie beeinträchtigt die Übersichtlichkeit und Berechenbarkeit in ganz erheblichem Maße, und zwar nicht nur für die betroffenen Bürger und Bürgerinnen, sondern mehr noch für Herstellerindustrie und Netzbetreiber. Diese investieren zum Teil viel Geld in Entwicklungen, von denen sie nicht wissen können, ob sie später durch ein Gerichtsurteil verboten werden oder mit Auflagen für aufwendige Änderungen belegt werden.

Aus diesem Grunde hat der bereits zitierte Eli Noam als Commissioner der Public Service Commission des Staates New York eine Reihe von Datenschutzprinzipien vorgeschlagen, deren Einhaltung zukünftig von der PSC überwacht werden soll, und für dieses Konzept ein öffentliches Anhörungsverfahren eingeleitet, das in diesen Wochen abgeschlossen wird.[43] Seine Überlegungen zielen darauf, daß durch solche Privacy-Kriterien die Zulassungsentscheidungen der PSC für Diensteanbieter berechenbarer werden und daß so der Charakter von ad-hoc-Entscheidungen reduziert wird.

In der Bundesrepublik beschränkt sich die Regulierung der Telekommunikation noch ausschließlich auf den traditionellen Bereich technischer Zulassungen (Normkonformität) sowie auf Fragen der Tarifierung und des freien Wettbewerbs. Die Konferenz der Datenschutzbeauftragten fordert schon seit langem ergänzend die gesetzliche Regelung eines bereichsspezifischen Datenschutzes. In ihrer Studie für die Landesregierung Nordrhein-Westfalen kommt auch die SCS-Unternehmensberatung zu dem Schluß, daß eine gesetzliche Regelung erforderlich ist.[44] Die Gesellschaft für Rechts- und Verwaltungsinformatik hat bereits 1988 in einer Stellungnahme zum Entwurf für das Poststrukturgesetz die Entwicklung und Verabschiedung eines Telekommunikationsplanungsgesetzes und eines Telekommunikationsverkehrsgesetzes gefordert, die organisatorisch und verfahrensmäßig noch nicht konkretisiert worden sind.[45]

Das Telekommunikationsplanungsgesetz soll für die Fernmeldeinfrastruktur Planungsverfahren vorgeben, wie sie auch für andere Infrastrukturen existieren und dabei unter anderem Beteiligungsverfahren vorsehen. Aus meiner heutigen Sicht sollten dabei neben den Planungen der Netzbetreiber auch die vorgelagerten Standardisierungsprozesse für Netze und Dienste einbezogen werden. U.a. wäre sicherzustellen, daß in den Standardisierungsgremien neben Betreibern, Herstellern und Großanwendern auch die Belange des Daten- und Verbraucherschutzes sowie des Arbeitnehmerschutzes vertreten sind. So sollte z.B. gesetzlich geregelt werden, daß die Sicht von Betroffenen eingeholt wird bzw. diese auf Antrag beteiligt werden müssen. Das Vertragswerk der Bundesregierung mit dem DIN bietet dazu schon einige Ansatzpunkte (z.B. Ankündigungspflicht, Einspruchsverfahren), die ausgebaut werden könnten. Im Juni hat eine Arbeitsgruppe auf der Fachtagung der Gesellschaft für Informatik zum Zukunftskonzept Informations-

---

43 Noam, E.M. (1990), a.a.O.

44 SCS (1989), a.a.O.

45 Gesellschaft für Rechts- und Verwaltungsinformatik (GRVI), Stellungnahme zum Entwurf eines Gesetzes zur Neustrukturierung des Post- und Fernmeldewesens und der Deutschen Bundespost, Kassel, 1988.

technik der Bundesregierung einige Forderungen formuliert, wie eine solche Beteiligung von Betroffenenorganisationen ermöglicht werden könnte.

Das Telekommunikationsverkehrsgesetz soll sich vor allem auf die Zulassung von Telekommunikationsdiensten und Dienstemerkmalen erstrecken. Es soll nach dem Vorschlag der GRVI Anforderungen festlegen, damit Telekommunikationsdienste den sozialstaatlichen Anforderungen des

- Verbraucherschutzes,
- Schutzes der Mitbestimmungsrechte der Arbeitnehmer,
- Schutzes vor unlauterem Wettbewerb,
- Schutzes vor diskriminierenden Zugangs- und Nutzungsregeln,
- Schutzes vor einseitiger Verteilung von Haftungs- und Beweisrisiken

entsprechen. Darüber hinaus soll in bereichsspezifischen Datenschutzregelungen festgelegt werden, welche Leistungsmerkmale ein Dienst aufweist, welche personenbezogenen Daten auf welche Weise verarbeitet werden dürfen und welche Maßnahmen zur Datensicherung zu treffen sind.[46] Aufgrund der Überlegungen am Ende des zweiten Abschnitts dieses Beitrags und der geschilderten Kontroversen um das Leistungsmerkmal Rufnummernanzeige in den USA sollte der normative Rahmen um die Konkretisierung weiterer Grundrechte ergänzt werden.

In organisatorischer Hinsicht spricht vieles dafür, die Zulassung nicht dem BMPT zu übertragen. Die Konstruktion der PUCs bzw. PSCs in den USA bietet ein wesentlich höheres Maß an Unabhängigkeit und erhält wohl auch ein höheres Vertrauen als ein dem BMPT unmittelbar angeschlossenes Bundesamt für Telekommunikation. Unabhängig von Einzelzuständigkeiten heute schon bestehender Institutionen spricht vieles dafür, die Behandlung aller Zulassungsanforderungen in einem Gremium zu konzentrieren. So würde nicht nur die Orientierung erleichtert und das Verfahren beschleunigt. Es könnten auch heute behauptete Zielkonflikte zwischen Daten- und Verbraucherschutz geprüft und innerhalb des Gremiums beraten oder gar entschieden werden. Gegenstand der Zulassung sollten sowohl die technische Beschreibung eines Dienstes als auch die Geschäfts- und Vertragsbedingungen sein. Ganz zentral erscheint mir die Beteiligung von Betroffenengruppen. Neben Anbietern und gewerblichen Anwendern sollten daher auch Vertreter und Vertreterinnen von Datenschutzbehörden, Verbraucherorganisationen, Gewerkschaften, Kirchen und anderen Gruppen an den Beratungs- und Entscheidungs-

46 Ebd., S. 13.

prozessen beteiligt werden. Dem Beispiel in den USA folgend, sollte eine solche Zulassungskommission Anhörungen veranstalten können und Auflagen erteilen können.

Weitere Anregungen für die verfahrensorganisatorische Konkretisierung können die mittlerweile eingeführten Umweltverträglichkeitsprüfungen liefern, nach denen im Vorfeld von Genehmigungen Ingenieurbüros Expertisen erstellen, in denen die verschiedenen Umweltaspekte im Zusammenhang behandelt werden. Für Anbieter von Telekommunikationsdiensten könnte analog eine Sozialverträglichkeitsprüfung eingeführt werden. Sie müßten danach mit dem Antrag auf Zulassung eine Expertise vorlegen, die die Einhaltung der unterschiedlichen technischen und sozialen Anforderungen beurteilt. Damit nicht nur fertig entwickelte Dienste geprüft werden und Entwicklungsaufwendungen vergeblich investiert werden, müßte es auch ein Verfahren für Vorprüfungen auf der Basis von Grobkonzepten geben.

Dies sind im Moment Anregungen für eine Diskussion, die auf der Basis systematischer vergleichender Forschung (Vergleiche mit ausländischen Regelungsstrukturen, Vergleiche mit anderen Technikbereichen) wesentlich intensiviert werden sollte. Ich möchte daher zum Abschluß noch kurz auf die Schlußfolgerungen für die Diskussion über Technikfolgenabschätzung in der Telekommunikation eingehen.

4.2 Konsequenzen für die Technikfolgenabschätzung

So interessant mehrjährige umfangreiche TA-Projekte, in denen ökonomische und soziale Folgen geplanter Netze oder Dienste untersucht werden, für wirtschafts- und sozialwissenschaftliche Forschungsinstitute auch sein mögen, so vorsichtig sollte man deren praktische Bedeutung beurteilen. Dies gilt insbesondere dann, wenn die Hoffnung gehegt oder genährt wird, durch TA-Projekte könnten Fehlentwicklungen vermieden und maßgebliche Beiträge zur sozialverträglichen Technikgestaltung geleistet werden. In bezug auf die Wirkungsforschung im Bereich der Informationstechnik sind diese Hoffnungen, wie ich sie selbst vor 12 Jahren hatte[47] inzwischen enttäuscht worden, so daß Langenheder von der "folgenlosen Folgenforschung" gesprochen hat.[48] Technikfolgen-

47 Reese, J., Kubicek, H., Lange, B.-P., Lutterbeck, B., Resse, U., Gefahren der informationstechnologischen Entwicklung. Persepektiven der Wirkungsforschung, Frankfurt/M., New York, 1979.

48 Langenheder, W., Konsequenzen aus der folgenlosen Folgenforschung, in: Rolf, A. (Hrsg.), Neue Techniken Alternativ, Hamburg, 1986, S. 9-18.

forschung auf dem Gebiet der Telekommunikation hat mindestens ebenso große Probleme:[49]

- Netze und Dienste sind technisch weitgehend anwendungsunabhängig definiert. Ohne Bezug zu den Anwendungen können jedoch nur ganz wenige Folgenaspekte abgeschätzt werden.

- Die zukünftigen Anwendungen sind sehr vielfältig, vollständig kaum abschätzbar, zum Teil andere, als die Netz- und Diensteplaner angestrebt haben.

- Um Gestaltungsmöglichkeiten aufzuzeigen, müssen technische Optionen für verschiedene Anwendungssituationen verglichen werden. In dem Projekt Optionen der Telekommunikation[50] mußten wir jedoch erkennen, daß für Anwendungsszenarien viele nicht-technische Annahmen getroffen werden müssen, die die Folgen zum Teil stärker bestimmen als das Telekommunikationsangebot.

- Außerdem ergeben sich Bewertungsprobleme nicht nur aus der unterschiedlichen Interessenlage von Herstellern, Betreibern und Anwendern, sondern, wie das Beispiel Rufnummernanzeige verdeutlicht, zwischen den Benutzern und Benutzerinnen und sogar zwischen verschiedenen Nutzungssituationen derselben Personen.

- Schließlich ist die enorme Entwicklungsdynamik bei Mehrwertdiensten zu beachten, die in der Regel dazu führt, daß umfangreiche Studien zu spät kommen, um bei der Gestaltung noch berücksichtigt werden zu können.

Daraus folgt nicht, daß keine Forschung zur Abschätzung von Folgen durchgeführt werden sollte. Sie muß jedoch um andere Forschungsformen ergänzt werden. Dabei kommt es darauf an, Folgenabschätzung und -bewertung enger mit der Einflußnahme auf aktuelle Entwicklungsplanungen zu koppeln. In der Organisationsforschung dient dazu die Aktions- oder Interventionsforschung, bei der Wissenschaftler versuchen, gemeinsam mit Betroffenen auf Veränderungen Einfluß zu nehmen. Ergebnisse dieser Art von Forschung sind nicht dicke Berichte, sondern Aktionen, die selbst als Teil eines insgesamt

---

49 Kubicek, H., Soziale Beherrschbarkeit technisch offener Netze, in: Valk, R. (Hrsg.), GI - 18. Jahrestagung, Vernetzte und komplexe Informatik-Systeme, Berlin u.a., 1988, S. 109-139; Kubicek, H., Sozial- und ökologieorientierte Technikfolgen. Probleme und Perspektiven am Beispiel der Büro- und Telekommunikation, in: Biervert, B., Monse, K. (Hrsg.), Wandel durch Technik - Institution - Organisation - Alltag, Opladen, 1990b (im Druck).

50 Berger, P., Kubicek, H., Kühn, M., Mettler-Meibom, B., Voogd, G., Optionen der Telekommunikation. Materialien für einen technologiepolitischen Bürgerdialog, Ministerium für Arbeit, Gesundheit und Soziales des Landes Nordrhein-Westfalen, Düsseldorf, 1988.

durchaus kontroversen und dialektischen Entwicklungsprozesses gedacht sind und so auch angesehen werden sollten. Ebenfalls zur Aktionsforschung gehört die Organisation von Beteiligungsprozessen, wenn sie mit den maßgeblichen Entscheidungsprozessen gekoppelt werden können. Die von Herrn Dienel initiierten Bürgergutachten würde ich noch zu dieser Kategorie zählen.

Eine zweite wichtige Art von Forschung, die eher in die Konzepte von Förderinstitutionen paßt, möchte ich Regulierungsforschung nennen. Sie hat das Ziel, Konzepte und Verfahren für die soziale Beherrschbarkeit[51] oder Steuerung von Prozessen der Technikentwicklung und Anwendung auch nach sozialen Kriterien zu konzipieren und in die praktische Diskussion zu bringen. Wie in diesem Beitrag mehrfach deutlich gemacht wurde, benötigen wir Planungs- und Zulassungsverfahren für Telekommunikationsnetze, -dienste und -dienstemerkmale, in denen Aspekte des Daten- und Verbraucherschutzes wirksam werden können. Dasselbe gilt für Fragen des Arbeitnehmerschutzes und des Wettbewerbsschutzes. In der Telekommunikation werden, wie in allen anderen Technikbereichen bisher auch und wie die aktuelle Entwicklung in den USA zeigt, die sozialen Belange nicht alleine über den Markt oder den technischen Sachverstand zur Geltung kommen, sondern nur über entsprechende Interventionen und Regulierungen. Ich plädiere daher nachdrücklich dafür, neben der traditionellen Technikfolgenabschätzung auch eine Regulierungsforschung zu etablieren, die sich u.a. mit Vergleichen von Planungs- und Zulassungsverfahren in anderen Technikbereichen befaßt und Kriterien, Organisationskonzepte und Verfahrensregeln für Sozialverträglichkeitsprüfungen bei Telekommunikationsdiensten erarbeitet.[52] Die Hinweise auf die PSCs bzw. PUCs in den USA sollten zeigen, daß solche Vorschläge gar nicht so revolutionär sind, wie sie manchen auf den ersten Blick erscheinen mögen.

---

51 Kubicek, H.(1988), a.a.O.

52 Kubicek, H., Von der Technikfolgenabschätzung zur Regulierungsforschung, in: Kubicek, H. (Hrsg.), Telekommunikation und Gesellschaft. Kritisches Jahrbuch Telekommunikation 1991, Karlsruhe, 1991, S. 13-77 (im Druck).

6

Privacy und Gesellschaft: Eine spannungsvolle Beziehung

Detlef Garbe

Wissenschaftliches Institut
für Kommunikationsdienste GmbH
Bad Honnef

1. Einführung

Die öffentliche Debatte und auch die wissenschaftliche Diskussion haben sich bisher stark darauf konzentriert, welche Auswirkungen neue Telekommunikationstechniken wie die Digitalisierung der Vermittlungsstellen und die Integration der Fernmeldenetze im ISDN auf den Datenschutz haben. Die Beiträge von Katz und Kubicek[1] zeigen, daß die nicht-intendierten Folgen der Technik ein quasi "natürliches" Recht auf Privacy bedrohen. Diese Bedrohung wird in einzelnen Staaten und sogar in einzelnen Bundesstaaten der USA (s. das Beispiel der Rufnummernanzeige) unterschiedlich eingeschätzt und in den einschlägigen Datenschutzverordnungen unterschiedlich geregelt.[2] Interpretati-

---

1 Katz, J., Privacy in der Telekommunikation: Trends und Probleme, in diesem Band S. 55-70; Kubicek, H., ISDN, Privacy und Datenschutz, in diesem Band S. 71-106; vgl. auch Katz, J., Caller-ID, Privacy and Social Processes, in: Telecommunications Policy, Vol.5, 1990, S. 372-411.

2 Vgl. für den Gesamtzusammenhang Flaherty, D.H., Protecting Privacy in Surveillance Societies, Chapel Hill, London (The University of North Carolina Press), 1989; für den kleinen Ausschnitt "Datenschutz im ISDN" vgl. Garbe, D., Der Umgang mit Kommunikationsdaten, Einzelgebührennachweis und Rufnummernanzeige in europäischen Ländern, in: ITG (Hrsg.), Datenschutz im ISDN, Frankfurt/M., 1990.

onsdifferenz und unterschiedliche Regelungspraxis führen zu der Annahme, daß die Einschätzung und die darauf basierenden Datenschutzvorschriften wesentlich von der in einer Gesellschaft gültigen Einordnung von "Privacy" und "Datenschutz" auf der Werteskala abhängen.[3] Bevor allerdings nach spezifischen Differenzen dieser Art gefragt und gesucht werden kann, ist zunächst die analytische Durchdringung des Zusammenhangs von Privacy und Gesellschaft und anschließend die Analyse der potentiellen Reaktionsmuster des Handlungssystems "Gesellschaft" auf eine Veränderung der Balance von Privacy und Gesellschaft durch Implementation neuer Techniken notwendig.

Dieser Versuch soll hier unter Rückgriff auf Elemente soziologischer Theorie, nämlich der Handlungs- und Systemtheorie von Talcott Parsons, unternommen werden. Dabei wird vorab das Begriffsverständnis Privacy und Gesellschaft erläutert und ihr Verhältnis an Beispielen illustriert. Ziel ist, die aus der Theorie abgeleitete Beschreibung von Reaktionsmustern des Handlungssystems auf die Implementation neuer Telekommunikationstechniken wie ISDN, Mobilfunk und Verfahren zur Verbesserung von Datensicherheit anzuwenden und evtl. konkrete Reaktionsweisen zu prognostizieren.

Das damit eingegangene, aber im Rahmen eines Workshops nicht nur zulässige, sondern im Interesse der Verdeutlichung der Problemlage sogar notwendige Risiko ist ein doppeltes: a) die Verwendung genereller soziologischer Theorie im Kontext von Technikfolgendebatten ist eher ungewöhnlich und b) scheint ungewiß, ob sich der Anspruch, Reaktionsweisen des Handlungssystems auf Technikimplementationen vorhersagen zu können, irgendwann einlösen läßt.

2. Privacy und Gesellschaft: definitorische Elemente und Wechselbeziehungen

Privacy umfaßt nach modernem Begriffsverständnis inzwischen mehr als das oft zitierte Recht "to be let alone",[4] das Warren und Brandeis schon 1890 formulierten. In diesem Artikel entwickelten sie für die amerikanische Gesellschaft erstmals den Gedanken, daß es ein individuelles Recht sei, daß die persönlichen Gedanken, Meinungsäußerungen und Gefühle nicht ohne Einwilligung der Öffentlichkeit zugänglich gemacht werden dürften. In dieser Interpretation deutet sich an, daß das "Privacy"-Konzept einhergeht

---

[3] In Entscheidungssituationen steuern Werte die Auswahl aus möglichen Handlungsalternativen. Vgl. zum theoretischen Hintergrund Parsons, T., Der Begriff der Gesellschaft. Seine Elemente und ihre Verknüpfungen, in: ders., Zur Theorie sozialer Systeme, (Westdeutscher Verlag), Opladen, 1976.

[4] Warren, S.D., Brandeis, L.D., The Right to Privacy, in: Harvard Law Review, Vol.4, 1890, S. 193-220.

mit einer am Individuum orientierten Auffassung von Gesellschaft. Hixson beschreibt eindrücklich wie die Durchsetzung der Privacy-Idee gekoppelt ist an die Kolonialisierung Amerikas; Privacy korrespondiert mit Begriffen wie Unabhängigkeit, Intimität und Sexualität, aber auch mit Wettbewerb und Ellenbogengesellschaft.[5] In Anlehnung an die Akzeptanz räumlicher Distanzen in sozialen Beziehungen war das eigene Haus und das eigene Land das private, intime Territorium, das man nur zu besonderen Anlässen und auf Ankündigung Fremden zugänglich machte. In der Regel finden gemeinschaftliche Begegnungen auf Gemeinde- bzw. Kirchengrund statt. "Leisure time was for socializing, not for privacy".[6]

Eine für die heutige Zeit anerkannte und durchaus repräsentative Formulierung und Interpretation von Privacy liefert Alan Westin; er beschreibt vier Erscheinungsformen, nämlich: Einsamkeit, Intimität, Anonymität und Zurückhaltung oder Verschlossenheit.[7] Diese vier Erscheinungsformen sind nach Westin mit vier Funktionen verbunden; diese sind die Wahrung der persönlichen Automie, die Möglichkeit, einen Freiraum für Gefühle zu haben, die Chance zur Selbsteinschätzung und Rollendistanz und die Sicherung der begrenzten und geschützten Kommunikation. Bezogen auf die letztgenannte Funktion ist das Recht auf Privacy der von Individuen, Gruppen oder Institutionen erhobene Anspruch, selbst zu bestimmen, wann, wie und in welchem Umfang Informationen über die eigene Person, Gruppe oder Institution an andere weitergegeben werden.[8]

Im Kontext von Telekommunikation und Datenschutzdebatten aber auch in gesellschaftlicher Perspektive ruht der Blick eher und nahezu zwanghaft auf dieser Funktion. Warum das so ist erklärt sich durch unser an Niklas Luhmann angelehntes Verständnis von Gesellschaft. Das System der Gesellschaft besteht aus Kommunikationen. Es gibt keine anderen Elemente als Kommunikation bzw. weitergehend Interaktion. Sie ist schlicht ein Netzwerk von Kommunikationen oder präziser formuliert: "Gesellschaft ist das umfassende Sozialsystem aller kommunikativ füreinander erreichbaren Handlungen."[9]

---

5 Hixson, R.F., Privacy in a Public Society. Human Rights in Conflict, (Oxford University Press), New York/Oxford, 1987, S. 9ff.. Die Wahl des Zeitpunkts zur Beschreibung des Privacy-Konzepts mit dem Amerika des 19. Jahrhunderts darf nicht darüber hinwegtäuschen, daß die Privacy-Idee bereits in den Hochkulturen der Antike oder auch in Stammesgesellschaften existierte und Auswirkungen auf das gesellschaftliche Leben hatte. Hierüber informiert Moore, B., Privacy. Studies in Social und Cultural History, (Sharpe Inc.), Armank/London, 1984.

6 Hixson, R.F., a.a.O., S. 10.

7 Westin, A.F., Privacy and Freedom, (Atheneum), New York, 1970, S. 31ff.

8 Westin, A., Privacy, in: Encyclopedia Americana, Vol.22, Danburg, 1984, S. 193-220.

9 Vgl. Luhmann, N., Interaktion, Organisation, Gesellschaft, in: ders., Soziologische Aufklärung 2, (Westdeutscher Verlag), Opladen, 1975, S. 11 sowie ders., Kommunikationsweisen und Gesellschaft, in: Rammert, W., Bechmann, W. (Hrsg.), Technik und Gesellschaft, Jahrbuch 5, Computer, Medien, Gesellschaft, (Campus), Frankfurt, 1989, S. 11-18.

Der Rückgriff auf den in diesem Beitrag antipodisch zu Privacy gesetzten Begriff Gesellschaft signalisiert, was auch Privacy-Experten wie Hixson, Moore und Westin nicht verkannt haben, den dualen Charakter des menschlichen Lebens. Der Einzelne ist immer auch ein Teil von Gesellschaft, Mitglied kommunikativer Netzwerke, ohne Soziabilität und Kommunikativität gewinnt er keine Identität, wird allenfalls Person, aber kaum Persönlichkeit.

Zwei Beispiele sollen die Wechselbeziehungen zwischen dem Einzelnen bzw. seiner Privatheit und der Gesellschaft verdeutlichen, eines ist auf der Mikro-Ebene, ein anderes Beispiel auf der Makro-Ebene angesiedelt.

- Der Prozeß der Sozialisation kann verstanden werden als die Übernahme von Werten und Normen der Gesellschaft mit dem Ziel der Integration **und** Entwicklung einer Persönlichkeit. Im Verlauf dieses Prozesses geht es für den Einzelnen um die Entwicklung einer Identitätsbalance zwischen personaler Identität ("So zu sein wie kein anderer") und sozialer Identität ("So zu sein wie alle anderen").[10]
  Die Ausbildung der Persönlichkeit erfolgt nicht isoliert, sondern von Kindheit an im Austausch mit anderen. Privacy entwickelt sich und besteht gemeinschafts- und gesellschaftsbezogen, deshalb ist Privacy immer in Bezug auf die Gesellschaft bzw. die Gemeinschaft schutzbedürftig, in die der Einzelne integriert wird und auf die er hin wertbezogen handelt.

- Insofern ist es konsequent, wenn z.B. das Grundgesetz der Bundesrepublik Deutschland das Heraustreten des Individuums bzw. der mit ihm verbundenen Informationen in die Sphäre der Gemeinschaft besonders schützt. Das Grundgesetz gewährleistet den Bürgern das Recht auf freie Entfaltung der Persönlichkeit (Art. 2 Abs. 1 GG). Damit ist nicht nur die Freiheit menschlichen Verhaltens gemeint, sondern zunehmend die Freiheit zu kommunizieren und sich zu informieren, sowie die Freiheit zu entscheiden, wem was über die eigene Person mitgeteilt wird.[11] Wie sich der Einzelne am öffentlichen Leben beteiligt und in Kommunikationsbeziehungen eintritt, bleibt dem Einzelnen überlassen.
  Diese Auffassung konkretisiert sich z.B. an folgenden Einzelregelungen: das Recht auf Freiheit der ungehinderten Bewegung (Art. 2 Abs. 2 Satz 2 GG), die Freiheit der Niederlassung (Art. 11 Abs. 1 GG), aber vor allem die Freiheit der

10 Krappmann, L., Soziologische Dimensionen der Identität, (Klett), 4. Aufl., Stuttgart, 1975.
11 Vgl. Podlech, A., Das Recht auf Privatheit, in: Perels, J., (Hrsg.), Grundrechte als Fundament der Demokratie, Frankfurt, 1979, S. 50.

ungestörten Kommunikation im Brief- und Fernsprechverkehr (Art. 10 Abs. 1 GG). Das Post- und Fernmeldegeheimnis nimmt innerhalb des Kanons persönlicher Grundrechte eine so bedeutende Stellung ein, daß es strafrechtlich abgesichert wird (§ 354 StGB). Ziel dieser grundgesetzlichen Absicherung ist die Sicherung von Freiheitsrechten gegen den Zugriff von Staat und Gesellschaft.

Die Beispiele sollten verdeutlichen, daß die Beziehung Privacy - Gesellschaft latent unter Spannung steht. Sie ist nicht nur zu einem gegebenen historischen Zeitpunkt veränderbar, sondern wird sich in unterschiedlichen Gesellschaften auch unterschiedlich darstellen. Für die Bundesrepublik, aber auch für die Mehrzahl der westlichen Industrienationen verändern sich durch den Wandel der Telekommunikationstechnik (z.B. ISDN, Mobilfunk, Bildtelefon) die Randbedingungen von Kommunikation; dabei scheint sich das Verhältnis von Privacy und Gesellschaft zumindest aus der Sicht der Datenschützer zuungunsten von Privacy zu verschieben. Offen bleibt aber die Frage, wie die Individuen und die Gesellschaft reagieren, wenn sich die Bedingungen des Handelns durch die Einführung neuer Techniken ändern. Systemtheoretisch formuliert heißt die Frage, welche sozialen Strukturen und Prozesse ermöglichen die Reduktion der sich aufbauenden Komplexität. In der Sprache des sozialen Wandels geht es darum, jene Prozesse aufzuspüren, die den durch die Technikimplementation entstandenen "cultural lag" abbauen.[12]

Als theoretisches Rüstzeug zur Beantwortung dieser Fragen wird zunächst auf Elemente der Handlungs- und Systemtheorie von Talcott Parsons zurückgegriffen, die in diesem Kontext nur bruchstückhaft und damit möglicherweise irreführend dargestellt werden können; das ist Teil des eingangs zitierten Risikos.

3. Das Analyse-Raster: Elemente der Handlungs- und Systemtheorie

Talcott Parsons liefert mit seiner Handlungs- und Systemtheorie sowohl eine detaillierte Analyse der Funktionsbedingungen von Interaktionssystemen als auch der diese Handlungssysteme konstituierenden Elemente.[13] Er differenziert das allgemeine Handlungssystem in vier Sub-Systeme und schreibt diesen spezifische Funktionen zu:

---

12 Ogburn, W.F., Social Change: With Respect to Culture and Original Nature, New York, 1922.
13 Vgl. generell Parsons, T., Zur Theorie sozialer Systeme, a.a.O.

Schaubild 1: Allgemeines Handlungssystem: Sub-Systeme und Funktionen

Kultursystem	-	Strukturerhaltung
Soziales System	-	Integration
Persönlichkeitssystem	-	Zielerreichung
Verhaltensorganismus	-	Adaptation

Handlungen sind bedingt durch eine physisch-organische Umwelt und orientieren sich über die im Kultursystem verarbeiteten Werte hinaus an sog. "letzten Wirklichkeiten", die z.B. im westlichen Gesellschaften als Religion bzw. christlicher Gott verstanden werden können. In Entscheidungssituationen steuern die Werte die Auswahl aus gegebenen Orientierungsalternativen:

Schaubild 2: Orientierungsalternativen

Selbstorientierung	-	Kollektivorientierung
Diffusität	-	Spezifität
Affektivität	-	Neutralität
Partikularismus	-	Universalismus
Zuschreibung	-	Leistungsorientierung[14]

14 "**Selbstorientierung** ist eine Orientierung des Handelns, bei welcher die individuelle Bedürfnisbefriedigung den Bezugsrahmen des Handelns bildet. **Kollektivitätsorientierung** heißt, daß das Individuum in einem weiteren letztlich universellen Bezugsrahmen kollektiver Solidarität handelt und seinen Egoismus überschreitet.
Diffusität sozialer Orientierung bedeutet die Einbeziehung des konkreten Individuums auf beiden Seiten von Interaktionen zwischen Ego und Alter und den Fortbestand gleichbleibender Beziehungen, z.B. des Vertrauens unabhängig von Situationen und Leistungen. **Spezifität** der sozialen Orientierung meint die Beschränkung von wechselseitigen Erwartungen auf besondere Aspekte, insbesondere auf besondere Positionen, welche die Individuen in einem Handlungskontext innehaben. Rollenerwartungen sind in diesem Sinne spezifische Erwartungen, weil sie sich nicht auf das Individuum, sondern auf eine seiner Positionen in einem sozialen Gefüge richten.
Affektivität sozialer Orientierung impliziert, daß Ego und Alter in ihren wechselseitigen Erwartungen und Handlungen durch ihre positiven oder negativen Gefühle füreinander geleitet werden. **Neutralität** sozialer Orientierung verlangt von ihnen dagegen, daß ihre wechselseitigen Erwartungen und Handlungen in ihrem Ablauf nicht durch ihre Gefühle füreinander bestimmt werden.
Partikularismus in sozialen Orientierungen bedeutet, daß der Bezugsrahmen der Solidarität und der Normen, in dem ein Individuum handelt enger ist als der Kontext seines Handelns und seiner Interdependenz mit dem Handeln anderer. Das Individuum fühlt sich nur den unmittelbar Nächsten und nur den in diesen Beziehungen gültigen Normen verpflichtet, aber nicht den Fernerstehenden und den in diesen Beziehungen gültigen Normen. Zwischen Binnen- und Außenmoral wird scharf getrennt. **Universalismus** fordert hingegen eine gleichbleibende Solidarität gegenüber allen anderen, zu denen man in interdependenten, unmittelbaren und mittelbaren Beziehungen steht, und eine Orientierung an allgemeinen, für alle und in jedem Kontext gültigen Normen.
Zuschreibung (Qualität) ist eine soziale Orientierung, bei welcher die gegenseitigen Erwartungen

Konkrete Handlungen erfordern nicht allein eine Entscheidung unter diesen Orientierungsalternativen, sondern werden, bevor es zur Auswahl unter den dichotomischen Orientierungen kommt, in zwei Stufen vordefiniert und präzisiert: Die 1. Stufe ist jene der symbolischen Austauschmedien, das sind Mechanismen, die einer effizienten Informationsverarbeitung dienen, sie sind eine Art von Sprache.[15] Das bekannteste symbolische Austauschmedium ist dem ökonomischen Sub-System verbunden, das Geld. Geld hat einen Tauschwert; Geldbesitz bedeutet im sozialen Interaktionssystem ein Signal für stattgefundene Interaktionen, Geld empfangen zu haben, und potentielle Kommunikation und Interaktion, Geld ausgeben zu können. Auf der Ebene des allgemeinen Handlungssystems sind diese symbolischen Austauschmedien:

Schaubild 3: Symbolische Austauschmedien im allgemeinen Handlungssystem

Intelligenz	-	Verhaltensorganismus
Performanzfähigkeit	-	Persönlichkeitssystem
Affekt	-	Soziales System
Situationsdefinition	-	Kulturelles System

Die 2. Stufe der Vordefinition von Handlungen ist geprägt durch die Interpenetration der Sub-Systeme des Handelns wie der symbolischen Austauschmedien. "Interpenetration ist eine Form der wechselseitigen Beeinflussung unter Erhaltung der Spannung zwischen Systemen."[16] Auf der Ebene des allgemeinen Handlungssystems sind solche Austausch- und Durchdringungsprozesse zwischen kulturellem und sozialem System Institutionalisierungen und zwischen sozialem und Persönlichkeits-System Internalisierungsprozesse.

Für den zur Diskussion stehenden Fall geht es primär um die Umsetzung des im kulturellen System verankerten Wertes "Privacy" in das soziale System: der Austauschprozess "Institutionalisierung" kann in drei Formen auftreten, nämlich Habitualisierung, Rollenbildung und Normbildung.[17]

---

und Handlungen von Ego und Alter durch von Geburt an vorhandene Merkmale, wie Standes-, Rassen-, Kasten- oder Geschlechtszugehörigkeit, bestimmt werden. Leistungsorientierung (Performanz) ist als eine Form der sozialen Beziehung zu verstehen, bei welcher die wechselseitigen Erwartungen und Handlungen von Ego und Alter durch frei erworbene Merkmale und frei erbrachte Leistungen, wie Ausbildungsdiplome, Arbeitsleistungen oder Geldaufwendungen, gesteuert werden."
Münch, R., Theorie des Handelns. Zur Rekonstruktion der Beiträge von Talcott Parsons, Emile Durkheim und Max Weber, (Suhrkamp), Frankfurt, 1988, S. 77ff.

15 Parson, T., Platt, G.M., Die amerikanische Universität, (Suhrkamp), Frankfurt, 1990, S. 39ff.

16 Münch, R., Die Struktur der Moderne, (Suhrkamp), Frankfurt, 1984.

17 Vgl. Berger, L., Luckmann, Th., Die gesellschaftliche Konstruktion der Wirklichkeit, (S. Fischer), Frankfurt/M., 1970.

Schaubild 4: Interpenetrationsprozesse zwischen kulturellem und sozialem System

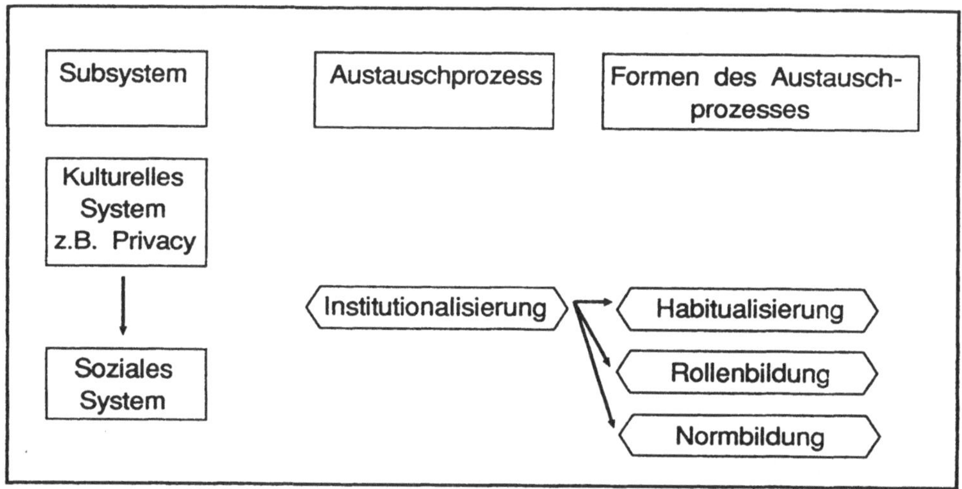

Habitualisierung meint den Prozeß der Wiederholung von Handlungen und des sich daraus entwickelnden Handlungsmodells, das sich unter Einsparung von Kraft stets reproduzieren läßt. Eine gegebene Situation muß nicht stets neu definiert und die Auswahl der Handlungsalternativen nicht stets neu entschieden werden. Habitualisierung schafft psychologische Entlastung.[18]

Rollen können entstehen, wenn die sich aus der Habitualisierung ergebenden Handlungstypen zu einem allgemeinen Wissensbestand geworden sind, der einer Vielzahl von Handelnden eigen ist. Handelnde werden so zu Rollenträgern, die durch ihr Rollenhandeln den Vorgang der Institutionalisierung verobjektivieren und vorläufig vollenden. In diesem Sinne repräsentieren Rollen die Gesellschaftsordnung.[19]

Normbildung basiert auf der Verfestigung von Verhaltensorientierungen über desiderative Verhaltenserwartungen zu Verhaltensregelmäßigkeiten, die, um sie enttäuschungsfester zu machen, mit Sanktionen verknüpft werden.[20] Dabei wird gesellschaftlich trotz der Verknüpfung mit Sanktionen die Enttäuschung von Erwartungen einkalkuliert. "Normen sind demnach kontrafaktisch stabilisierte Verhaltenserwartungen."[21]

Hinsichtlich der Beziehung von Privacy und Gesellschaft und der Umsetzung des Wertes "Privacy" in das Sozialsystem liefern die Interpenetrationsprozesse Habituali-

18 Gehlen, A., Urmensch und Spätkultur, Bonn, 1956, ders. Anthropologische Forschung, (rororo), Reinbek, 1972.
19 Berger, L., Luckmann, Th., a.a.O., S. 79.
20 Popitz, H., Die normative Konstruktion der Gesellschaft, (Mohr), Tübingen, 1980.
21 Luhmann, N., Rechtssoziologie, Bd. 1, (rororo), Reinbek, 1972, S. 43.

sierung, Rollen- und Normbildung die Interpretationsfolie für die Definition von Handlungsmustern, die in dieser konkreten, durch die Akteure zu definierenden Situation als Handlungsreservoir bereit stehen.

4. Entwurf reaktiver Handlungsmuster auf eine Veränderung der Balance von Privacy und Gesellschaft durch neue Telekommunikationstechniken

Aus der Sicht der Datenschützer und mancher kritischer Wissenschaftler ist es unbestritten, daß die Einführung neuer Telekommunikationstechniken in der Praxis zu rechtlichen Problemen und Verhaltenskonflikten und -änderungen führen. Diese resultieren u.a. aus einem durch die Technikimplementation aus der Balance geratenen Verhältnis von Privacy und Gesellschaft. Im folgenden wird versucht, die sich entwickelnden Handlungsmuster auf der Basis und unter Einsatz der in Kap. 3 formulierten handlungs- und systemtheoretischen Begrifflichkeit zu bestimmen. Dabei könnnen weder flächendeckend noch systematisch alle denkbaren Wirkungen unter dem Aspekt von Privacy aufgezeigt werden, sondern hier wird konsequent exemplarisch vorgegangen.

4.1 Habitualisierung

Drei Beispiele sollen verdeutlichen, daß sich Handlungsmuster im Sinne von Typisierungen ("so und immer wieder") auf der individuellen Ebene entwickeln werden, ohne daß immer die Richtung der Verhaltensveränderung bestimmt werden kann:

- Die Diffusion der Mobilfunktechnologien steigert für ihre Nutzer die Chance, immer und überall telefonieren zu können, sowie deren Erreichbarkeit.[22] Permanente Erreichbarkeit mag aber durchaus nicht immer erwünscht sein; Erreichbarkeit führt zu einer Steigerung des Streß-Potentials, ob sie (auch psychologisch) entlastend wirkt, hängt nicht zuletzt vom individuellen Umgang mit der Technik ab.
  Der Einzelne steht vor der Alternative den Zuwachs an Handlungs- und Zeitsouveränität gegenüber Verfügbarkeit abzuwägen; seine personale Autonomie kommt u.a. darin zum Ausdruck, ob, wann und in welchen Situation jemand z.B. sein Autotelefon abschaltet und wie er mit den daraus resultierenden Vorwürfen, nicht erreicht worden zu sein, und Rechtfertigungszwängen umgeht.

---

22 Vgl. Lange, K., Zur Ambivalenz des Mobiltelefons, in diesem Band, S. 153-164.

- Die Möglichkeit durch die Einführung von ISDN einen Einzelgebührennachweis (EGN) zu erhalten, beeinhaltet die Chance, den Umfang der Telefonnutzung aus Gründen sparsamer Haushaltsführung, aber auch gegenüber der DBP TELEKOM die entsprechenden Rechnungen zu kontrollieren. Gleichzeitig entsteht durch die Nutzung des EGN ein Kontrollpotential gegenüber allen Mitbenutzern des Anschlusses. Der EGN kann so zum Anlaß für Konflikte in sozialen Beziehungen oder auch "nur" zum Katalysator latenter Konflikte werden.

- Die Rufnummernanzeige signalisiert dem Angerufenen von welchem Anschluß der Ruf kommt. Damit wird für ISDN-Anschlüsse eine Vorstufe der Identifikation von Anrufern in das Telefonieren eingeführt, die die Prozedur des Sich-Einander-Vorstellens aber nicht ersetzen kann. Trotzdem führt dieses Leistungsmerkmal des ISDN in diesem Sinne zu einer Steigerung von Privacy. Allerdings mag es Situationen geben, in denen man sich nicht sofort identifizieren will. Wer Anrufer für solche Fälle nicht zur Nutzung analoger Anschlüsse z.B. in öffentlichen Fernsprechzellen zwingen will, muß die Entscheidungsalternative dem Anrufer überlassen und diese handlungstheoretisch abgeleitete Konsequenz technisch in eine optionale Rufnummernanzeige umsetzen, die allerdings auch die Möglichkeit bieten sollte, sich nicht-identifizierende Rufe unterdrücken zu können.

4.2 Rollenbildung

Die Analyse der in der Datenschutz- und Datensicherungsdebatte aufgezeigten Konflikte unter rollentheoretischer Perspektive läßt die Bildung neuer Rollen erwarten:

- **Datenschutzbeauftragte** sind auf der staatlichen Ebene inzwischen in vielen, aber durchaus nicht allen westlichen Ländern institutionalisiert. Netzbetreiber und Anbieter von Telekommunikationsdienstleistungen haben solche Positionen z.T. geschaffen bzw. werden sie einrichten müssen. Die soziale Position "Datenschutzbeauftragter" wird definiert durch Verhaltenserwartungen mit dem Ziel der Sicherstellung von Privacy. Für die Praxis wird es nicht ausreichen, solche Positionen zu definieren, sondern die mit der Position verbundenen Erwartungen fordern Aktionen auf allen Organisationsebenen heraus, incl. der damit verbundenen Bewußtseinsbildung durch Information und Schulungen. Die berechtigte Ernsthaftigkeit solcher Erwartungen macht entsprechende Kontrollmechanismen erforderlich, nicht allein um Mängel aufzudecken und u.U. zu sanktionieren, sondern auch um - wie theoretisch oben ausgeführt - den Grad des Sollens bzw. Wollens von Datenschutz zu unterstreichen.

- Datensicherung verlangt umfangreiche technische und organisatorische Maßnahmen, dazu zählen u.a. die Definition von Zugangsberechtigungen durch Passwords und die Verschlüsselung von Nachrichten. Die Vergabe und Kontrolle von Zugangsberechtigungen wird zu entsprechenden **Password-Halter-Rollen** führen, da dieses keine einmalige Aktion ist, sondern Passwords nach gewissen Zeitabständen ausgetauscht werden müssen, wenn sie wirksam sein sollen.
  Nachrichten sollen unverfälscht, vertraulich an den und nur den gelangen, für den sie bestimmt sind; dafür werden kryptologische und Authentifikationsverfahren eingesetzt, die organisatorisch in Konzepte wie TeleSec und TeleTrust umgesetzt werden.[23] Zentrales Element dieser Konzepte ist die Vergabe sog. Public Keys, die die Ver- und Entschlüsselung von Nachrichten ermöglichen. Die **Public-Key-Halter** erhalten damit eine den Notaren in formaler Hinsicht vergleichbare Position; die zentralen Erwartungen dürften Zuverlässigkeit und Vertraulichkeit sein. Im Hinblick auf die Öffentlichkeit ist das von ihnen zu erstellende Produkt "Vertrauen".[24]

4.3 Normbildung

Normative Reaktionsmuster hinsichtlich der postulierten Veränderung des Verhältnisses von Privacy und Gesellschaft können bereits jetzt auf drei Ebenen ausgemacht werden: der staatlichen Ebene, bei den Anbietern von Telekommunikationsleistungen und in der Arbeitswelt.

- Durch den **Staat** bzw. **Supra-Nationale** Vereinigungen veranlaßte **Normierungen** zeichnen sich ab durch den Erlaß spezifischer Datenschutzverordnungen durch den Bundesminister für Post und Telekommunikation und den Rat der Europäischen Gemeinschaften. In einigen europäischen Ländern werden die Fernmeldegesetze geändert, um dem Datenschutz Rechnung zu tragen. So müssen z.B. in Norwegen alle Fernmeldeapparate, von denen die Kommunikations-

23 Vgl. Wolfenstetter, K.D., TeleSec: Technische Grundlagen und organisatorische Umsetzung, in diesem Band, S. 123-130.

24 Luhmann, N., Vertrauen. Ein Mechanismus der Reduktion sozialer Komplexität, (Enke), 3.Aufl., Stuttgart, 1989.

daten abgehender Gespräche erfaßt und gespeichert werden, sichtbar gekennzeichnet werden.
Im Vorfeld derartiger staatlicher Normierungsprozesse kommt es durch die Institutionalisierung von Anhörungen im parlamentarischen Verfahren und nunmehr auch von sog. Diskursen[25] zu Rollenbildung und Habitualisierung. Während für die Position des Sachverständigen im Anhörungsverfahren die Erwartungen inzwischen weitgehend fixiert sind, muß sich für die Teilnehmer an Diskursen zur Technikfolgenabschätzung ein Selbst- und Fremdverständnis dieser Rolle entwickeln. Gerade weil die Teilnehmer z.B. am ITG-Diskurs "Datenschutz im ISDN" verschiedene Positionen, nämlich Hersteller, Netzbetreiber, Regulierer und Veordnungsgeber, Datenschutzbeauftragter und Wissenschaftler, in den Diskurs einbrachten, mußten erst entsprechende Verhaltensweisen entwickelt werden, die Konflikt und Konsens gleichermaßen zuließen. Bei aller Affektivität, die einen Diskurs begleitet, mußten die Teilnehmer durch das selbstgestellte Ziel der Konsensfindung, partikularistische Positionen zu Gunsten von eher universalistischen aufgeben. Im Verlauf von Diskursen gibt es sicher Phasen, in denen es zur Verdeutlichung von Problemen und Interessenlagen notwendig ist, sich partikularistisch zu verhalten und zu argumentieren. Auf dem Weg zur Normbildung hingegen wird die universalistische Orientierung notwendig, wenn die Norm nicht lediglich partikulare Geltung und Legitimation finden soll.

- **Telekommunikationsanbieter** z.B. für den D-2 Mobilfunk oder Mehrwertdienste **und Service-Betreiber** werden sich interne Datenschutzvorschriften mit entsprechenden Kontroll- und Schulungsmechanismen im Sinne einer desiderativen Erwartung geben.
  Externe Kontrollmechanismen werden dort, wo sie nicht schon durch die allgemeine Datenschutzgesetzgebung existieren, institutionalisiert werden; in der Folge werden Sanktionskataloge entstehen, um die Erwartungen enttäuschungsfester zu machen.

- In der **Arbeitswelt** wird es zu betriebsinternen Vereinbarungen zwischen Betriebsräten und Unternehmensführungen, z.B. bei der Einführung von speicherfähigen Nebenstellenanlagen oder von an Mobilfunk gekoppelte Rufbereit-

---

25 Diskurse als Element der TA-Debatte werden vom BMFT gezielt gefördert und z.Zt. durch einige wissenschaftlich-technische Vereinigungen realisiert. Vgl. Garbe, D., Lange K., Zum Stand der Technikfolgenabschätzung in der Telekommunikation, in diesem Band, S. 3-20.

schaften kommen. Letzteres wird nicht nur entsprechende Datenschutzverordnungen, sondern auch arbeitsvertragliche Regelungen berühren.

Die Wirkungsrichtung der anstehenden Normbildungen scheint eindeutig: Es geht stets um die Sicherstellung von mehr Privacy und zwar als Absicherung gegen Zugriffe des Staates, von Organisationen und/oder Interaktionsgemeinschaften. Dabei werden sich die Normierungen eher am Prinzip der Individualität und damit von Privacy ausrichten, als die Definition von Kommunikationsbedingungen durch die Technik zuzulassen.

5. Zusammenfassung

Die Anwendung allgemeiner soziologischer Theorie als methodisches Prinzip mit dem Ziel der Ermittlung von Reaktionsweisen des Handlungssystems auf eine Veränderung des über lange Handlungsketten mühsam ausbalancierten Verhältnisses von "Privacy-Gesellschaft" durch die Einführung moderner Telekommunikationstechnologien hat m.E. zu folgenden Ergebnissen geführt:

1. Die Sicherung von Privacy, also von Freiheitsrechten, der persönlichen Autonomie und der Individualität auch in Kommunikationsbeziehungen führt zu einer Reihe von **Normbildungsprozessen**. Neu zu entwickelnde Normen werden das Ziel verfolgen, den Eingriff der Technik in die Privatsphäre einzudämmen. Dabei wird es leichter fallen, über solche Normen Konsens zu erzielen, die die Telekommunikationsanbieter und -anwender betreffen, als über jene, die die (erweiterten) Zugriffsmöglichkeiten des Staates einschränken. Hier ist ein Ansatzpunkt für stetige Kritik und latentes Protestpotential.

2. Mit der Etablierung neuer Telekommunikationstechnologien werden sich neue **Rollen** entwickeln (s. Public-Key-Halter), alte Rollen in ihren Funktionen erweitern und/oder verändern (s. Datenschutzbeauftragte, Password-Halter). Eine weitergehende Anwendung rollentheoretischer Analyse auf unser Untersuchungsfeld könnte divergierende Erwartungen von Bezugsgruppen und potentielle Konfliktfelder im Kontext der Ausbalancierung von Privacy und Gesellschaft aufzeigen.[26]

---

26 Vgl. die in konflikttheoretischer Perspektive formulierten Gedanken von Höller, H.P., Leistungsmerkmale im Widerstreit von Kommunikationsinteressen, Vortrag auf der Diskussionsveranstaltung der ITG "Datenschutz im ISDN" am 27.11.1990 in Frankfurt, zur Veröffentlichung vorgesehen in: VDI/VDE Technologiezentrum (Hrsg.), Diskursprotokoll V-1 "Datenschutz im ISDN", Berlin, Frühjahr 1991.

3. Bezüglich der Veränderung von Verhalten im Umgang mit den neuen Telekommunikationstechniken kann davon ausgegangen werden, daß sich neue Verhaltensgewohnheiten entwickeln werden, um persönliche Autonomie und Freiheitsräume zu sichern. Insofern wird möglicherweise Leistungsmerkmalen wie der "Rufnummernanzeige" und "Ruhe vor dem Telefon" eine größere Bedeutung in der Praxis zukommen. Aber es werden sich auch Verhaltensweisen entwickeln, die die neuen Techniken z.B. im Kontext des Erreichbarkeitsproblems bei Mobilfunktechnologien unterlaufen werden.

4. In diesem Feld der aktuellen Reaktion auf Techniken können aber kaum Prognosen über die Richtungen von Verhaltensänderungen gewagt werden. Die Auswahl unter Handlungsalternativen hat das Individuum zu treffen, das zwar handlungstheoretisch gezwungen ist, Definitionen von Handlungsmustern durch die oben skizzierten Elemente von Interpenetrationsprozessen und Beschränkungen durch die kulturell geprägte Situationsdefinition, die Erwartungen der Interaktionspartner und die physisch-organische Umwelt (hier: Telekommunikationstechnik) hinzunehmen. Entscheidungen über konkrete Handlungsalternativen - und zwar orientiert an den dichotomischen Orientierungsalternativen - wird das Individuum unter Berücksichtigung der Stärkung der individuellen Entscheidungsfreiheit und der Sicherung von Autonomie, d.h. letztlich mehr Privacy, treffen wollen.

Teil III

Datensicherheit

7

TeleSec: Technische Grundlagen und organisatorische Umsetzung

Klaus-Dieter Wolfenstetter

Forschungsinstitut der DBP Telekom
Darmstadt

1. Grundmaximen moderner Informationssicherungssysteme

Die fortschreitende Abkehr von konventionellen Kommunikationsformen wie z.B. dem Telefonieren und die zunehmende Entwicklung der Kommunikationstechniken bis hin zur vielfältigen Vernetzung von Systemen mit Informationsverarbeitungscharakter kennzeichnen die heutige Telekommunikationslandschaft. Jedoch werden im gleichem Maße, wie sich die Kommunikationsinfrastruktur den Bedürfnissen eines modernen Wirtschafts- und Gesellschaftssystems anpaßt, die Anforderungen dieser Systeme an die Verfügbarkeit und Verläßlichkeit bzw. Vertrauenswürdigkeit wachsen. So sollen etwa Unversehrtheit oder Vertraulichkeit der übertragenen Information auch über heterogene Netze bzw. unterschiedliche Übertragungsmedien hindurch gewährleistet sein. Aber auch subtileren Bedrohungen, die sich z.B. gegen die Kompromittierung der Verbindungsinformationen richten, muß künftig wirksam begegnet werden können.

Dieses zum Teil neuartige Gefährdungspotential bei modernen K&I-Systemen muß identifiziert und analysiert werden und anschließend technisch machbare und wirtschaftlich vertretbare Gegenmaßnahmen entwickelt werden.

Die DBP Telekom unternimmt derzeit große Anstrengungen, ihre Dienstleistungen mit geeigneten optionalen, zusätzlichen Funktionen auszustatten. Damit werden nicht nur vordergründig die Akzeptanz bestehender Telekom-Dienstleistungen erhöht, sondern vor allem das Anwendungsspektrum (vorwiegend im Mehrwertdienstebereich) in der Kommunikation erweitert. Als Beispiele seien nur die allgemeine Anerkennung von solchen Rechtsgeschäften, die über Kommunikationsdienste abgewickelt werden, erwähnt. Hierzu gehören etwa die Bereiche Auftragsabwicklung, Beglaubigungen, Zahlungsverkehr, Handelsdatenaustausch, allgemeine Vertragsabschlüsse, Versand vertraulicher Dokumente usw.

Vertrauenswürdige Sicherheitsdienstleistungen, die zudem in einem weltweiten offenen Systemverbund, also in Netzen mit herstellerneutralen Kommunikationsschnittstellen, eingesetzt werden, erfordern die Offenlegung der eingesetzten Sicherheitstechnik. Dies betrifft vor allem

- öffentliche und veröffentlichte Kryptoverfahren
- standardisierte Kommunikationsschnittstellen zwischen Sicherheits- und Anwendungskomponenten
- Selbstverantwortlichkeit, Selbstbestimmung und Berücksichtigung des Anonymitätsanspruchs des Benutzers für seine individuelle Sicherheitsfunktionen
- Autarkie der Ende-zu-Ende Kommunikation
- rechtliche, organisatorische und technische Realisierung eines "vertrauenswürdigen Dritten" (Trust Center) für Funktionen der Vertrauensübertragung von z.B. Schlüsselmanagement, Personalisierung der teilnehmereigenen Sicherheitsmodule (Chipkarten)
- Prüfung der technischen Sicherheitskomponenten durch eine neutrale Instanz.

2. Ganzheitliches Sicherheitskonzept

Jedes Informationsverarbeitungssystem verarbeitet nicht nur Daten, indem es sie z.B. löscht, kopiert oder erzeugt, sondern transportiert auch Daten zwischen Prozessoren, Speichern, Peripherie usw. Man kann dieses als "kleines" Kommunikationssystem betrachten. Umgekehrt vermitteln moderne Kommunikationssysteme immer mehr Daten zwischen Rechnern, nutzen also in hohem Maße die Leistungen eines Informationsverarbeitungssystems. Unter diesem Gesichtspunkt sind Übertragungs-, Vermittlungs- und Dienstleistungen der Endgeräte im Entstehen (z.B. neuronale Netze, ATM, intelligente Netze usw.). Die neuen Möglichkeiten, denen das Zusammenspiel von Kommunikation und Informationsverarbeitung zu verdanken ist, erfordern dann aber auch das Zusammenwirken ihrer, ursprünglich getrennten Sicherheitsmechanismen. Im Sprachgebrauch der Sicherheitsexperten heißt dies, daß es weder auf COMSEC noch auf COMPUSEC alleine ankommt, sondern auf die gemeinsame INFOSEC - Obermenge, in der die übergreifenden, hybriden Sicherheitsmechanismen liegen. Jemand, dem der unberechtigte Zugang zu einem Kommunikationssystem mit modernen kryptografischen, chipkartengestützten Sicherheitstechniken verwehrt wird, kann auch kein Computervirus implantieren. Umgekehrt kann verhindert werden, daß ein als infiziert erkanntes Programm andere Programme eines Kommunikationssystems befällt.

Sicherheitsdefizite in verteilten Systemen lassen sich also selten getrennt als Probleme der Kommunikationssicherheit (COMSEC) oder Komponentensicherheit (COMPUSEC) behandeln. Darüber hinaus kommen häufig auch Probleme des Datenschutzes und damit auch solche aus dem betrieblich-organisatorischen Bereich hinzu.

Es macht daher wenig Sinn, viel Aufwand in die Entwicklung eines hervorragenden Kryptoverfahrens zu investieren, wenn eine korrekte sowie sicherheitstechnisch ausgewogene Implementierung dieses Verfahrens in das o.g. Umfeld nicht zu gewährleisten ist. Die Behandlung von Sicherheitsproblemen führt mit zunehmender Konkretisierung der Lösungen zu einem zwar anwendungsspezifischen, aber auch ganzheitlichen Sicherheitskonzept. Ziel der DBP Telekom ist es deshalb, diese Forderung nach Vollständigkeit bei der Entwicklung ihrer Sicherheitsdienstleistungen zu berücksichtigen.

3. Herkömmliche und künftige Projekte der DBP Telekom mit Sicherheitsattributen

Folgende Übersicht zeigt drei Klassen (oder besser: Generationen) von Sicherheitsprojekten der DBP Telekom, die sich im wesentlichen anhand ihrer Sicherheitsdienstleistungen und -techniken unterscheiden lassen.

1. Fu TelDienst Netz C:	Authentikation Tln ---> Netz
2. ÖKartTel:	Authentikation Tln ---> Netz (Kredit- und Debitfall)
3. Btx:	Authentikation Tln ---> Netz Authentikation Tln <--> Externer Rechner

Diese erste Klasse läßt sich am besten mit den Attributen Netzsicherheit oder Gebührensicherheit charakterisieren. Die Sicherheitsdienste beschränken sich weitgehend auf die einseitige Authentikation des Teilnehmers gegenüber dem Netz, also gleichsam eine "von unten nach oben Authentikation". Realisiert werden diese Sicherheitsfunktionen durch symmetrische Kryptosysteme, wobei allerdings keine vollständigen Chiffrieralgorithmen, sondern nur Einbahnfunktionen zur Anwendung kommen. Dabei wird vom Netz aus fälschungssicher und zweifelsfrei überprüft, ob der vermeintliche Kommunikationsteilnehmer im Besitz eines "Geheimnisses" ist. Die Kryptoalgorithmen selbst und die zu überprüfenden Daten sind in jeweils physikalisch gesicherten Bereichen - auf Netzseite in Sicherheitsmodulen und auf Teilnehmerseite in Prozessorchipkarten - vor einem möglichen direkten Ausforschen geschützt. Ziel der weiteren technischen Entwicklung ist eine multifunktionale Chipkarte (Smart Card), welche nicht nur die o.g. Zugangs- und Zugriffskontrolle abwickelt, sondern z. B. auch die Transaktionsdaten einer Kaufaktion der Händler- sowie Kundenbank authentisch übermittelt.

4. Paneuropäisches Mobilkommunikationssystem	Authentikation Tln ---> Netz Tln-Anonymität, Nachrichtenvertraulichkeit
5. DECT:	Authentikation Tln ---> Netz Nachrichtenvertraulichkeit

Die zweite Klasse besteht aus den Sicherheitsmerkmalen für Funktelefonsysteme wie z.B. dem GSM-Netz oder dem "Digital European Cordless Telephone" (DECT). Hier werden zwar dem Teilnehmer selbst Sicherheitsdienstmerkmale wie z.B. die "Privacy" im GSM-Netz angeboten, aber noch keine Ende-zu-Ende Merkmale. Die Sicherheitsdienstmerkmale sollen nur die Nachteile eines Funkübertragungssystems gegenüber der

Übermittlung im festen Netz kompensieren, und demnach nur die Luftschnittstelle absichern. Auch hier werden symmetrische Kryptosysteme wie Einbahnfunktionen und Chiffrieralgorithmen eingesetzt, die wieder in gesicherten Bereichen, also insbesondere in Chipkarten ablaufen.

5. Projekt TeleSec:	Authentikation Tln <---> Tln (Identitäten, Dokumente, Daten) Nachrichtenvertraulichkeit Anonymitätsfunktionen (später)

Dieses neue Projekt der DBP Telekom erfüllt schließlich die eingangs geschilderten Sicherheitsanforderungen nach Vertrauenswürdigkeit und Offenheit in einem weltweiten offenen Kommunikationssystemverbund. Zur Anwendung kommen symmetrische und asymmetrische Kryptosysteme. Konzeptionen, organisatorische Ausgestaltung, Protokolle und Algorithmen sowie die eingesetzten technischen Medien (z.B. Chipkarte mit RSA) entsprechen dem neuesten wissenschaftlichen Erkenntnisstand.

4. Das Projekt TeleSec

Bei der DBP Telekom sind an diesen komplexen Arbeiten im wesentlichen drei Organisationseinheiten beteiligt:

- Produktentwicklung TeleSec
  Gestaltung und Produktion der Sicherheitsdienstleistungen und ihrer Komponenten

- Forschungsinstitut der DBP Telekom mit Untersuchungen bestehender und Entwurf und Entwicklung neuer Sicherheitsschemata und kryptografischer Algorithmen; Datenschutztechniken

- Fernmeldetechnisches Zentralamt
  Bereich Kommunikationprotokolle und Sicherheitstechnik
  Normung von Chipkarten- und Sicherheitsprotokollen

Im Bereich der Sicherungsverfahren begann 1985 die Studienkommission VII des CCITT mit Grundsatzarbeiten zur Entwicklung einer Sicherheitsarchitektur für Datenübertragungssysteme, die inzwischen in der CCITT-Empfehlung X.509 "Authentication Framework" ihren Ausdruck findet. Diese Norm wurde in wesentlichen Teilen später auch von ISO als "International Standard" übernommen. Die DBP Telekom wirkte an diesen Standardisierungen maßgeblich mit, wobei die Arbeiten stets von externen Fachstudien im Bereich der Datensicherheit, eigenen Forschungsbemühungen im Bereich der kryptologischen Datensicherung und Realisierungsanalysen der Sicherheitsmechanismen anhand von Telematikprotokollen (z.B. X.400, Teletex, Temex) begleitet wurden. Am Ende der vorbereitenden Normungsarbeiten stand eine umfangreiche Bedrohungsanalyse mit passenden Gegenmaßen und eine formale (und weitgehend standardisierte!) Beschreibung der zu verwendenden Sicherheitsschemata und -algorithmen sowie der passenden Implementierungsmedien zur Verfügung.

Die Sicherheitsanforderungen bestehen demnach aus vier Hauptkomponenten:

- Systemsicherheit der Hard- und Software in den Telekommunikationsendsystemen
- datenschutzgerechte Sicherheit in der benutzten Kommunikationsinfrastruktur (z.B. TrustCenter) für das gesamte Management der Sicherheitsmodule bzw. benutzereigene Chipkarten
- anwendungsabhängige Kommunikationssicherheit inkl. Sicherheitsmanagement, Protokolle und Algorithmen
- Zutritts- und Zugriffskontrolle für Netzdienste sowie individuelle Applikationen (z.B. Datenbankabfragen)

An diesem Modell wird deutlich. daß nur ein Gesamtkonzept für Informationssicherheit den vielfältigen Anforderungen an Datensicherheit und Datenschutz gerecht werden kann. Deshalb begann eine Gruppe von Datensicherheitsexperten der DBP im Sommer 1988 ein derartiges Gesamtkonzept - mit dem Namen TeleSec - zu entwerfen.

Inzwischen gibt es bei TeleSec erste Ansätze, auch für das ISDN spezifische Sicherheitsmechanismen zu charakterisieren und schließlich auch zu realisieren. Diese Arbeiten konzentrieren sich z.Z. auf die Verschlüsselung der Sprache im B1-Kanal. Wie bei allen anderen - auch PC gestützten Diensten - wird auch hier eine Sicherheitsendeinrichtung vorausgesetzt, die aus einem Steuerungsteil, einem Authentifizierungsmodul, einem Verschlüsselungsmodul, einem Chipkartenleser, einer Tastatur und einem Display besteht. In der ersten Projektphase erfolgt die Übertragung der Synchronisationsinformation, die dem Kommunikationspartner den Chiffrierwunsch signalisiert, über den B-Kanal; es gibt also keinen Eingriff in den D-Kanal. Nach erfolgter Authentikation und

Schlüsselaustausch mit Hilfe der teilnehmereigenen Chipkarten läuft der Chiffrierprozeß selbst dann im Verschlüsselungsmodul ab. Es muß hier betont werden, daß diese vertrauliche Ende-zu-Ende-Kommunikation von den Benutzern in sicherheitstechnischer Hinsicht völlig autark abgewickelt wird. Es werden keine sensiblen teilnehmerbezogenen oder kompromittierenden Daten übertragen. Als Chiffrieralgorithmus wird derzeit eine gegenüber dem Original stark verbesserte Variante eines weltweit eingesetzten, offengelegten und vielfältigen kryptoanalytischen Untersuchungen unterworfenen Verfahrens, der sog. Data Encryption Standard, benutzt. Die Weiterentwicklung derartiger Sicherheitssysteme für das ISDN wie z.B: die Einbeziehung des D-Kanal-Protokolls, die Verschlüsselung der Nutzdaten auf der Schicht 3 (z.B. bei Datex-P oder die nachladbare Debit-Funktion für Chipkarten zur weitgehenden Anonymisierung des Benutzers wird zügig in Angriff genommen. Alle derartigen Sicherheitsdienstleistungen, die als "add on" sowohl für Basisdienste als auch Mehrwertdienste des ISDN einzuordnen sind, dürften die gesellschaftliche Akzeptanz des ISDN fördern.

Das folgende Bild zeigt wichtige Komponenten einer typischen Ende-zu-Ende Kommunikation mit den sicherheitsrelevanten Funktionen der einzelnen Geräte und Schnittstellen.

Schaubild 1: Security Terminal Equipment für eine PC <-> PC Umgebung

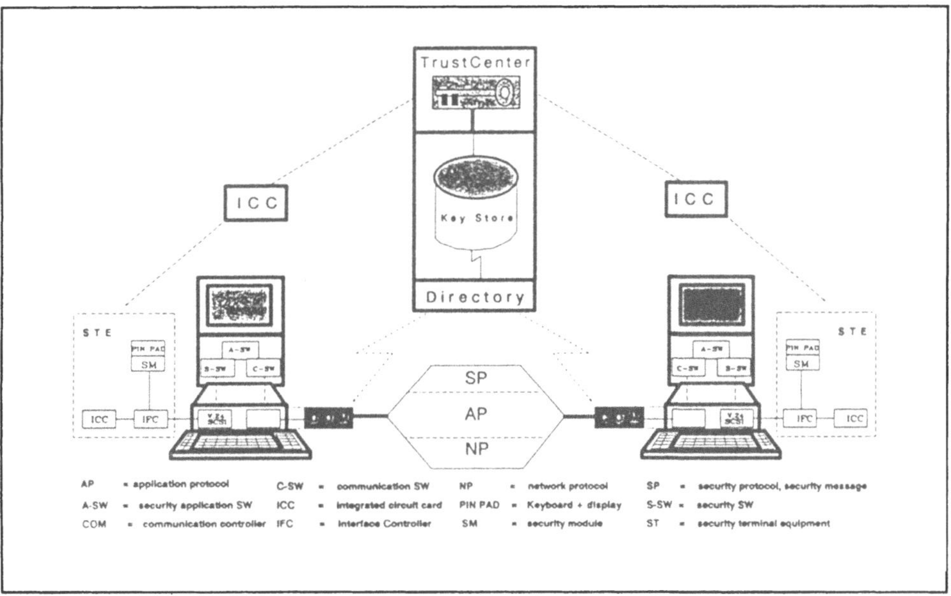

Quelle: FI der DBP Telekom

8

Verletzlichkeit und Verfassungsverträglichkeit technischer Verfahren zur Datensicherung[1]

Volker Hammer

Projektgruppe verfassungsverträgliche Technikgestaltung
Darmstadt

1. Die Verletzlichkeit der Informationsgesellschaft

Software ist fehlerhaft, informationstechnische Systeme sind anfällig für Betriebsstörungen, Programme können manipuliert oder ganze Softwarebestände mit Viren "verseucht" werden. Mit diesen Fragen der technischen Unsicherheit und den Manipulationsmöglichkeiten der Programmierer, Benutzer oder unbefugter Eindringlinglinge sind alle Betreiber von Datenverarbeitungssystemen konfrontiert. Dies gilt auch für die moderne elektronische Betriebs- und Vermittlungstechnik in Telekommunikationsnetzen wie im öffentlichen ISDN oder privaten Telekommunikationsanlagen. So fiel 1988 gleich zwei-

---

[1] Der Beitrag entstand im Rahmen des vom Bundesminister für Forschung und Technologie geförderten Kooperationsprojekts der "Projektgruppe verfassungsverträgliche Technikgestaltung" (provet), Darmstadt und der Gesellschaft für Mathematik und Datenverarbeitung (GMD) Darmstadt "Verletzlichkeit und Verfassungsverträglichkeit rechtsverbindlicher Telekooperation. Wertvolle Hinweise zu diesem Aufsatz verdanke ich Prof. A. Roßnagel und Dipl. Inform. Ulrich Pordesch, provet.

mal eine softwaregesteuerte Fernvermittlungsstelle in Frankfurt durch einen Software-Fehler aus.[2] In einem anderen Fall wird berichtet, die Mafia habe einen Systementwickler beauftragt, in der Software für ein arabisches Bankennetz eine "Falltür" zu installieren.[3]

Der Ausfall eines Techniksystems kann bereits heute weitreichenden gesellschaftlichen Schaden verursachen. So sind zuverlässige Telekommunikationsverbindungen genauso Voraussetzung für das Funktionieren von Just-in-Time-Produktionen oder integrierten Warenwirtschaftssystemen wie sie für den elektronischen Zahlungsverkehr oder die papierlose Verwaltung erforderlich sein werden.

Gerade Telekommunikationsnetze schaffen die Möglichkeiten der umfassenden Vernetzung und führen so zur engeren Kopplung zwischen verschiedenen Institutionen. Durch die Möglichkeiten des Fernzugriffs und der Verarbeitungskapazitäten der angeschlossenen Computersysteme wächst die Vielfalt und der Umfang der DV-Anwendungen und damit die Abhängigkeit der Betreiber von ihrem Funktionieren. Der Einsatz der gleichen Software (mit den gleichen Fehlern oder Angriffsmöglichkeiten) in sonst unabhängigen Systemen kann zum gleichzeitigen Ausfall der "DV-Versorgung" in einer ganzen Branche führen. Die "Produkte" der Anwendung, also die Dienstleistung, die Verwaltungsfunktion der Behörde, der Produktionsprozeß können wiederum gesellschaftlich unverzichtbare soziale Funktionen sein. Immer mehr existenzielle Voraussetzungen des gesellschaftlichen Lebens, die heute erst wenig von Informations- und Kommunikationstechnik abhängig sind, können deshalb in Zukunft nur aufrechterhalten werden, wenn Informations- und Datenübertragungssysteme zu jeder Zeit verfügbar sind.[4]

Infrastrukturen wie das Telekommunikationsnetz werden deshalb in arbeitsteiligen modernen Industrienationen immer mehr zu Lebensadern der Gesellschaft. Die Systeme dürfen nicht versagen. Daher bemühen sich Techniker, die Sicherheit von DV-Systemen zu erhöhen. Zugangs- und Zugriffskontrollen werden verbessert, Verschlüsselungsverfahren sollen die Vertraulichkeit von Informationen gewährleisten oder elektronische Dokumente mit Hilfe elektronischer Unterschriften so sichern, daß Verfälschungen erkannt werden können.

---

2 Frankfurter Rundschau vom 10.2. und 5.3.1988.

3 Wong, K., Data Security - Watch out for the New Computer Criminal, in: Datenschutz und Datensicherung, 1987, S. 135.

4 Vgl. zum Problem der Verletzlichkeit: Roßnagel, A., Wedde, P. Hammer, V. Pordesch, U., Die Verletzlichkeit der Informationsgesellschaft, Opladen, 1989.

Doch die Anstrengungen zur technischen Sicherung alleine werden nur teilweise Erfolg haben. Denn auch Sicherungssysteme werden - wie andere Programme - Fehler aufweisen oder mit unerwarteten Angriffen[5] konfrontiert werden. Physische Attacken wie gezieltes Zerstören von Telefonkabeln, wie es in Sidney 1987) geschah[6], oder Bombenanschläge können in ihrer Wirkung allenfalls begrenzt, nicht aber ausgeschlossen werden.

Auch kontraproduktive Effekte sind zu berücksichtigen. Sicherungskonzepte wie Verschlüsselungsverfahren können einerseits Risiken der Ausspähung vermindern. Verliert der Betreiber jedoch seinen Schlüssel, dann sind lediglich die verschlüsselten Daten verfügbar und der dringend notwendige Zugriff zum Klartext bleibt versperrt. Die Auslagerung von Sicherungskopien oder Ausweichrechenzentren im "hot-stand-by"-Betrieb verringern das Risiko eines schwerwiegenden Ausfalls. Gleichzeitig erhöhen sie aber die Chance für Unbefugte, vertrauliche Daten auszuspähen.

Unzureichende Sicherungsmaßnahmen werden in Kauf genommen, weil ihre konsquente Realisierung die Effizienz beeinträchtigt, umfassende Planungen und zusätzliche Ressourchen erfordert und deshalb schlicht zu teuer ist. Die sozialen Voraussetzungen einer zuverlässigen Techniksicherung werden in der Regel hohen Anforderungen ebenfalls nicht gerecht werden: das Bedienpersonal begeht Fehler, Paßworte sind schwer zu merken und werden notiert, Koordinationsfehler, Bequemlichkeit und Ermüdung führen zu Sicherheitslücken.[7] Und nicht zuletzt können Insider erpreßt werden oder selbst Motive für Angriffe auf die Technik haben. Sie werden in jedem Fall als Systementwickler oder Operateure die Möglichkeit haben, Informations- und Steuerungssysteme auszuschalten.

Damit können die wesentlichen Faktoren benannt werden, die die Verletzlichkeit der Gesellschaft bestimmen:

- das soziale Schadenspotential im Anwendungsfeld
- die Schadenswahrscheinlichkeit und die Anziehungskraft der Technik auf mögliche Angreifer
- die realisierten Sicherungsmaßnahmen und
- deren Zuverlässigkeit.

---

5 Viele Angreifermodelle gehen z.B. lediglich von einem Täter aus.
6 The Australian, vom 23.11.1987, nach Risk-Digest 5, No. 73 vom 13.12.1987, S. 1.
7 Vgl. dazu z.B.:Bericht des Bundesrechnungshofes über die Sicherheit der Informationsverarbeitung in Rechenzentren der Bundesverwaltung vom 28.2.1990, Bundestagsdrucksache Nr. 11/7691.

2. Verletzlichkeit und Sicherungszwang

Die möglichen Fehlerquellen können nicht vollständig ausgeräumt, Systeme nicht vollständig gegen Angreifer gesichert werden. Was aber geschieht, wenn durch eine logische Bombe beispielsweise alle Vermittlungssysteme eines Typs des öffentlichen Kommunikationsnetzes zu einem Zeitpunkt ausfallen? Eine versehentliche Störung dieses Typs trat Anfang 1990 in den USA auf, als 114 Netzknoten von AT&T aufgrund des gleichen Software-Fehlers zusammenbrachen.[8]

Die Schäden eines künftigen mutwilligen Angriffs sind kaum abschätzbar: die Versorgung der Bevölkerung ist durch den Ausfall von Warenwirschaftssystemen, Just-in-Time-Produktionen und durch den Zusammenbruch des Transportwesens nicht mehr sichergestellt. Sicherheitsdienste und das Rettungswesen können ohne Kommunikationstechnik nur noch schwer auf die Lage reagieren und werden durch das zu erwartende Verkehrschaos weitgehend handlungsunfähig. Das Zahlungssystem bricht ohne elektronische Zahlungsmittel zusammen, Banken können auf den internationalen Geld- und Börsenplätzen nicht mehr reagieren. In den Haushalten sind Informationsdienste, Teleshopping oder Fernwirkdienste, das Telefon und - bei der Nutzung von Breitband-ISDN - unter Umständen sogar die Massenmedien nicht mehr verfügbar. Panikreaktionen der Bevölkerung werden die Krise verschärfen.

Solche Katastrophen dürfen nicht eintreten. Zwar werden technische Sicherheitsmaßnahmen verbessert. Doch dies schließt Fehler und Manipulationen nicht aus. Durch die wachsende Abhängigkeit der Gesellschaft wird die Notwendigkeit präventiver Maßnahmen deshalb weiter steigen. Um einen hohen Grad an Sicherheit zu gewährleisten, müssen gerade auch die Menschen, die an den Systemen arbeiten, vertrauenswürdig sein. Das wachsende Schadenspotential wird einen unausweichlichen Druck auf Politik und Sicherheitsbehörden zu personenbezogenen Sicherheitsmaßnahmen erzeugen.

Heutige Sicherungsanstrengungen zielen vorrangig auf rein technisch-organisatorische Maßnahmen.[9] Sie berücksichtigen nicht, daß künftige Entwicklungen die Abhängigkeit der Gesellschaft von Informationstechnik erhöhen werden und im Rahmen der fort-

---

8 Vgl. Time, vom 29.1.1990, S.28f; Newsweek, vom 29.1.1990; S.42ff. Allein die Einnahmeverluste wurden auf 60 Mio US$ geschätzt.

9 Vgl. z.B. Entwurf eines Gesetzes über die Errichtung des Bundesamtes für die Sicherheit in der Informationstechnik, Kabinettsvorlage des BMI vom 12.2.1990; Bizer, J., Hammer, V. , Pordesch, U., Roßnagel, A., Ein Bundesamt für die Sicherheit in der Informationstechnik - Kritische Bemerkungen zum Gesetzentwurf der Bundesregierung in Datenschutz und Datensicherung, Nr. 4, 1990, S. 178ff.

schreitenden Techniknutzung und der Diversifikation persönlicher Werthaltungen die Motive für Angriffe gegen Informations- und Kommunikationstechnik zunehmen können.

Wird diese Bedrohung allerdings erst in der Zukunft erkannt und hat ein falsches Vertrauen in unvollkommene Technik, Organisationsformen und Menschen zu einer hohen Abhängigkeit geführt, dann bleibt nur die Entscheidung zwischen Freiheit und Sicherheit. Um die dann bestehenden Risiken zu minimieren, muß die Zuverlässigkeit der Mitarbeiter durch Ein- und Ausgangskontrollen, Arbeitsüberwachung und Personenüberprüfungen sichergestellt werden. Je größer die Abhängigkeit der Gesellschaft von der Technik und je höher das Bedürfnis nach Sicherheit wird, desto stärker werden auch die Freiheitsgrundrechte von Systementwicklern, Bedienpersonal, deren sozialem Umfeld und potentiellen Angreifern aus Randgruppen der Gesellschaft eingeschränkt werden.

An diesem Punkt berühren sich die beiden Kriterien Verletzlichkeit und Verfassungsverträglichkeit. Denn mit dem Kriterium der Verfassungsverträglichkeit wird geprüft, wie künftige Technikanwendungen die Realisierungsbedingungen von Grundrechten beeinflussen werden.[10] Die Verletzlichkeit der Informationsgesellschaft beeinflußt diese Realisierungsbedingungen zum einen in der Form sozialer Kosten von Sicherungsmaßnahmen. Sofern die Techniksysteme ausfallen können und damit Existenxbedingungen verletzt werden, kann außerdem die Pflicht der Daseinsvorsorge des Staates verletzt sein.

Dieser Zielkonflikt zwischen Freiheit und Sicherheit ist jedoch nicht unauflöslich. Mit geeigneten Strategien wie Dezentralisierung, Diversifikation, Redundanz, und insbesondere dem Erhalt von Substitutionsmöglichkeiten kann das Schadenspotential vermindert werden. Ein extremer Sicherungszwang wird so vermieden, da beim Ausfall eines Techniksystems die sozialen Funktionen noch in anderer Weise bereitgestellt werden können. Somit wird auch die Vorsorgepflicht erfüllt. Das Schadenspotential ist der maßgebliche Faktor für die künftigen Sicherungszwänge. Es kann jedoch nur dann beeinflußt werden, wenn ein früher Einfluß auf die Gestaltung und Nutzung von Informationstechnik genommen wird.

---

10 Vgl. zum folgenden: Roßnagel, A., Wedde, P. Hammer, V. Pordesch, U., Digitalisierung der Grundrechte - zur Verfassungsverträglichkeit der Informationsgesellschaft, Opladen, 1990.

3. Verfassungsrechtliche Chancen von Sicherungsmechanismen

Infomationstechnik durchdringt alle Lebensbereiche der Gesellschaft. Sie wird in vielerlei Hinsicht die Lebensbedingngen des Einzelnen verändern. Neben der Verminderung von Problemen der Verletzlichkeit könnten technische Sicherungsmechanismen auch eingesetzt werden, um Grundrechte in der Informationsgesellschaft zu schützen oder ihre Realisierungsbedingungen sogar zu verbessern. Sie können Probleme, die durch neue Technologien entstehen, unter Umständen auffangen oder sogar verfassungsnützlich wirken.

Vertraulichkeit

In Informations- und Kommunikationssystemen werden Nachrichten für Dritte zugänglich. Übermittelte Daten und Sprache in Telekommunikationsverbindungen können leichter ausgeforscht werden,[11] die Umstellung der Brief- auf elektronische Post bereitet Inhaltsdaten sogar maschinenverarbeitbar auf. Neue Speicherdienste im Programm von Dienstanbietern unterstützen die zeitliche Entkopplung von Kommunikation, die gespeicherten Nachrichten sind dem Betreiber jedoch unmittelbar zugänglich.

Für diese Fälle können symmetrische Verschlüsselungsverfahren und Public-Key-Systeme Nachrichten vor unberechtigter Einsichtnahme schützen. Sofern der Einzelne autonom über die Verschlüsselung von Nachrichten entscheiden kann, tragen Kryptoverfahren zum Ausbau des Fernmeldegeheimnisses nach Art. 10 GG bei. Sie fördern dadurch gleichermaßen die Gewährleistung der Meinungsfreiheit und des Geschäftsgeheimnisses (freie Ausübung des Berufs).

Gewährleistung von Anonymität

Folgt die Entwicklung dem gegenwärtigen Trend, dann können in der Informationsgesellschaft viele Alltagshandlungen nicht mehr in dem Maße anonym durchgeführt werden, wie dies heute der Fall ist. Beispielweise offenbart der Inhaber einer Scheck- oder Kreditkarte bei elektronischen Kaufhandlungen gegenüber dem Händler seine Identität und gegenüber dem Dienstbetreiber und der Bank Daten seiner Kaufbeziehung. Diese Institutionen können ihr Wissen ausnutzen, um Kundenströme zu lenken und Einzelne in ihrem Alltagshandeln zu beeinflussen.

---

[11] So konnten in Berlin im April und Mai unter bestimmten Rufnummern zufällig Telefongespräche aus dem öffentlichen Netz abgehört werden. Berliner Tagesspiegel, vom 22.5.1990; Berliner Morgenpost, vom 22.5.1990.

Konzepte wie TeleSec[12] oder TeleTrust[13] könnten die Voraussetzungen schaffen, um weiterhin in vielen Alltagshandlungen Anonymität oder zumindest "Pseudonymität"[14] zu erhalten. Dies würde dem Bürger erlauben, weiterhin im Alltag in den verschiedenen sozialen Zusammenhängen jeweils die Rolle anzunehmen, die er für angemessen hält. Sein Recht auf freie Entfaltung der Persönlichkeit würde in der Informationsgesellschaft geschützt. Gleichzeitig könnten solche Verfahren dazu beitragen, daß Sachzwänge zur Preisgabe personenbezogener Daten vermieden werden. Die Anforderungen des Rechts auf informationelle Selbstbestimmung[15] der Freiwilligkeit der Datenpreisgabe und die Transparenz für die Betroffenen würden durch die Entscheidungsfreiheit des Einzelnen gewährleistet.

Zugang zu Datenbanken

Die gleichberechtigte Nutzung offener Systeme im Fernzugriff über Telekommunikationsnetze scheitert heute oft schon an Zugangshürden, die sich zum Teil aus Sicherungsproblemen und Schwierigkeiten bei der Abrechnung von Einzel-Anfragen ergeben. Bereits durch die Zugangsvoraussetzungen wird darüber entschieden, wer über bestimmte Informationen verfügen kann und wer nicht. Verläßliche Zugangs- und Zugriffskontrollverfahren könnten dazu beitragen, daß mehr Bürger über offene Systeme Zugang zu Informationen erhalten, die sie im Beruf, für die politische Meinungsbildung und ihre Orientierung im Alltag benötigen. Sie wären daher eine von mehreren Voraussetzungen, um die Informationsfreiheit und den Gleichheitsgrundsatz zu stärken.

Da in der Zukunft qualitativ hochwertige und zuverlässige Informationen eine immer wichtigere Voraussetzung für die persönliche Entscheidungsfindung werden, könnten so auch die Bedingungen der demokratischen Willensbildung erhalten, vielleicht sogar verbessert werden.

---

12 Vgl. z.B. Kowalski, B., Wolfenstetter, K.D., Trust Center für öffentliche Netze, in: Informationstechnik -it, Nr.1, 1990, S. 46ff.

13 Vgl. z.B. verschiedene Autoren in: GMD-Spiegel, Heft 1, 1986 und Heft 1, 1988.

14 Kaufhandlungen erfolgen "relativ" anonym, die Identität ist jedoch im Streitfall feststellbar. Solche Konzepte beinhalten jedoch wiederum häufig Sicherheitsprobleme. Vgl. dazu Hammer, V., TeleTrust: Verletzlichkeit und Verfassungsverträglichkeit eines Konzeptes für rechtssichere Transaktionen in der Informationsgesellschaft, DuD Nr.8, 1988, S.391ff.

15 BVerfGE 65, I (43f), (Volkzählungsentscheidung).

Verwirklichung von Datensicherung und Revision

Moderne Vermittlungstechnik ist softwaregesteuert. Der Vorteil der Variabilität der ISDN-Betriebsführung wird jedoch mit einer Fülle von unkontrollierbaren Möglichkeiten der Erfassung, Speicherung und Auswertung personenbezogener Daten erkauft. In den Datenschutzgesetzen - als rechtliche Konkretisierung des Rechts auf informationelle Selbstbestimmung - werden jedoch allgemeine Anforderungen an die Datensicherung festgelegt, die solche Risiken begrenzen sollen.[16] Diese Anforderungen bleiben in der Praxis jedoch weitgehend wirkungslos, wenn sie nicht technisch unterstützt werden. So ist durch geeignete Protokollierungsmechanismen und Zugriffssicherungen die Voraussetzungen für die Vollständigkeit und Auswertbarkeit von LOG-Protokollen zu schaffen.[17] In diesem Sinne können technische Sicherungsverfahren auch indirekt zur Einhaltung von Rechtsvorschriften beitragen und damit die Ziele von Grundrechten unterstützen.

4. Risiken vermeiden - Chancen nutzen

Heute finden Kriterien wie Verletzlichkeit oder Verfassungsverträglichkeit in die Technikgestaltung noch keinen unmittelbaren Eingang. Systeme und Anwendungen werden erst bewertet, wenn sie bereits fertig entwickelt sind und in der Praxis beispielsweise Akzeptanzprobleme auftreten. Mögliche Alternativen der Technikentwicklung können dann nicht mehr realisiert werden, denn sie hätten hohe Änderungskosten zur Folge. Unglückliche internationale Standards können eine rechtsgemäße Gestaltung von Systemen genauso behindern wie verfestigte soziale Strukturen.

Nur eine präventive Technikgestaltung gewährleistet, daß gesellschaftliche und soziale Risiken und die daraus resultierenden Anforderungen an die Technik in frühen Entwicklungsphasen von Informations- und Kommunikationssystemen erkannt und Fehlinvestitionen vermieden werden können. Dazu bedarf es einer breiten gesellschaftlichen und wissenschaftlichen Diskussion. Sie kann helfen, daß Alternativen der Technikentwicklung offengehalten, demokratische Entscheidungen über die Techniknutzung möglich und die Akzeptanz durch die Betroffenen gesichert werden.

---

16 § 6 BDSG; entprechend in den Landesgesetzen z.B. § 10 HDSG.

17 Einige technische Anforderungen dazu werden diskutiert in Hammer, V. Pordesch, U. Roßnagel, A., Prüfung des rechtsgemäßen Betriebs von ISDN-Anlagen, provet, Darmstadt, 1990.

Geeignete technische Systeme sind jedoch nur eine von mehreren Voraussetzungen, die die Verfasssungsverträglichkeit der Informationsgesellschaft gewährleisten könnten. Erst wenn Politik, Recht, die Bereitstellung von Infrastruktur und die strukturelle Organisation von Anwendungsfeldern geeignete Rahmenbedingungen schaffen, können die eben beschriebenen Chancen der Informationstechnik in der künftigen Gesellschaft erschlossen werden. Zielkonflikte zwischen der Nutzung der Technik zur Gewährleistung von Grundrechten und der Verringerung der Verletzlichkeit der Gesellschaft sind dabei zu berücksichtigen.

Teil IV

Mobilfunk

9

Entwicklungstrends bei den Mobilfunktechnologien

Josef Kedaj

Deutsche Bundespost Telekom
Bonn

Schon seit Beginn der Telekommunikation war es der Wunsch der Nutzanwender von Telekommunikationseinrichtungen, die Endgeräte möglichst mobil zu nutzen. Dies kann man in der Wohnung mit Hilfe einer langen Anschlußschnur oder aber "schnurlos" über den Mobilfunk realisieren.

Nachdem mobile Funkdienste lange Zeit ein technologisches Schattendasein fristeten, sind sie nun in allen industrialisierten Ländern in die vorderste Reihe der Innovation der Telekommunikation getreten. Das ist einerseits das Ergebnis intensiver Forschung und innovativer technologischer Durchbrüche, andererseits haben aber auch kühne kommerzielle Initiativen der Dienstebetreiber zu dem gewaltigen Aufschwung beigetragen. Anstelle der ursprünglich sehr begrenzten Marktsegmente infolge extrem hoher Preis- und Kostensituation sind heute durch konsequente Marktöffnung Anreize für die Nutzer geschaffen worden, sich mobiler Funkdienste in gleichem Maße und mit gleicher Selbstverständlichkeit zu bedienen, wie man Videorecorder oder Kompaktplattengeräte benutzt.

Aus der ursprünglichen mobilen Sprachübertragung mit Hilfe des mobilen Funktelefons haben sich inzwischen eine Reihe neuer spezieller Anwendungen entwickelt und zwar hinsichtlich des Funkrufs, der Bündelfunknetze, der Funknebenstellenanlagen, der maritimen und aeronautischen Mobilkommunikation. Jede Anwendung, d.h. jeder spezielle Dienst, bietet immer umfangreichere Möglichkeiten der Informationsübertragung zu unterschiedlichen Zwecken. Durch diese wachsende internationale Sprach- und Datenübertragung wachsen mobile Funkdienste aus Sicht des Kunden mehr und mehr in den Wettbewerb mit den herkömmlichen Diensten in den Festnetzen hinein. Mit Funktelefonen in fahrenden Eisenbahnzügen im Raum Berlin fing es vor mehr als 70 Jahren an. Die technischen Entwicklungen haben seit damals beachtliche Veränderungen auf diesem Gebiet gebracht. Große Fortschritte im technologischen Bereich ermöglichten die Herstellung von Mobilfunkgeräten mit immer mehr Anwendungsmöglichkeiten, mit immer kleinerem Volumen und mit relativ niedrigen Preisen.

1. Die Vielfalt im Mobilfunk

Inzwischen gibt es eine große Vielfalt von Mobilfunkanwendungen, solche die jedermann zugänglich sind und solche, die nur von einem eingeschränkten Personenkreis genutzt werden können. Eine besondere Nutzanwendung des Mobilfunks ist die Navigation und Ortung (zu Land, zu Wasser und in der Luft).

Beim allgemeinen Mobilfunk konzentriert sich die Hauptnutzung auf den Landfunk. Seefunk und Flugfunk stellen Marktnischen dar.

Der mobile Landfunk wird grob in einen öffentlichen und einen nichtöffentlichen Mobilfunk eingeteilt. Dies sind ordnungspolitische Begriffe und sagen im wesentlichen aus, ob Systemanordnungen an das öffentliche Telekommunikationsnetz angeschlossen sind und von Dritten genutzt werden können.

Schaubild 1: Mobilfunktechnologien im Überblick

jedermann zugänglicher Mobilfunk		**Mobilfunk, zugänglich für eingeschränkten Personenkreis**	**Navigation, Ortungsfunk**
Funktelefon (Netze A,B,C,D,E usw.) **Funkruf (Eurosignal, Cityruf, Ermes usw.)** **Nachrichten an einen oder mehrere Empfänger** **Bündelfunk** **Funknebenstellenanlagen-Schnurlose Telefone (CT1, CT1+CT2, DECT)**	**Flugfunk (terrestrisch, über Satellit)** **Rheinfunk** **Seefunk (terrestrisch, über Satellit)** **Mobiler Satellitenfunk (Funkruf, Daten, Sprache)** **Citizen Band** **Digital Short Range Radio (DSRR)**	**Privater Mobilfunk (konventionell, analoger oder digitaler Bündelfunk)** **Betriebsfunk** **BOS-Funk** **DB-Funk** **Personen-Ruffunk** **Grundstückssprechfunk** **Seefunk** **Flugfunk (terrestrisch, über Satellit)** **Amateurfunk**	**Seefunk** **Flugfunk** **Positionsfunk (terrestrisch, über Satellit)**

2. Bedeutung des Mobilfunks

Der Mobilfunk steht weltweit und insbesondere in Deutschland am Anfang seiner Entwickung. Waren Anfang 1990 in den Mobilfunkdiensten ohne die besonderen Einrichtungen für die Sicherheitsdienste wie Polizei, Feuerwehr, Krankentransport aber einschließlich des Betriebsfunks 1.1 Millionen Kunden angeschlossen, werden es vorsichtig geschätzt im Jahre 2000 über 10 Millionen sein, also etwa eine Verzehnfachung.

Schaubild 2: Teilnehmerentwicklung im Mobilfunk[1]

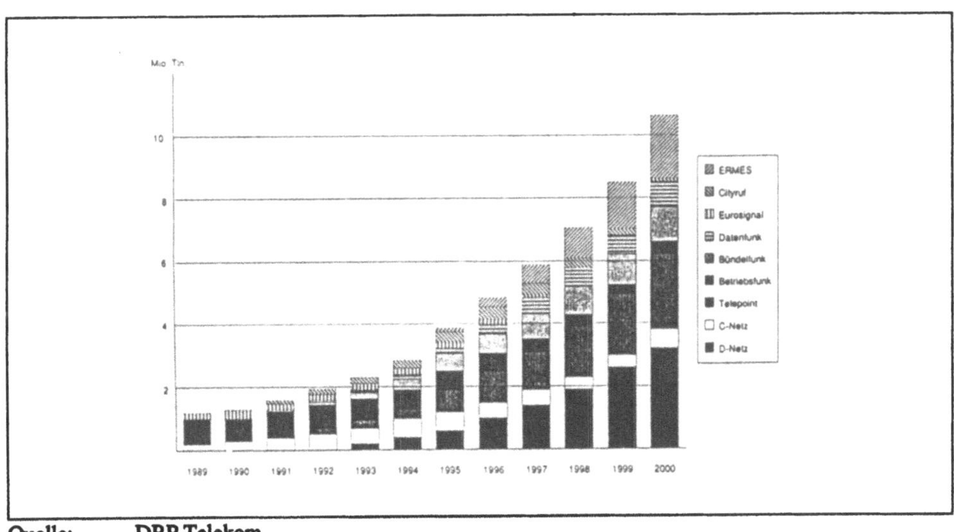

Quelle: **DBP Telekom**

[1] Gilt für die alten Länder der Bundesrepublik Deutschland.

Über das Jahr 2000 hinausgehende Schätzungen sprechen davon, daß in den hochindustrialisierten Ländern im Durchschnitt auf jeden Haushalt ein Mobilgerät kommen wird. Das bedeutet, daß zu jedem Festnetzanschluß im Schnitt auch ein Mobilfunkgerät verfügbar sein wird.

In diesen Schätzungen wird unterstellt, daß die Technologieentwicklung im Mobilfunk zu noch höherer Integration von Funktionen in der Chip-Technologie fortschreitet, die Netzelemente und die Endgeräte nicht zuletzt auch wegen der Massenproduktion preiswerter, die Tarife für die Netznutzung reduziert, der Stromverbrauch und damit die Abwärme wesentlich verringert und schließlich die Endgeräte einschließlich Batterie zwischen 100 und 300 g wiegen werden.

3. Entwicklungstrends im öffentlichen mobilen Landfunk

Für die zweiseitige Kommunikation werden in der Bundesrepublik Deutschland (incl. der neuen Bundesländer) zur Jahreswende 1990/91 das **B/B 2-Netz** mit ca. 18 770 Teilnehmern und das zellulare **C-Netz** mit 273 860 Teilnehmern betrieben, das die Anrufbarkeit im mobilen Zustand (ohne Kenntnis des Aufenthaltsortes für den Anrufenden) und eine "unterbrechungsfreie" Gesprächsverbindung beim Wechsel von Funkzellenbereichen ermöglicht. Dieses Netz ist aber noch, wie andere vergleichbare zellulare Netze in Europa und Übersee, ein nationales analoges Netz und nicht grenzüberschreitend im Sinne von betrieblicher Nutzung in anderen Ländern.

Im Bereich des Bündelfunks werden unter dem Namen **Chekker** Pilotprojekte erprobt. Mit einer Lizenzvergabe für Wettbewerber ist im 2. Quartal 1991 zu rechnen.

Im Bereich des schnurlosen Telefons mit Einsatz an öffentlichen Sprechstellen, auch **Telepoint** genannt, sind im Oktober 1990 die Pilotversuche angelaufen.

Für die einseitige Kommunikation ist das Eurosignal seit 1974 mit dem "Pieps"-Ruf mit gegenwärtig über 204 610 Teilnehmern und der Cityruf mit über 64 010 Teilnehmern in Betrieb.

Die Zukunft in der zweiseitigen Kommunikation gehört dem digitalen GSM-System, in der Bundesrepublik Deutschland **Funktelefonnetz D** genannt, das als europäisches System grenzüberschreitend nutzbar werden und neben der Sprachübermittlung eine Fülle von Daten und Telematikdiensten ermöglichen soll. Durch eine britische Initiative ist ein neues System in die Diskussion gebracht worden, das **PCN (Personal Communication**

Network). Dieses System, für das zwar bereits Lizenzen vergeben wurden, dessen Konzept aber erst noch erarbeitet werden muß, zeigt Ansätze der Zusammenführung von reinen zellularen Mobilfunknetzen mit Schnittstellen zu den Festnetzen auf höherer Vermittlungsebene und den digitalen Systemen mit Schnittstellen zu den Ausläufern des Festnetzes auf Ortsebene. Am Horizont ist bereits ein System erkennbar, das zu einem weltweiten Massenmarkt im Mobilfunk im weitesten Sinne führen kann, dem **FPLMTS (Future Public Land Mobile Telecommunication System)**, an dem bereits der CCIR (International Radio Consultative Committee) als weltweites Funkkoordinierungsgremium arbeitet. Die Europäische Gemeinschaft arbeitet im Rahmen ihres Race-Programms 81043) an Forschungen mit vergleichbaren Zielsetzungen am **UMTS (Universal Mobile Telecommunication System).**

In der BR Deutschland könnte dieses System **Funktelefonnetz E** heißen und zur Jahrtausendwende eingeführt werden. Dieses System könnte als Globalsystem die Vorteile des Mobilfunks sowohl in den zellularen Netzen als auch bei den "schnurlosen" Telefonen und darüber hinaus auch der Mobilität am Festnetz durch entsprechende Kundenkreditkarten vereinigen. Die frequenztechnischen Voraussetzungen sollen auf der WARC 92 (World Administrative Radio Conference 92) geschaffen werden.

Beim **Bündelfunk** wird an der Standardisierung einer Digitalversion für die Übertragung von Sprache und Daten gearbeitet. Bei den schnurlosen Telefonen wird es bald eine Digitalversion geben, die an Hausanschlüssen, an öffentlichen Sprechstellen und an Nebenstellenanlagen nutzbar sein wird.

Im Bereich der einseitigen Kommunikation wird innerhalb der nächsten zwei Jahre ein europäisches Funkrufsystem **Ermes** (European Radio Message System) zur Einführung bereitstehen.

4. Technologieentwicklung

Wie im Festnetz wird auch in Mobilfunksystemen immer mehr die Digitaltechnik statt der bisher üblichen Analogtechnik eingeführt. Hat das B/B 2-Netz eine ausschließlich analoge Funkübertragung, so ist im C-Netz bereits eine Mischform vorhanden, Analogübertragung auf den Sprechkanälen und digitale Signalisierung auf den Organisationskanälen sowie in den D-Netzen eine ausschließlich digitale Funkübertragung auf Sprech- und Signalisierungskanälen.

Der Vorteil der Digitalisierung liegt darin, daß alle Kommunikationsarten, seien es Sprache, Daten, Texte oder Bilder, durch einheitliche Elementarzeichen, nämlich die Binärzeichen 0 und 1, übertragen werden können. Die auf diese Weise kodierten Informationen lassen sich mit elektronischen Mitteln verhältnismäßig einfach übertragen, verarbeiten, vermitteln usw.

Ein weiterer wesentlicher Gesichtpunkt der Digitaltechnik ist ihre Fähigkeit, die Integration (das Zusammenfassen verschiedener Funktionen) sowohl innerhalb eines Systems als auch verschiedener Dienste zu begünstigen, da eine einheitliche Technologie, z.B. für das Übertragen, Vermitteln und Steuern verschiedener Informationen genutzt wird, was zu weiteren Kostensenkungen führen kann. Digitale Systeme können außerdem einen deutlichen Beitrag zum Verbessern der Güte bestehender Dienste leisten. Das Digitalisieren bringt größere Leistungsfähigkeit bei niedrigeren Kosten.

5. Netzentwicklungen

Bei der Entwicklung des Mobilfunks spielt die Frage eine große Rolle, ob die einzelnen Systeme ein eigenständiges Netz darstellen oder eine drahtlose Ergänzung des Festnetzes bilden.

Ein eigenständiges Netz muß wichtige Netzfunktionen erfüllen, um im eigenen Netz eine Verbindung von Teilnehmer A zu jedem beliebigen Teilnehmer B des gleichen Netzes herzustellen. Die wichtigsten davon sind:

a) von den Teilnehmern müssen die wesentlichen Daten dauernd gespeichert sein (statische Daten aus dem Teilnehmerverhältnis, angemeldete Dienstleistungen, Tarifzuordnungen),

b) bei jedem Verbindungsaufbau muß die Teilnehmerkennung verfügbar sein,

c) Verbindungswünsche von A nach B müssen aufgrund eingegebener Daten vermittelt werden können (dynamische Daten),

d) Verkehrsverbindungen müssen durchgeschaltet und in einwandfreiem Qualitätszustand für die gewünschte Dauer der Nutzung verfügbar sein,

e) Tarifinformationen müssen für die Abrechnung des Netzbetreibers (oder Systembetreibers) mit dem Teilnehmer/Nutzer festgehalten werden.

Im **Festnetz** ist die Teilnehmerkennung durch die fest zugeschaltete Ausschlußleitung an den Hauptanschluß eindeutig. Bei den Kartentelefonen an öffentlichen Sprechstellen wird diese Teilnehmerkennungsfunktion durch die "Anschalteeinrichtung für Kartentelefone" (AEK) im Zusammenhang mit einer persönlichen Identifizierungsnummer (PIN) erreicht. Die Tarifinformaitonen werden fortlaufend unmittelbar über einen Zähler dem Teilnehmer zugeordnet, oder der Teilnehmer wird mit Hilfe einer Datennachverarbeitung belastet.

Beim Mobilfunk ergeben sich für die Netzfunktion zum Teil unterschiedliche Lösungen.

Im **B/B 2-Netz** ist der analoge Funkweg an eine Funk-Vermittlungseinheit (FuVE) angeschlossen, die mit den Vermittlungseinrichtungen des Festnetzes räumlich und technisch unmittelbar verknüpt ist. Die Teilnehmerkennung wird beim Einschalten des Funktelefons (Endgerät) und Belegen einer freien Funksignalverbindung zu dieser FuVE übertragen. Alle weiteren Verbindungs- und Durchschaltefunktionen übernimmt das Festnetz.

Schaubild 3: Beziehung Mobilfunknetze zum Festnetz[2]

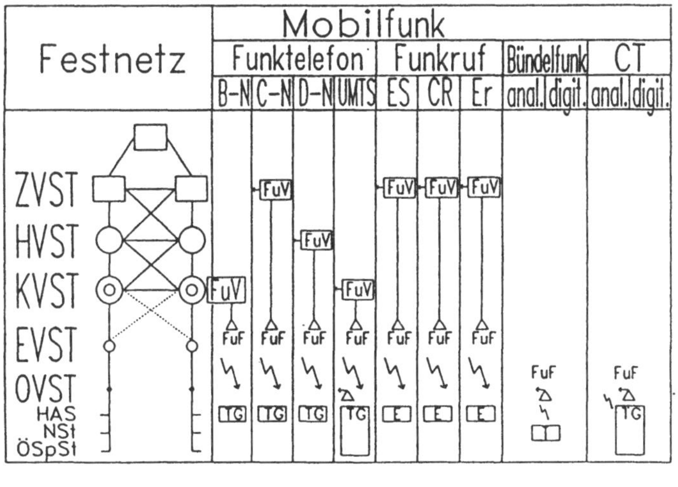

Quelle: DBP Telekom

[2] ZVSt = Zentralvermittlungsstelle
HVSt = Hauptvermittlungsstelle
KVSt = Knotenvermittlungsstelle
EVSt = Endvermittlungsstelle
OVSt = Ortsvermittlungsstelle
HAS = Hauptanschluß
NSt = Nebenstelle
ÖSpSt = Öffentliche Sprechstelle
CT = Cordless Telephone (Schnurloses Telefon)
ÖSpSt = Öffentliche Sprechzelle
-N = - Netz
UMTS = Universal Mobile Telecommunications System
ES = EUROSIGNAL
CR = City Ruf
Er = ERMES
FuV = Funkvermittlungsstelle
FuF = Funkfeststation
TG = Teilnehmergerät
E = Empfänger
T = Terminal

Die Tarifinformationen werden in der FuVE auf Lochstreifen oder Magnetbändern gespeichert und für die Abrechnung nachverarbeitet. Der mobile Teilnehmer muß, wenn er angerufen werden will, die Aufenthaltsinformation (Funkzelle) im voraus bekanntgeben (Teilnehmer A oder eigenes besetztes Büro). Bei Überschreiten von Zellgrenzen werden Mobilfunkgespräche unterbrochen. Das nationale **Funktelefonnetz C** hat ein verzweigtes Dateiensystem aus Heimatdateien und Fremddateien in den Funkvermittlungsstellen (FuVSt) sowie Aktivdaten in den Funkfeststationen (FuFSt). In der Heimatdatei werden die statischen Daten des Teilnehmerverhältnisses gespeichert. Beim Einschalten des Funktelefons und Stecken der Telekarte wird ein Einbuchvorgang über den digitalen Organisationskanal des Funkweges ausgelöst, der die Speicherung von dynamischen Daten in der Aktiv- und Heimatdatei verursacht. Befindet sich der Teilnehmer außerhalb des "heimatlichen" Funkvermittlungsbereiches werden dynamische Daten auch über eine Fremddatei geführt.

Verbindungswünsche von C-Funktelefon zu C-Funktelefon können im eigenen Netz vermittelt werden. Zum Festnetz werden Verbindungen in einer hohen Netzebene durchgeschaltet. Tarifinformationen werden in der Heimatdatei abgelegt und in einer Datennachverarbeitung für die Abrechnung mit dem Teilnehmer aufbereitet. Mit Hilfe des verzweigten Dateiensystems, dessen Dateien durch einen vom CCITT standardisierten Zeichenkanal Nr. 7 (ZZK Nr. 7) miteinander verbunden sind und deshalb einen schnellen Datenaustausch sicherstellen, weiß das System den Bewegungsort jedes eingebuchten Teilnehmers. Natürlich wird für die Sicherung der mobilen analogen Funkübertragung gegen atmosphärische Störungen, Störungen durch Fremdeinflüsse und aus dem eigenen System ein erheblicher Aufwand getrieben. Im C-Netz können Gespräche von Funkzelle zu Funkzelle unterbrechungsfrei weitergereicht werden.

Im europaweiten **Funktelefonnetz D** wird das verzweigte Dateiennetz durch HLR (Home Location Register), das AC (Authentication Center) und VLR (Visited Location Register) dargestellt. Im HLR und AC werden die statischen Daten des Teilnehmerverhältnisses gespeichert. Beim Einschalten des Funktelefons und Stecken einer Telekarte wird ein Einbuchvorgang ausgelöst, an dem der HLR und das AC beteiligt sind. Die dynamischen Daten werden im VLR abgespeichert.

Verbindungswünsche von D-Funktelefon zu D-Funktelefon können im eigenen Netz vermittelt werden. Durchschaltungen zum Festnetz werden nach wirtschaftlichen Gesichtpunkten durchgeführt. Tarifinformationen werden in der VLR abgelegt und für die Abrechnung mit dem Teilnehmer nachverarbeitet. Die Informationen zwischen den Dateien werden mit Hilfe des ZZK Nr. 7 übertragen. Wie das C-Netz weiß das System den Bewegungsort jedes eingebuchten Teilnehmers. Da auch die Verkehrskanäle digitalisiert sind, ist der Funkweg gegen Störungen und Abhören sicher zu gestalten. Gespräche können in den D-Netzen wie im C-Netz von Funkzelle zu Funkzelle weitergereicht werden.

Bei den **Funkrufdiensten** wird die Verbindung vom Festnetz oder über das Festnetz als Einwegkommunikation über Funkrufvermittlungsstellen (FuRVSt), Funkrufkonzentratoren (FuRK) und Funkrufsender (FuRS) zum Empfänger (E) hergestellt. Das **Eurosignal** ist als Nur-Ton-Übertragung europäisch standardisiert, wird aber nur von drei Ländern genutzt (D, F, CH). Der **Cityruf** ist ein nationales System mit POCSAG-Code für Nur-Ton, numerische und alphanumerische Rufübertragung, für das mit 3 weiteren Ländern ein Euromessagedienst vereinbart wurde. Mit **Ermes** wird ein europweit standardisierter Dienst mit einem besonderen Code eingeführt, der die Merkmale des Cityrufs mit mehr Kapazität und einseitiger Datenübertragung ermöglicht.

Der **Bündelfunk** ist für Wirtschaftsräume (Radius bis zu 50 km) ausgelegt. Aus Netzsicht arbeitet er wie eine Nebenstellenanlage, die an eine Orts-Vermittlungsstelle des Festnetzes angeschlossen ist.

Das **schnurlose Telefon** stellt eine Verlängerung der Festnetzanschlüsse dar, in der Wohnung am Hauptanschluß, bei öffentlichen Sprechstellen als Telepoint und als denkbarer künftiger Einsatz an Nebenstellenanlagen. Die Funkübertragung im Radius bis zu 200 m mit entsprechend geringen Leistungen ist bei der ersten und zweiten Generation analog (CT 1 und CT 2) und wird beim europaweiten Standard digital sein (DECT = Digital European Cordless Telephone).

Im künftigen universellen Mobilfunknetz (UMTS = Universal Mobile Telecommunication System) ist angedacht, alle bisher in der Vielfalt für den Kunden unüberschaubaren Mobilfunkmöglichkeiten mit Hilfe der digitalen Technologie und des intelligenten Netzes (IN = Intelligent Network) zusammenzubringen. Dazu ist es erforderlich, daß die Mobilfunknetze mit dem Festnetz so verknüpt werden, daß Aufenthaltsdaten der Teilnehmer gegenseitig kundenbedarfsorientiert mitgeteilt werden. Die Mobilfunkgeräte müssen hierfür in der Bitrahmenzuordnung und in der Strahlungsleistung dynamisiert werden. Hierzu ist noch viel Forschungs- und Entwicklungsarbeit zu leisten mit dem Ziel, dem Kunden ein tragbares Gerät von ca. 100 g Gewicht anzubieten, das seine persönliche Funktelefonnummer enthält, das geschützt ist durch eine persönliche Identifikationsnummer und mit dem er je nach Programmierung alle Zweiweg- und Einweg-kommuniaktionsdienste des Mobilfunks, die heute bekannt sind, weltweit nutzen kann.

6. Zusammenfassung

In Abhängigkeit von den technischen Möglichkeiten wurden in der Vergangenheit im Mobilfunk für die verschiedenen Anforderungen des Kunden unterschiedliche Lösungen für Mobilfunk oder Mobilfunkergänzungen der Festnetze gefunden. Durch die Entwicklung der Technologien in allen Verbindungsabschnitten einschließlich des mobilen Funkweges von der Analogtechnik zur binärkodierten Digitaltechnik ergeben sich viele Möglichkeiten, Informationen einfacher zu übertragen, zu verarbeiten und zu vermitteln sowie Funktionen von Systemen in hohem Maße zu integrieren.

Für die Konzeption eines Mobilfunksystems für das nächste Jahrzehnt ergibt sich die Chance, verschiedene derzeitige Mobilfunklösungen zu einem technologischen Grundsystem für verschiedene Nutzanwendungen zusammenzufassen und weltweit abgestimmt anzubieten. Damit wird dem Grundbedürfnis nach mehr persönlicher Freiheit in der Mobilität und in der Telekommunikation mit kleinen Geräten zu erschwinglichen Preisen entsprochen und ein persönlicher Kommunikator möglich.

Andererseits gilt es auf die biologischen und gesellschaftlichen Auswirkungen zu achten, sie zu untersuchen, zu bewerten und in die Gesamtkonzeption frühzeitig einzubringen.

Auf diese Weise kann ein Mobilfunksystem für den Massenmarkt konzipiert werden, das möglichst alle Aspekte für den Einzelnen als auch für die Allgemeinheit berücksichtigt.

10

Zur Ambivalenz des Mobiltelefons[1]

Klaus Lange

Wissenschaftliches Institut
für Kommunikationsdienste GmbH
Bad Honnef

Wohl keine andere moderne Technologie liegt noch so im gesellschaftlichen Trend wie das Mobiltelefon;[2] man spricht von der mobilen Generation bzw. der mobilen Gesellschaft. Attali prognostiziert sogar eine Entwicklung zu einer "nomadischen" Gesellschaft, in der die Menschen ohne feste Adresse ständig unterwegs und in Bewegung sind; das Mobiltelefon würde dabei zum wichtigsten Kulturgut ("objets nomades").[3]

Der Nutzer des Mobiltelefons ist befreit von den Fesseln des festverdrahteten Telefons. Auch in Phasen räumlicher Mobilität kann dieser nun - fast ohne Ortsbegrenzung - mit anderen kommunizieren; er spart Zeit und kann in dieser flexibler agieren. Mit dem Mo-

1 Dieser Vortrag führt einige Aspekte des WIK Diskussionspapiers Nr. 60 "Chancen und Risiken der Mobilfunktechnologien" Bad Honnef, Oktober 1990 aus.

2 Das Mobiltelefon steht hier stellvertretend für alle Mobilfunktechnologien (dazu gehören auch Betriebsfunk-, Bündelfunk- und Funkrufsysteme). Zu den technischen Spezifika und den Gemeinsamkeiten dieser Technologien vgl. den Beitrag von Kedaj, J., Entwicklungstrends bei den Mobilfunktechnologien, in diesem Band, S. 143-152.

3 Altwegg, J., Warum werden wir zu Nomaden, Monsieur Attali?, Interview, FAZ-Magazin, Nr. 563 vom 14.12.1990, S. 82 f.

biltelefon könnten sich somit auch unsere tradierten Vorstellungen von Raum und Zeit verändern.[4]

Mit dem Mobiltelefon wird nicht nur die Arbeit sondern auch die Freizeit optimiert und rationalisiert. So erscheint es opportun, das für den Produktionsbereich entwickelte "Just-in-Time"-Prinzip[5] auch in die Reproduktionsphase zu transferieren und von einer "Just-in-Time-Gesellschaft" zu sprechen.[6]

Die Folgen des Mobiltelefons für die Gesellschaft sind überaus ambivalent. Eindeutig positive Folgen werden durch gewisse negative Effekte relativiert: Mit dem Mobiltelefon kann man nicht nur andere besser erreichen, sondern man kann durch andere auch besser erreicht werden. Ausgehend von diesem Ereichbarkeitsdilemma sollen die ambivalenten Folgen hinsichtlich Freiheit und Freizeit diskutiert werden. Einleitend wird aber erst die zentrale Kategorie - Mobilität - näher erläutert.

1. Mobilität

In soziologischer Perspektive wird unter Mobilität der Wechsel von Individuen zwischen den festgelegten Einheiten eines Systems verstanden.[7] Dabei steht natürlich die soziale Mobilität, der Wechsel zwischen einer Schicht oder Statusgruppe, im Zentrum des Interesses. Räumliche Mobilität wird primär im Kontext sozialer und beruflicher Mobilität thematisiert.

Bei räumlicher, zirkulärer Mobilität wird generell unterschieden zwischen Zweck- und Erlebnismobilität.[8] Zweckmobil ist man, um wichtige Hauptzwecke - wie Arbeit. Lernen, Versorgen - primär in einem Nahbereich zu erfüllen. Mit der Erlebnismobilität befriedigt man ein orginäres Bedürfnis nach persönlicher Entfaltung und Entwicklung - primär in der Freizeit und auch in weiterer Ferne.

4 Vgl. hierzu Franck, G, Raum, Zeit und Aufmerksamkeit - Zum Einfluß der Telematik auf Stadt und Land, in: Henckel, D. (Hrsg.), Telematik und Umwelt, Deutsches Institut für Urbanistik, Berlin, 1990, S. 243-271.

5 Das Just-in-Time-Prinzip wurde in den fünfziger Jahren zur Rationalisierung des Materialflusses beim japanischen Auotomobilkonzern Toyota entwickelt. Vgl. Soom, E., Die neue Produktionsphilosophie: Just-in-Time-Production, in: io Management-Zeitschrift, Nr. 9, S. 362 - 365, Nr. 10, S. 446 - 449.

6 Dabei handelt es sich vorerst nur um eine plakative Typisierung eines Phänomens ohne Anspruch auf analytische Durchdringung.

7 Vgl. Franz, P., Mobilität, in: Endruweit, G., Trommsdorff, G. (Hrsg.), Wörterbuch der Soziologie, Bd.2, Stuttgart, 1989, S. 446ff.

8 Vgl. ADAC (Hrsg.), Mobilität, München, Juni 1987.

Psychologisch geht man von einem generellen motorischen Impuls des Menschen aus, der von einer inneren Unruhe getrieben und aus Angst vor Monotie und Langeweile sich in Bewegung setzt.[9] Mobilität ist aber nicht nur ein Grundbedürfnis, sondern wird als Mittel zur Erreichung wesentlicher Ziele positiv in Beziehung gebracht:

- Überleben durch Flucht oder Besorgung von Nahrungsmitteln,
- Sicherung des Arbeitsplatzes und Lebensunterhalts,
- Sicherung von Wachstum und Wohlstand,
- gesellschaftliche Entwicklung und
- geistig - soziale Beweglichkeit.[10]

Da Mobilität des öfteren auch mit Freiheit, Selbstbestimmung und Selbstverwirklichung in direkter Beziehung gebracht wird, verwundert es fast, daß Mobilität als Wert-an-sich noch nicht Grundrechtsqualität hat. Die Frage nach der Sozialverträglichkeit von Technologien, die Mobilität begünstigen, scheint daher nur rhetorisch zu sein. Daß das Mobiltelefon im sozialen Kontext nicht ganz unproblematisch ist, soll nun an Hand des sogenannten Erreichbarkeitsdilemmas aufgezeigt werden.

2. Erreichbarkeitsdilemma

Die Entwicklung der Telefontechnologie war von Beginn an vom Leitbild eines "universal telephone service"[11] geprägt, in dem die Teilnehmer weltweit und rund um die Uhr eingebunden werden sollen. Telefonische Erreichbarkeit ist trotz einer fast flächendeckenden Versorgung mit Telefonen auch in den entwickeltsten Gesellschaften ein großes Problem; bei der Geschäftskommunikation geht man davon aus, daß nur bei einem Drittel aller Anrufversuche die gewünschte Zielperson erreicht wird.

Eine Lösung dieses Problems könnte darin bestehen, daß man ein Mobiltelefon mit sich führt, über das man über eine persönliche Telefonnummer in ein Mobiltelefonnetz - und darüber hinaus in das Festnetz - eingebunden wird. Der Benutzer eines Mobiltelefons steht - weitaus mehr als der Benutzer des Festnetzes - vor einem zentralen Dilemma: Er

---

9 Vgl. Opaschewski, H.W., Immer auf Achse. Einstellungen und Widersprüche der Freizeitgesellschaft, in: Merian - Extra, 100 Jahre Automobil, Hamburg, 1986, S. 86 - 93, hier S. 86.

10 Vgl. ADAC (1987), a.a.O., S. 10ff.

11 Vgl. Rogers, R.A., Vision Dancing in Engineers' Heads: AT&T's Quest to Fulfill The Leitbild of a Universal Telephone System, Wissenschaftszentrum Berlin für Sozialforschung, Forschungsschwerpunkt Technik-Arbeit-Umwelt, Arbeitspapier FS II 90-102, Berlin, 1990.

möchte potentiell jeden an jedem Ort und zu jeder Zeit erreichen können, möchte aber selbst - zumindest zu bestimmten Zeiten - nur von wenigen Personen und dann auch nur zu bestimmten Anlässen erreicht werden können.[12]

Bei der Entwicklung moderner Telefontechnologien versucht man dieses Dilemma aufzuheben, indem neue Telefone bzw. Telefonanlagen sowohl um offensive wie defensive Funktionsmerkmale erweitert.

Zu den "offensiven" Funktionalitäten zählen u.a.:

- Wahlwiederholung
- Kurzwahl über fest programmierte Funktionstasten
- Anwahl aus einer elektronischen Datenbank
- programmmierte Anwahl mehrerer Teilnehmer.

Zu den "defensiven" Funktionsmerkmalen zählen u.a.:

- generelle Anrufblockade durch Ruhetasten
- selektive Anrufblockade für spezifische Anrufer
- Rufnummernanzeige[13]
- Anrufbeantworter.

Es mag verwundern, daß Anrufbeantworter zu den defensiven Techniken gezählt werden. Zumindest in den USA wird jeder dritte Anrufbeantworter[14] schon eingesetzt, um in ankommende Gespräche hineinzuhören und dann zu entscheiden, ob man den Hörer abnimmt und das Gespräch live fortsetzt. In den USA, wo man ca. 4 mal so häufig telefoniert wie in der Bundesrepublik, sind zudem auch schon fast ein Drittel aller "privaten" Telefonnummern nicht im Telefonbuch aufgenommen.[15]

Erfolgreiche Telefonkommunikation will gelernt sein; das vermehrte Angebot von Ratgeberliteratur[16] verweist auf die Relevanz des Problems. Die auch bei uns immer häu-

---

12 Vgl. hierzu und zu den folgenden Ausführungen Zerdick, A., Die Zukunft des Telefons - Zum Wechselverhältnis sozialpsychologischer und ökonomischer Faktoren, in: Forschungsgruppe Telefonkommunikation (Hrsg.), Telefon und Gesellschaft, Band 2, Berlin, 1990, S. 9 -23.

13 Zur datenschutzrechtlichen Problematik dieser Vorkehrungen vgl. den Aufsatz von Kubicek, H., ISDN, Privacy und Datenschutz, in diesem Band, S. 71-106.

14 Vgl. DeVenuta, K., Facts & Figures - Telecommunications Trivia, in: The Wall Street Journal vom 9.11.1990, S. R5.

15 Ebd.

16 Vgl.u.a. George, W., Phone Power, Düsseldorf (Econ), 1990; Stroebe, G., Gekonnt Telefonieren, (expert Verlag/Verlag Orac), Sindelfingen/Wien, 1990.

figer zu hörende Floskel "**Ich** ruf dich an!" signalisiert das steigende Interesse, auch bei der Telefonkommunikation die Initiative haben zu wollen. Psychologisch hat der Anrufende immer einen Überraschungsvorteil; er dominiert zumindest zu Beginn des Gespräches. Das Interesse an einer "Telefonsouveränität" ist im Kontext eines generell steigenden Interesses an Kommunikations- und auch Zeitsouveränität[17] zu sehen. Zumindest für einige Berufsgruppen dürfte der Interaktions- bzw. Kommunikationsstress schon zu einem großen Problem geworden sein.[18]

Das Mobiltelefon droht dieses Problem zu verschärfen. Sein Benutzer kann sich durch Nichtmitnahme bzw. Abschalten des Gerätes dem Problem partiell entziehen; hat aber dann aber auch den Nachteil einen für ihn überraschenden und wichtigen Anruf zu versäumen. Daß 70 bis 80 Prozent der über Mobiltelefone realisierten Gespräche vom mobilen Teilnehmer ausgehen, belegt die These, daß das primäre Interesse am Mobiltelefon nicht nur darin besteht, von anderen erreicht werden zu können, sondern auch darin, andere in Mobilitätsphasen zu erreichen. Es bleibt zu fragen, ob die Werbung, die zur Zeit für Mobiltelefone primär mit dem Argument der eigenen Erreichbarkeit wirbt, partiell nicht ins Leere geht.

Mit den neuartigen Funktionionalitäten wird sich der taktische Umgang mit dem Telefon verstärken. Der kurze Blick auf den Display des Telefons einer ISDN-fähigen Nebenstellenanlage und die anschließende Überlegung, ob man den Anruf annimmt, ist nun der erste Schritt in dieser Richtung. Letztendlich wird man eventuell nur noch mittels Telefonanrufbeantworter oder Sprachspeichersystem kommunizieren. Dabei droht jedoch die soziale Nützlichkeit des "guten, alten Telefons", großflächig verteilte Gesellschaften telekommunikativ zusammenzuhalten, verloren zu gehen.

3. Erweiterung und Einschränkung der Freiheit

Im Kontext des Erreichbarkeitsdilemmas sind die allgemeinen Folgen des Mobiltelefons für die Freiheit - besser: den Freiraum - seiner Benutzer zu sehen.

Unzweifelhaft vergrößert das Mobiltelefon den Kommunikations- und in der Folge auch den Aktionsraum seiner Nutzer; es erhöht deren Bewegungs- und Gestaltungsfreiheit. So paßt es hervorragend in die von Masuda prognostizierte "opportunity society", in der die

---

17 Vgl. zum drohenden Verlust an Zeitsouveränität Jeremy Rifkin, J., Time Wars. The Primary Conflict in Human History, New York, (Henry Holt and Company), 1987.

18 Vgl. Badura, B., Interaktionsstreß. Zum Problem der Gefühlsregulierung in der modernen Gesellschaft, in: Zeitschrift für Soziologie, Nr.19, 1990, S. 317 - 328.

Menschen primär danach streben, neue kreative Wege zur Selbstverwirklichung zu suchen und zu realisieren.[19]

Andererseits wird dieser so gewonnene Freiraum wieder durch gewisse Kontrollpotentiale eingeschränkt. Mittels Zugriff auf Verbindungsdatenbanken bzw. technischer Zusatzeinrichtungen ist der Benutzer von Mobiltelefonen mehr oder weniger exakt verortbar. Darüber hinaus bleibt man nicht nur für den Arbeitgeber oder werbetreibende Firmen[20] sondern auch für den Kreis der Familie, Verwandten und Bekannten immer erreichbar. Sozialen Verpflichtungen - und dabei besonders denen, die aus dem Partei- und Vereinsleben resultieren - kann man sich kaum noch entziehen. Es wird immer schwieriger, sich verleugnen zu lassen. Dem Einwand, daß man das Mobiltelefon ja nicht mitzunehmen braucht bzw. es abschalten kann, kann entgegengehalten werden, daß solche Handlungen durchaus auch tabuisiert werden können. Ein Verdacht könnte entstehen, daß man etwas zu verbergen hat oder sogar etwas Verbotenes in den Zeiten ohne Mobiltelefonkontakt tut. Zumindest dürfte man in einen Begründungszwang kommen, warum man sich so der gesellschaftlichen Kommunikation entzieht. So dürfte es immer schwerer fallen, sich der Gesellschaft zu entziehen. Die Gesellschaft wird so - in einem neuen, anderen Sinn - zu einer totalen.

4. Erweiterung und Reduzierung von Freizeit

Wie schon angemerkt, ist das Mobiltelefon auch ein überaus geeignetes Instrument zur Optimierung und Rationalisierung der Freizeit.

Mit dem Mobiltelefon gewinnt man einerseits Zeit, da man vieles schneller erledigen kann; andererseits wird man dazu tendieren, in die so gewonnene Zeit zusätzliche Aktivitäten hineinpacken. Verspätungen von Besuchern, die einem aus dem Stau per Mobiltelefon mitgeteilt werden, kann man bis zur letzten Minute produktiv gestalten. Die letzten Mußezeiten drohen zu verschwinden.

Mit dem Mobiltelefon wird die Freizeit sicherlich attraktiver. Man braucht nicht am heimischen Telefon auf einen wichtigen Anruf warten. Man kann von unterwegs wichtige Informationen einholen und Verabredungen treffen. Neue Formen von mobilen Ge-

---

19 Vgl. Masuda, Y, The Opportunity Society, in: The Futurist, September-October 1990, S. 8-11.

20 Die Entwicklung des Telefonmarketing verdient besondere Beachtung. So könnte es durchaus möglich werden, daß man in Zukunft bei einem Waldspaziergang durch das telefonische Angebot zum Kauf eines Geländewagens gestört wird.

sellschaftsspielen und spontanen Partys werden möglich.[21] Ulrich Lange hat das Telefon treffend als "schnelle Pulle" charakterisiert, die den Alltag allumfassend beschleunigt.[22] Mit dem Mobiltelefon wird sich diese Wirkung - auch in der Freizeit - verstärken. Die Freizeit wird somit hektischer und ihr Erholungswert in Frage gestellt.

Mobiltelefone sind ein Mittel zur Vermischung von Arbeitszeit und Freizeit. So könnten z.B. bei Rettungsdiensten die Rufbereitschaftszeiten erweitert werden; deren Beschäftigte bräuchten nicht mehr diese Zeit am häuslichen Telefon verbringen und könnten sie so kreativer gestalten. Dieser Vorteil wird sicherlich durch das Bewußtsein relativiert, immer abrufbar zu sein. Der selbständige Freiberufler wird das Mobiltelefon weniger kritisch sehen, da es ihm einen kontinuierlichen Kontakt mit seinen Kunden[23] ermöglicht.

Die Folgen des Mobiltelefons bei der Arbeit und in der Freizeit könnten auch dezidierte Auswirkungen auf die Umwelt haben.

5. Ent- und Belastung der Umwelt

Einmal abgesehen von der Belastung der Umwelt durch Produktion und Entsorgung von Mobiltelefonen (Mikrochips und Akkumulatoren) und der Beeinträchtigung des Landschaftsbildes durch Antennenanlagen hat das Mobiltelefon überaus ambivalente Folgen für die Umwelt.

Einerseits könnten durch den konsequenten Einsatz des Mobiltelefons viele Fahrten - besonders im Arbeitsleben - überflüssig werden und das Transport- und Verkehrswesen optimiert werden. Navigationshilfen - auch zur Vermeidung - von Staus könnten mittels Mobilfunktechnologien übertragen werden. Das EG-Forschungsprogramm

---

21 Vgl. Jarrat, J., Coates, J.F., Future Use of Cellular Technology. Some Social Implications, in: Telecommunications Policy, February 1990, S. 78-84.

22 Vgl. Lange, U., Von der ortsgebunden "Unmittelbarkeit" zur raum-zeitlichen "Direktheit" - Technischer und sozialer Wandel und die Zukunft der Telekommunikation, in: Forschungsgruppe Telekommuniksation (Hrsg.), Telefon und Gesellschaft, Band 1, Berlin, 1989, S. 167-185, hier S. 169.

23 Die Folgen des Mobiltelefons für die Arbeitswelt werden hier nur am Rande thematisiert. Vgl. dazu die entsprechenden Ausführungen in Lange, K., Chancen und Risiken der Mobilfunktechnologien, WIK Diskissionspapier Nr. 60, Bad Honnef, Oktober 1990 und den Aufsatz von Zoche, P., Technikfolgen des Mobilfunks in der Arbeitswelt, in diesem Band, S. 165-180.

"DRIVE"[24] ist ausschließlich an der Verbesserung des Verkehrssystems mittels Telematik - und besonders mittels Mobilfunktechnologien[25] - ausgerichtet.

Besonders im Freizeitbereich dürfte das Mobilfunktelefon aber eher zu mehr Mobilität und mehr im PKW zurückgelegten Kilometern führen. Nach einer Studie des ADAC wird der mobile westdeutsche Durchschnittsbürger die Zahl seiner täglichen Wege von 1982 nur geringfügig von 3,6 auf 3,8 im Jahr 2000 steigern und dabei mit 44,5 km (1982: 37,3) aber 20% mehr Kilometer zurücklegen; das Gros des Zuwachses im PKW wird dabei auf Besorgungen entfallen.[26] Besonders jüngere Leute dürften mittels Mobiltelefon darüber hinaus eine aktivere und mobilere Freizeitgestaltung führen.

Generell induziert Kommunikation und vor allem Telekommunikation gesellschaftliche und wirtschaftliche Aktivitäten, die letztlich im Transport von Gütern und Personen münden.[27] Die Steigerung im Bruttosozialprodukt verläuft erstaunlich parallel mit der Steigerung im Personenkilometeraufkommen.[28] Aus diesen Zusammenhängen scheint sich die Schlußfolgerung aufzudrängen, daß wirtschaftliches Wachstum und das Wachsen gesellschaftlichen Wohlstandes nur über eine adäquate Steigerung der Mobilität erreicht werden kann. Mobilität droht so zum Fetisch werden. Es bleibt zu fragen, ob und wie ohne Mobilitätssteigerung und mit ihr induzierter Umweltbelastung ein größerer gesellschaftlicher Wohlstand geschaffen werden kann.

Mittels Mobilfunktechnologien sind Arbeitsformen möglich, die eine permanente Anwesenheit des Arbeitnehmers - und somit ein tägliches Pendeln - überflüssig machen. Flexiblere Arbeits-Freizeit-Regelungen ("umweltverträglichere Arbeitszeiten")[29] werden möglich. Vermehrte Akzeptanz von Telefon- bzw. Videokonferenzen und Formen mul-

---

24 Commission of the European Communities, Directorate-General XIII (ed.), Advanced Telematics in Road Transport. Proceedings of the DRIVE Conference, Brussels, February 4-6, 1991, 2 volumes, Amsterdam, 1991.

25 Vgl. den Aufsatz von Catling, I., et.al., SOCRATES: System of Cellular Radio for Traffic Efficiency and Safety, in: Commission of the European Communities, DG XIII (ed.), a.a.O. (1991), Vol. 1, S. 28-43.

26 Vgl. ADAC (1987), Abb. 27, S. 27.

27 Vgl. Henckel, D., Telematik und Umwelt - Ein zusammenfassender Ausblick, in: Henckel, D. (Hrsg.), Telematik und Umwelt, Deutsches Institut für Urbanistik, Berlin, 1990, S. 292-317.

28 Vgl. Eberlein, D., Die Bedeutung des Verkehrs in einer arbeitsteiligen Industriegesellschaft: Anforderungen, Problem und Perspektiven, Folien zu einem Vortrag auf der Tagung des Bundesministers für Forschung und Technologie: Technikfolgenforschung und Technikfolgenabschätzung, Bonn, 23.10. 1990.

29 Vgl. Rinderspacher, J.P., Arbeit, Freizeit, Natur - Überlegungen zu umweltverträglichen Zeitbudgets, in: Fricke, W., Fricke, E.(Hrsg.), 1990 - Jahrbuch Arbeit und Technik, Bonn, 1990, S. 93 - 104.

timedialer Tele(zusammen)arbeit könnten einen Teil der Dienstreisen überflüssig werden lassen.[30]

Im Freizeitbereich wird dem Grundbedürfnis nach Mobilität durch die Selbstbeförderung in umweltbelastenden PKWs durch zunehmende Stau- und Fahrzeiten kaum Rechnung getragen. Wesentlich ist, daß Räume zur attraktiven Naherholung in unmittelbarer Nähe der Wohnstätten liegen bzw. mit öffentlichen Verkehrsmitteln gut zu erreichen sind. Der zunehmenden Versorgungsmobilität muß durch eine dementsprechende Verlagerung bzw. Verbindung von Einkaufszentren Rechnung getragen werden. All dies hängt jedoch auch von einem ökologischen Umdenken der Unternehmer und Arbeitnehmer, Konsumenten und Freizeitler ab.

Mobilität wird in jüngster Zeit angesichts der wachsenden Verkehrs- und Umweltprobleme immer kritischer diskutiert.[31] Das Mobiltelefon, als eine die Mobilität fördernde Technologie, wird dabei auch in die Kritik geraten. In dieser Hinsicht muß der eingangs aufgezeigte Trend zur mobilen Gesellschaft bzw. zur Just-in-Time-Gesellschaft auch wieder in Frage gestellt werden. Zudem könnten Trends - wie der zu einer "neuen Gemütlichkeit" bzw. einer "neuen Häuslichkeit" - diesen Entwicklungen entgegenwirken.

6. Resümee

Für das Jahr 2000 rechnet die DBP Telekom mit ca. 6 Millionen Mobiltelefonnutzern im vereinten Deutschland. Der Nutzungsschwerpunkt dürfte dabei anfangs noch im beruflichen Bereich liegen. Mobiltelefone werden sich jedoch auch außerhalb der Arbeitswelt durchsetzen, denn Mobiltelefonieren macht Spaß und Sinn und bringt den Erstnutzern Sozialprestige. Geräte, die nur noch ein paar Hundert Gramm wiegen und bequem in jede Jackentasche passen, dürften für viele erschwinglich werden. Die DBP Telekom rechnet damit, daß im Jahr 2000 30% der Mobiltelefonierer Privatkunden sein werden.[32]

---

30 Erste empirische Untersuchungen weisen jedoch darauf hin, daß dieses Substitutionspotential eher gering sein wird; vgl. hierzu Ollmann, R., Telekommunikation und Geschäftsreiseverkehr - Ergebnisse einer empirischen Untersuchung, in: Lutz, B. (Hrsg.), Technik im Alltag und Arbeit, (Sigma), Berlin, 1989, S. 81-118.

31 Vgl. dazu Artikelserie "Mobilität auf des Messers Schneide", in: Süddeutsche Zeitung vom 23.1.1991.

32 Lt. Angaben von Hans Kerler (Geschäftsbereichsleiter für den öffentlichen Mobilfunk) auf dem Hamburger Online'91 - Kongreß.

Wie in anderen Bereichen der IuK- Technologien besteht auch im Fall des Mobiltelefons kein Anlaß für eine technikdeterministische Betrachtungsweise. Die Folgen des Mobiltelefons werden durch komplexe, dynamische Austauschprozesse zwischen Produzenten und Konsumenten der Technik vermittelt. Neben dem zukünftigen Preisniveau für Geräte und Dienste dürfte die Bedienungsfreundlichkeit ein wesentlicher Faktor für die rasche Akzeptanz der Technologie sein. Die Konsumenten des Mobiltelefons werden sich letztendlich die Technik aneignen und für ihre konkreten Bedürfnisse instrumentalisieren. Die Produzenten von Mobiltelefonen, die Netz- und Dienstanbieter werden dies verstärkt beachten müssen.

Die Umwelt der Mobiltelefonierer wird auf übertriebene Mobiltelefonnutzung mit Sanktionen reagieren. Aus den USA wird berichtet, daß vereinzelt schon gegen den Gebrauch von Mobiltelefonen in Kinos und Restaurants protestiert wird.[33] Entscheidend für die Folgen des Mobiltelefons wird es also auch sein, ob und wie sich - im Kontext der allgemeinen Kommunikationsetikette - eine spezielle Mobiltelefon-Etikette entwickelt.

Es dürfte auch wichtig sein, inwieweit bei der Entwicklung der Netze, Dienste und Geräte auf die Bedürfnisse der Konsumenten nach Zeit- und Kommunikationssouveränität eingegangen wird. Neuere Entwicklungen, wie die Integration von Funkruffunktionen in das Mobiltelefon ("Pagerphone") bzw. eines zentralen Anrufbeantworters in Mobiltelefonnetze ("Mobilbox" im Funktelefonnetz C), signalisieren eine erfreuliche Sensibilität der Gerätehersteller und Netzbetreiber hinsichtlich der ambivalenten Bedürfnisse ihrer Kunden: Zum einen gewährleisten beide Vorkehrungen, daß der Mobiltelefonnutzer keine wichtige Botschaft versäumt, zum anderen geben sie diesem die Chance, relativ autonom zu entscheiden, ob, wann und wie er auf einen Anruf reagiert.

Die nächste Generation der Mobiltelefone soll auf einer "persönlichen Telefonnummer" beruhen. Das "personal numbering" hat logistische Vorzüge und ist bei räumlicher und zeitlicher Beschränkung praktisch umsetzbar. Leider wird mit der persönlichen Telefonnummer häufig immer noch die Idee einer lebenslangen und weltweiten Gültigkeit verknüpft. Diese Version provoziert sicherlich Überwachungsängste, die der Verbreitung einer überaus sozialverträglichen Technologie sicherlich abträglich ist. Wesentliche Merkmale zukünftiger Technologiegenerationen werden schon jetzt in anlaufenden Standardisierungsprozessen festgelegt. Es gilt die Konsumenteninteressen in diesen Prozeß einzubringen.

---

33 Vgl. "Protest gegen die tragbaren Telefone" in: Bonner Rundschau vom 4.10.90.

IuK-Technologien sind nicht nur gestaltungsfähig, sondern auch überaus gestaltungsbedürftig. Versäumt man es bei der Gestaltung von Mobiltelefonnetzen, -diensten und -geräten, die Erkenntnisse der Kommunikations- und Telefonsoziologie in diesen Entwicklungsprozeß einzubringen, droht der Endverbraucher bestimmmte Produktlinien als Fehlinvestitionen zu bestrafen. Neueste Umsatzzahlen aus den USA signalisieren, daß sich im Mobiltelefongeschäft die letztjährigen Zuwachsraten von 50% - auch durch veränderte Nutzungsgewohnheiten privater Nutzer - deutlich abflachen.[34]

34 Keller, J.J., U.S. Cellular Phone Industry Cools Off As Makers Chase Demographic Changes, in: Wall Street Journal vom 1.2.1991.

11

Technikfolgen des Mobilfunks in der Arbeitswelt

Peter Zoche

Fraunhofer-Institut für Systemtechnik und Innovationsforschung
Karlsruhe

1. Vom Nutzen und dem Umgang mit neuen Informations- und Kommunikationstechniken - Drei nicht nur ernst gemeinte Beispiele

1. "Daß meine vorsintflutliche Elektronikschreibmaschine für brauchbare Geschichten taugt, zeigt dieser Text. Auch wenn die Redaktion ihn gestern schon per Fax verlangte, weil sie ihn vorgestern gebraucht hätte. Immerhin lag er jetzt fast drei Monate rum, bis er heute im Blatt ist.
   Das Telefon klingelt. Ein befreundeter Redakteur ist dran: "Du bist ja nie zu erreichen. Schade. Dabei hätte ich vorgestern einen guten Auftrag für dich gehabt. Drei Wochen Karneval in Brasilien, anschließend 'ne Touristengeschichte aus der Karibik. 15 000 Mark Honorar, aber es war wie immer eilig, ich brauchte die Zusage sofort. Jetzt hab ich den Job einem anderen gegeben. Kauf dir mal 'nen Anrufbeantworter oder ein Fax. Wenn du dich weiter gegen den Fortschritt wehrst, kommst du beruflich höchstens an den Titisee - aber nie an den Titicacasee!"[1]

---

[1] Zingler, P., Faxen mit dem Exposé, in: Frankfurter Rundschau, 04.08.1990.

2. "Fritz Dieterich, 49, Referatsleiter im Bundesumweltministerium, stand dieser Tage mit fünf Öko-Wissenschaftlern sehr betreten auf dem Moskauer Flughafen - wie bestellt und nicht abgeholt. Die Delegation war angereist, um mit sowjetischen Kollegen über Artenschutz zu diskutieren. Daraus wurde nichts - die Sowjets hatten das Treffen längst abgesagt. Das Absage-Fernschreiben war auch im Bonner Umweltministerium angekommen. Doch ein gutmeinender Beamter hatte den Delegationsmitgliedern die sowjetische Absage in einem formvollendeten Schreiben mitteilen wollen. Das aber war erst einen Tag nach der Rückkehr der sechs aus Moskau in der Schreibstube des Ministeriums fertiggetippt worden."[2]

3. "Philipp, Besitzer einer Kunstgalerie, erzählte, er habe zwei Telephone zu Hause, zwei im Geschäft, jeweils eine Faxmaschine hier und dort, ein Autotelephon in seinem Jaguar. Seit kurzem habe er auch ein Cellular-Phone, eines jener tragbaren Geräte, die man überallhin mitnehmen kann. Theoretisch sei er damit selbst im Kino und auf dem Golfplatz erreichbar. Trotzdem habe er das Gefühl, es sei immer schwieriger, fast unmöglich, irgend jemanden zu erreichen. Wo immer er anrufe, sei ein Anrufbeantworter dran, der ihn bitte, eine Nachricht zu hinterlassen. Bei ihm kommen dann, im Gegenzug, die messages jener Bekannten an, die er nicht erreicht habe. So bitte man sich ständig gegenseitig um einen Rückruf, tatsächlich kommunizieren aber nur die Anrufbeantworter miteinander."[3]

2. Mobilfunk - Vom Traum zum Alptraum?

In einem Mitte des Jahres erschienenen Lexikon zur Mobilfunk-Telekommunikation weist der Autor in einem kurzen Einleitungsstatement darauf hin, daß der "Traum vom Telefonieren, wo immer man sich aufhält" inzwischen zur Realität geworden ist und in einigen Jahren für breite Bevölkerungsschichten zur alltäglichen "Selbstverständlichkeit" werden dürfte.[4]

Die Aussagen zweier Nutzer mobiler Kommunikationsmedien, die ich kürzlich sprach, weisen in eine andere Richtung:

- Der eine - Gesellschafter eines mittelständischen Telekommunikationsunternehmens - erklärte, er habe sein Mobiltelefon in den Wagen eines Mitarbeiters einbauen lassen, weil er selbst es "satt gehabt" habe, ständig von seiner Sekretärin

---

2 Der Spiegel, Heft 27, 1990, S. 186.
3 Broder, H.M., König Telefon, in: Die Zeit, Nr. 30, 20.07.1990, S. 38.
4 Gusbeth, H., Mobilfunk-Lexikon. Telekommunikation von A-Z, München, 1990, S. 5.

oder einem seiner Kunden "genervt" zu werden - sein Mitarbeiter habe diese "prestigeträchtige Einrichtung" gerne angenommen und sei bisher sehr zufrieden.

- Der andere unzufriedene Gesprächspartner - Arzt und Inhaber einer eigenen Praxis - bietet seinen Patienten den außergewöhnlichen Service einer "Rund-um-die Uhr-Rufbereitschaft", mit der er selbst oder zwei seiner Kollegen jederzeit erreicht werden kann - unabhängig davon, ob er sich bei Freunden oder in einem Restaurant aufhält, eine kleine Radtour oder einen Einkaufsbummel unternimmt. Sein Angebot zu der beschriebenen, außergewöhnlich intensiven Betreuung sei, so klagte er mir, heute leider kaum mehr rückgängig zu machen, da sich der Service bei den Patienten größter Beliebtheit erfreue.

Die angeführten Beispiele lassen zwar nicht den Schluß zu, die prognostizierte Entwicklung ende zwangsläufig in einem **Alptraum**, aber sie machen doch deutlich, daß eine Ausbreitung der Mobilkommunikation zu unterschiedlichen und auch gegenläufigen Wertungen und Entscheidungen führen kann, in deren Folge erhebliche Anforderungen an die Anpassungsfähigkeit und Anpassungsbereitschaft von Menschen und Organsationen gestellt werden können. Sie verweisen auch darauf, daß der Verlauf von Akzeptanzprozessen durch eigenen Umgang, d.h. durch selbst erworbene Erfahrungen, in seiner Richtung grundlegend verändert werden kann. Frederic Vester hat veranschaulicht, wie in einem vernetzten System sich zunächst gleichförmige Entwicklungen plötzlich schlagartig in Richtung und Stärke ändern können.[5]

Die Gestaltung der mobilen Kommunikationstechniken und ihrer Anwendungsmöglichkeiten sowie die Weiterentwicklung rahmenpolitischer Ordnungsfunktionen muß diesen exemplarisch skizzierten, denkbaren Entwicklungsverläufen Rechnung tragen. Die Erforschung von Technikfolgen der "Mobilkommunikation" kann hierfür wichtige Impulse setzen, wenn es ihr gelingt:

- **ganzheitliche, wertbezogene Folgen** zu thematisieren und
- **Wirkungs- und Gestaltungspotentiale in konkreten Einzelfeldern** zu analysieren.

---

5 Vester, F., Unsere Welt - ein vernetztes System, Stuttgart, 1978, S. 66.

3. Technische Entwicklungslinien der Mobilkommunikation

Wenn heute von mobiler Kommunikation die Rede ist, wird selten an PCs oder Laptops gedacht, mit deren Einsatz - unter Zuhilfenahme eines an ein Telefon angekoppelten Wählmodems - die Informations(daten)übertragung an einen anderen Standort ermöglicht wird und somit prinzipiell jeder Telefonanschluß genutzt werden kann, um über das vorhandene Netz eine "orts-variable" Kommunikation zuwege zu bringen (z.B. mit einer Mailbox oder durch eine anderweitige Teilnahme am Netzwerk der elektronischen Post). Vermutlich wird in wenigen Jahren das Wort "Mobilkommunikation" viel stärker solche Assoziationen wecken, denn dann wird, technisch gesehen, die Integration mobiler Übertragungssysteme, wie sie Telefon und Telefax darstellen, mit Geräten der Bürokommunikation, PC und Drucker, vollzogen sein. Damit dürfte das "Mobile Büro" - das "mobile office" oder "elusive office" (ELO) - zur **technischen Realität** werden, mit der eine Auslagerung von Tätigkeiten aus dem ortsgebundenen Büroumfeld hin zur prinzipiell ortsungebundenen Büroarbeit vollzogen werden kann. Die technische Realisierung zur Sprach- und Datenübertragung für die "zweiseitige Individual-Kommunikation",[6] die durch verschiedene mobile Funksysteme ermöglicht wird, ist nicht nur eine wesentliche Voraussetzung für diesen Entwicklungsprozeß, sondern sie leitet gleichzeitig einen enormen Innovationsdruck in diese Richtung ein. Wenn allerdings die arbeitsorganisatorische Umgebung kein positives, sozialverträgliches Einsatzfeld dieser Entwicklungsperspektiven offenhält und wenn die aus arbeitsorganisatorischer Perspektive wünschenswerten Gestaltungsimpulse zur sinnvollen Weiterentwicklung von Mobilfunktechnik und der Rahmenbedingungen ihres Einsatzes nicht in den Entwicklungsprozeß einfließen, wird sich auf Dauer weder eine breite Akzeptanz noch die Wirtschaftlichkeit mobiler Kommunikationssysteme einstellen.

Aus den angeführten Gründen stehen die (Weiter-)Entwicklung mobiler Bürokommunikation und die Herausbildung spezifischer mobiler Arbeits- und Lebensformen in einem Abhängigkeitsverhältnis zur technischen Entwicklung mobiler Kommunikationssysteme. Forschungsaktivitäten zu den Technikfolgen des Mobilfunks sollten deshalb systematisch und perspektivisch die Strategien und Projekte von Unternehmen und Dienste-Anbietern ordnen, um auf solcher Grundlage die gesellschaftlichen Wirkungsdimensionen reflektieren zu können. Das Ziel solcher Vorhaben darf nicht auf eine bloße Kritik bestehender Mobiltechniken beschränkt werden. Vielmehr sollten solche Projekte anstreben, technische (Alternativ-)Lösungen aufzuzeigen, wo es sich als notwendig erweist. Beispielsweise gilt es mittels Mobilfunktechnik die freiheitlichen Rechte (wie

---

6 Gusbeth, H. (1990), a.a.O.

freie Entfaltung, Schutz der Persönlichkeit und des Fernmeldegeheimnisses) abzusichern (und ausüben zu helfen) und sie nicht - wie heute vielfach erkennbar - als Verstärker sozialer Kontrollmöglichkeiten in unserer Gesellschaft wirksam werden zu lassen. Die Erarbeitung und Einbeziehung eines Kriterienkatalogs zur Beurteilung von Datensicherung und Datenschutz (Transparenz, Entscheidungsfreiheit, Erforderlichkeit, Zweckbindung, Kontrolleignung) könnte sich hier als sehr nützlich erweisen.

Eine Analyse der Technikfolgen der Mobilkommunikation darf sich nicht nur auf Einzeltechniken beziehen, sondern muß erkennbare technische Entwicklungslinien der Mobilkommunikation berücksichtigen und einem ganzheitlichen Forschungsansatz entsprechend bewerten. Dabei könnten beispielsweise nach Gusbeth sechs Cluster von Mobilfunktechniken unterschieden werden:[7]

- Schnurlose Telefone, einschließlich Telepoint und schnurlose Nebenstellenanlagen,
- Funkruf oder Paging (Eurosignal, Cityruf),
- Funktelefon (Autotelefone, mobile Telefone),
- Bündelfunk und Betriebsfunk,
- mobile Satellitenkommunikation (VSAT),
- Personal Communication Network (PCN), ein Zukunftskonzept für das Telefonieren an jedem Ort und zu jeder Zeit.

Schnurlose Telefone - nach der englischen Bezeichnung "cordless telephone" auch unter der Abkürzung "CT" bekannt - können als "der erste Schritt zur mobilen Erreichbarkeit"[8] bezeichnet werden. Je nach technischer Bauart und baulichen wie geographischen Gegebenheiten des Einsatzortes von CT-Geräten, beträgt deren Reichweite heute bis zu 300 Meter. Von der ersten Generation schnurloser Telefone - eine Postverordnung erlaubt schnurloses Telefonieren in der Bundesrepublik Deutschland seit 1986 - wurden bis Jahresende 1989 160 000 durch die Deutsche Bundespost zugelassen. Eine Steigerungsrate von zirka 77 Prozent gegenüber dem Vorjahresergebnis deutet auf eine sehr hohe Nachfrage bei dieser Mobilfunktechnik hin, die nach Auffassung der Post auch im Jahre 1990 in ähnlicher Größenordnung (prognostizierter Zuwachs: 60 %) liegen dürfte.[9] CT findet überwiegend in der "häuslichen Umgebung" Anwendung, wenngleich durch die Anschlußmöglichkeit an eine Nebenstellenanlage auch eine geschäftliche Nutzung

---

7 Ebd.

8 Dutiné, G., Mobilfunkendgeräte, 3. Erg.Lfg. 7.6.0.0, S. 1-47, in: Arnold, F. (Hrsg.), Handbuch der Telekommunikation, Köln, 1989.

9 Gusbeth, H. (1990), a.a.O.

möglich ist. Eine speziell auf die Zielgruppe der Geschäftsreisenden abgestimmte technische Weiterentwicklung, das sogenannte **Telepoint**-System, erlaubt die Kommunikation von bestimmten, untereinander nicht verbundenen Funkstationen, die in zentralen Einrichtungen wie Bahnhöfen, Flughäfen und kommunalen Zentren installiert werden sollen; Telepoint erlaubt jedoch nur den eindirektionalen Kommunikationsweg abgehender Gespräche. Die deutsche Konzeption eines Telepoint-Dienstes wird unter dem Namen "birdie" in einem Feldversuch der Telekom in der Stadt Münster erprobt.

Funkrufempfänger oder **Pager** werden zur "Übertragung von Meldungen und Nachrichten sowohl in privaten (betrieblichen) als auch in öffentlichen Netzen"[10] eingesetzt. Die seit 1958 in europäischen Ländern allmählich eingeführten öffentlich betriebenen **Paging**-Systeme (z.B. der 1989 in der BRD eingeführte Cityruf oder das seit 1974 in der BRD, der Schweiz und in Frankreich eingeführte Eurosignal, "Europiepser") verzichten meist vollständig auf eine Sprechverbindung (Ausnahme: ein seit 1972 in Spanien betriebenes System von Motorola). Sie werden dort eingesetzt, wo es primär "darauf ankommt, einen gesuchten Mitarbeiter zu informieren, daß er gebraucht wird"; neuere Systeme wie Cityruf ermöglichen durch eine alphanumerische Displayanzeige die gezielte Übermittlung kurzer Informationen, Nachrichten usw.[11]

Unter der postalischen Sammelbezeichnung **Funktelefone** werden Autotelefone und andere mobil einsetzbare Telefone zusammengefaßt. Diesem Bereich, der unter Marktgesichtspunkten zentrale Bedeutung einnimmt, dürfte auch unter dem Aspekt der Folgenforschung die größte Relevanz beizumessen sein. Heute werden in vielen inner- und außereuropäischen Ländern zellulare Mobilfunknetze betrieben, die eine mobile Telefonkommunikation gestatten. Eine grenzüberschreitende Verbindung ist mit diesen Systemen jedoch noch nicht herzustellen; selbst der Verbindungsaufbau innerhalb eines Landes ist häufig durch regionale Reichweiten begrenzt. Dennoch nehmen bereits heute viele Millionen Teilnehmer die europäischen Funkdienste in Anspruch; Marktprognosen gehen von zweistelligen Zuwachsraten für den kommenden 5-Jahres-Zeitraum aus.

---

10 Dutiné, G. (1989), a.a.O.
11 Gabler, L. et al., Mobilfunk-Praxis. Systembeschreibung und Meßmethoden, München, 1990.

Schaubild 1: Mobilfunkdienste in der BRD 1985-1990

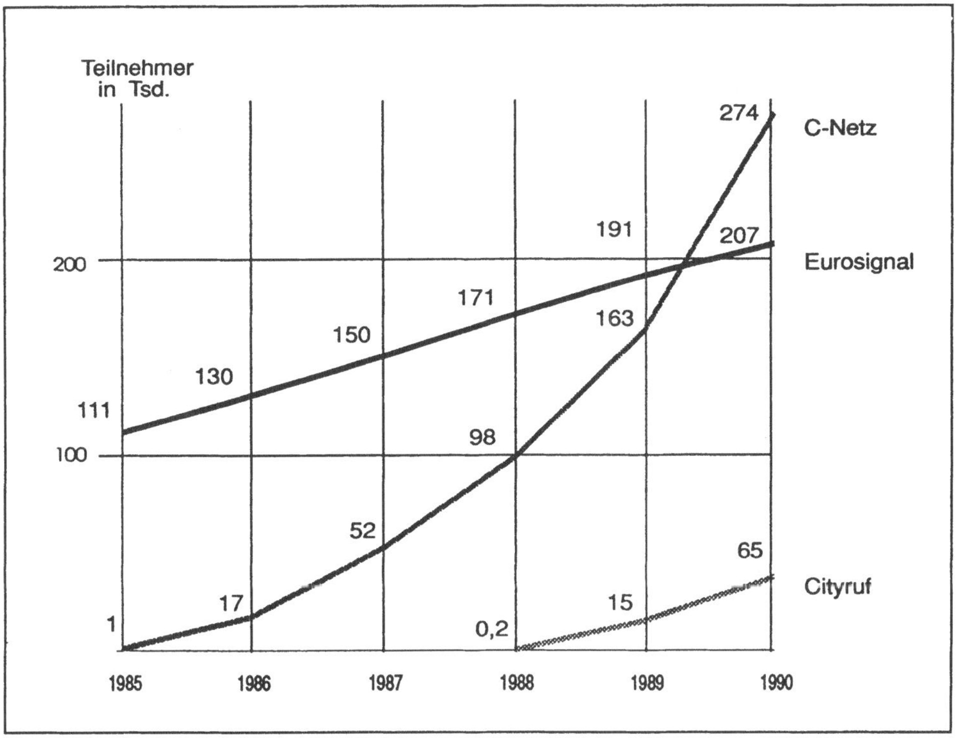

Teilnehmer in Tsd.

C-Netz: 1 (1985), 17 (1986), 52 (1987), 98 (1988), 163 (1989), 274 (1990)

Eurosignal: 111 (1985), 130 (1986), 150 (1987), 171 (1988), 191 (1989), 207 (1990)

Cityruf: 0,2 (1988), 15 (1989), 65 (1990)

Quelle: DBP Telekom, Grafik: FhG-ISI

In der Bundesrepublik Deutschland begann der Aufbau eines - damals noch handvermittelten - zellularen Funknetzes, des "öffentlichen mobilen Landfunks" (ömL), im Jahre 1957. Die allmähliche Verbreitung von Mobildiensten machte nach 15 Jahren die Ablösung dieses Netzes A durch einen automatisierten Vermittlungsdienst - das sogenannte Netz B - nötig. Dieses hatte eine maximale Kapazitätsauslastung von 27 000 Teilnehmern, die aufgrund einer - aus militärischen Gründen festgelegten - Beschränkung auf 76 freie Funkfrequenzen nicht ausbaufähig ist. Zudem leidet dieses System an dem Nachteil, daß es nicht automatisch erkennt, in welchem Versorgungsbereich sich der Teilnehmer gerade aufhält (*roaming*), und daß es keinen automatischen Dialog mit einer der Basisstationen aufnehmen kann, um eine Teilnehmerregistrierung (*booking*) durchzuführen. Wegen dieser Nachteile, aber auch wegen einer ansteigenden Nachfrage potentieller Nutzer und aufgrund technischer Innovationen wurde das heute nutzbare C-Netz entwickelt. Dessen Kapazitätsgrenze liegt bei etwa 450.000 Teilnehmern - eine Zahl, die den prognostizierten Teilnehmern der Mobilkommunikation ebenfalls nicht gerecht wird. Vor diesem Hintergrund werden von der Deutschen Bundespost Telekom und der Mannesmann Mobilfunk GmbH konkurrierende Netzinfrastrukturen (D1- und

D2-Netz) entwickelt, die in 10 Jahren etwa 2 Mio. Mobilfunkteilnehmer in Deutschland versorgen sollen.[12] Diese Netze basieren auf Digitaltechnik und sollen einen europaeinheitlichen Funkverkehr gewährleisten. Die Planungen gehen davon aus, daß die künftige Nutzung eines Mobiltelefons generell durch eine teilnehmerbezogene Identitätskarte ermöglicht wird. Damit ist eine Trennung von Gerät und Nutzer möglich, die eine stark vereinfachte Teilnahme (Verzicht auf eigenen Gerätekauf) an der mobilen Kommunikation erlaubt; diese Möglichkeit ist bereits im C-Netz gegeben.

Betriebsfunk ist die heute am weitesten verbreitete und quantitativ bedeutsamste mobile Kommunikationstechnik; allein Behörden und Organisationen mit Sicherheitsaufgaben (BOS, z.B. Polizei, Feuerwehr) verfügen über fast eine viertel Million Funkgeräte. Betriebsfunktechnik ist Teil des "nichtöffentlichen mobilen Landfunks" (nömL); sie erlaubt in einem Umkreis von maximal 30 Kilometern den Wechselsprechverkehr zwischen mobilem Teilnehmer und Basisstation. Zulassungsberechtigung und feste Kanalzuweisung für private Betriebsfunksysteme erfolgen durch den Bundesminister für Post und Telekommunikation. Bedingt durch Kapazitätsgrenzen bestehender Betriebsfunksysteme soll im künftigen **Bündelfunk** ein sogenanntes Frequenzbündel mehreren Anwendergruppen die gemeinsame Nutzung der Funkkommunikation ermöglichen. Dabei wird eine veränderte datentechnische Übertragung die gleichzeitige Kommunikation von etwa 150 Nutzern je Frequenz realisieren.

VSAT (very small aperture terminals) - der satellitengestützte Aufbau und Betrieb von privaten Funknetzen, ist eine auf die spezifischen Anforderungen von bestimmten Nutzergruppen mit großen Filialnetzen (z.B. Banken, Automobilgesellschaften) abgestimmte Netzinfrastruktur; VSAT wird hauptsächlich für die stationäre Satellitenkommunikation genutzt. In den USA kommt VSAT ein erhebliches Marktvolumen zu, das sich im Jahre 1988 bereits auf etwa 100 Mio. $ belief[13]; diese Mobiltechnik wird dort für die Verteilung von Nachrichten, für die Abwicklung von Videokonferenzen, für die Übermittlung von Sprache und Daten ebenso wie für Fernwirkanwendungen eingesetzt. Mit VSAT ist sowohl die Möglichkeit der passiven Verteilung wie der aktiven Zweiweg-Kommunikation gegeben.[14]

PCN (personal communication network) ist ein in Großbritannien favorisiertes Kommunikationssystem, das sich - dies scheinen verschiedene technisch-funktionale Parameter

---

12 "Von A bis D - Mobiles Telefon", in: Funkschau Heft 15, 1990, S. 44-45.
13 "VSAT's. Digital aus dem All", in: Funkschau Heft 19, 1989, S. 38-42.
14 Gusbeth, H. (1990), a.a.O.

zu belegen - in Konkurrenz zum zellularen Mobilfunk entwickelt. PCN-Systeme basieren auf einer Speicherkarte, mit der sich jeder Benutzer persönlich identifizieren kann. Bis heute sind allerdings die konzeptionellen Bestandteile von PCN noch nicht hinreichend präzise formuliert; es deutet sich jedoch an, daß PCN "zwischen Telepoint und zellularem digitalen Mobilfunk" angesiedelt ist und europaweit die allgegenwärtige Möglichkeit zum Führen eines Telefongespräches anbietet. Die Einführung dieses öffentlichen Kommunikationssystems soll bis Ende 1991 erfolgen; bis zur Jahrtausendwende sollen allein in Großbritannien 10-12 Millionen Teilnehmer PCN nutzen.[15]

4. Zum Begriff "Mobilkommunikation"

Der Begriff "Mobilkommunikation" hat noch keinen Eingang in die einschlägigen soziologischen Handbücher gefunden. Wenn in der Soziologie von Mobilität[16] die Rede ist, so wird im allgemeinen darunter der "Wechsel eines oder mehrerer Individuen zwischen den festgelegten Einheiten eines Systems" verstanden; Mobilität ist ein Ortswechsel mit dem Zweck, eine (Kommunikations-)Beziehung zu vermeiden oder zu ermöglichen. Begriffliche Unterscheidungen werden überwiegend dann angestellt, wenn eine geografische oder räumliche Mobilität vorliegt, d.h. ein "Wechsel von Individuen zwischen den Einheiten eines räumlichen Systems" oder wenn es um Arbeitsmobilität oder soziale Mobilitätsphänomene geht. Alle diese begrifflichen Differenzierungen treffen nicht hinreichend das, was "mobile Kommunikation" beinhaltet, aber sie weisen darauf hin, in welcher Richtung und in welchen Bereichen sich mobile Kommunikation auswirken kann:

- in der Arbeitsorganisation,
- im Umfeld des Arbeitsplatzes und der Arbeitsplatzgestaltung,
- im sozialen Gefüge,
- in der Organisation sozialer -, regionaler - sowie gesellschaftlicher Systeme.

Kennzeichnend für Mobilitätsfolgen sind Impulse, die in gegenläufige Richtungen wirken; beispielsweise mit Bezug auf mobile Kommunikationssysteme in der Gewährung eines größeren individuellen Freiraums und Gestaltungsspielraums bei besserer Erreichbarkeit und damit auch erhöhter zentraler Kontrollmöglichkeit. Wie durch die angegebenen Hinweise angedeutet, ist zu erwarten, daß "Mobilkommunikation" in zunehmendem

---

15 Dutiné, G. (1989), a.a.O.; Gusbeth, H., a.a.O.

16 Franz, P., Mobilität, in: Endruweit, G., Trommsdorff, G. (Hrsg.), Wörterbuch der Soziologie, Stuttgart, 1989.

Maße verschiedene gesellschaftliche Teilbereiche grundlegend beeinflussen und private Organisationsformen ebenso wie öffentliche berühren wird.

5. Aufgaben- und Anwendungsfelder mobiler Kommunikationssysteme

Wenngleich das Anwendungspotential mobiler Kommunikationstechniken auch als Massenmarkt, d.h. als ein Markt für die Vielzahl privater Anwender anvisiert wird, liegen die heutigen Anwendungsfelder mobiler Kommunikationssysteme überwiegend im Bereich geschäftlicher Aufgaben. Dabei liegt die generelle Zielsetzung der Anwendungen in der **Optimierung geschäftlicher Aufgaben** und somit in einer Erhöhung ihres wirtschaftlichen Erfolges.

Bisher wurde m.W. nicht - zumindest nicht systematisch - untersucht, unter Einsatz welcher technischen Systeme und mit welchem Nutzen die genannte Zwecksetzung verfolgt wurde. Im Fehlen einer solchen aufgabenbezogenen Übersicht ist ein deutliches Manko zu erkennen, da die Auswirkungen mobiler Kommunikationssysteme - wie auch anderer technischer Artefakte - nur im Kontext ihrer Einsatzbedingungen sachgerecht und zuverlässig zu beurteilen sind. Das Fehlen solcher Untersuchungen ist um so erstaunlicher, als eine Vielzahl einzelner Techniken - z.B. Betriebsfunk im Transportgewerbe und in Krankenhäusern (ärztliche Rufbereitschaft) - seit geraumer Zeit genutzt werden.

Vor dem Hintergrund eines bestehenden Bedarfs nach **Optimierung geschäftlicher Kommunikationsaufgaben**, erscheinen generell **alle** Formen der Bürotätigkeiten (wenn auch mit unterschiedlichen Anwendungspotentialen und -wahrscheinlichkeiten bei verschiedenen, nach Aufgaben und/oder Branchen zu differenzierenden Anwendergruppen) als primäres Einsatzfeld mobiler Kommunikationstechniken. Schwerpunkte dürften sich - dies lassen bereits die Untersuchungen über die "Zukunft der Telearbeit" erkennen-[17] insbesondere bei bereits heute mobilen Tätigkeiten - den Bereichen **Absatz und Vertrieb sowie zentralen Managementfunktionen** - und bei leicht auszulagernden Tätigkeiten wie Wartung, Zeichnen und Konstruieren, Dolmetschen, Übersetzen und Beraten herausbilden. Über das Feld der Bürotätigkeiten hinaus sind drei weitere zentrale Einsatzgebiete mobiler Kommunikationssysteme zu unterscheiden:

- in der Kranken- und Behindertenversorgung (Bereich **sozialer Dienstleistungen**),

---

[17] Kreibich, R., Zukunft der Telearbeit, RKW-Schriftenreihe Mensch und Technik, Eschborn, 1990.

- im öffentlichen und privaten Verkehrs- und Transportwesen sowie bei Wartungs- und Serviceaufgaben, insbesondere durch Verkehrsleit- und Rufsysteme (Bereich von **öffentlichen und privaten Infrastrukturdienstleistungen**),

- bei Militär, Polizei, Feuerwehr und privaten Wach- und Sicherheitsunternehmen (Bereich **sozialer Kontrollinstanzen**).

6. Auswirkungen und Folgen des Einsatzes mobiler Kommunikationstechniken

Mobile Kommunikationssysteme erhöhen die Erreichbarkeit von Betriebsangehörigen, verbessern die Koordination der Mitarbeiter auf dem Betriebsgelände, steuern Güter- und Personenströme, stellen Rettungs- und Überwachungsfunktionen sicher. Dabei bewegte sich der Einsatz mobiler Kommunikationstechniken bisher im Rahmen konventioneller arbeitsorganisatorischer Gegebenheiten. Basierend auf der Integration portabler Büro- und DV-Instrumente sowie der technisch möglichen, ausgedehnteren Raumnutzung werden in Zukunft zusätzliche Ziele - wie Standortkontrolle, höhere Ausnutzung vorhandener Geräte und eingesetzter Personen, Auslagerung von Unternehmensdienstleistungen usw. - die Anwendung mobiler Systeme bestimmen. Schlagworte wie "Freizeitsouveränität", "Tragbares Büro", "Mitarbeitersteuerung" durch "dispatch center" und "Bedarfsgesteuerte Mitarbeit" kennzeichnen Chancen und Risikopotentiale, die dieser Entwicklung innewohnen.

Über den Einsatz mobiler Kommunikationstechniken und hieraus resultierender Auswirkungen und Folgen sind bisher keine systematischen empirischen Untersuchungen angestellt worden. Folgende Überlegungen und Thesen sollen die Diskussion anregen, eine vollständige und ausgewogene Generierung möglicher Auswirkungen und Folgen bleibt dem TA-Prozeß selbst vorbehalten:

- Mobile Kommunikationssysteme führen zwei grundlegende soziale Techniken des Menschen - die Fähigkeit zum Informationsaustausch untereinander und die Möglichkeit der Überwindung des geografischen Raums - zusammen. Durch dieses Zusammenführen beider Kompetenzen können **"akkumulierte Innovationsprozesse"**[18] hervorgebracht werden, die den Menschen nicht nur stärker einer Veränderung unterwerfen, sondern auch komplexere qualitative gesellschaftliche Folgen hervorbringen (beispielsweise veränderte Zeitstrukturen, Arbeitsformen und Berufs-

[18] Popitz, H., Zur Soziologie der Technik, Vorlesung an der Universität Freiburg, 1983.

bilder, Beeinflussung von Machtkonstellationen, z.B. im Arbeits-, Tarif- und Sozialrecht).

- Bei der mobilen Kommunikation ist die physische, ortsgebundene Präsenz der Kommunikationspartner - wie sie heute übliche Beziehungen kennzeichnet - verzichtbar: **Mobile Kommunikation ermöglicht eine standortunabhängige bzw. standortneutrale Kommunikationsbeziehung.** Dies **verbessert die Erreichbarkeit** individueller Kommunikationspartner und wird insofern zu einem beträchtlichen **Anwachsen der Häufigkeit und Schnelligkeit des Kommunikationsaustausches** beitragen. Hieraus könnten - wie bereits an anderer Stelle konstatiert[19] - Impulse in Richtung auf wachsende Produktionsgeschwindigkeiten, kürzere Produktionszyklen und kürzere Reaktionszeiten.

- Betrachtet man die Ergebnisse der Zeitbudgetforschung, so läßt sich eine Zeitverwendung erkennen, die eine recht stabile persönliche Aufteilung zentraler Aktivitätsmuster wie Arbeit und Freizeit zeigt. Dies spricht dafür, daß ein Anwachsen der Häufigkeit mobiler und telekommunikativer, arbeitsbezogener Interaktionen zu einer **Intensivierung der Arbeit** selbst und damit zu einem "Produktivitätszuwachs" führen muß.

- Die Zunahme der Häufigkeit telekommunikativer Gesprächsangebote stellt allerdings die Realisierung dieses Produktivitätszuwachses für viele Arbeitstätigkeiten tendenziell in Frage, da sie häufig als Störung des Arbeitsprozesses selbst oder seiner regenerativen Phasen (etwa auf einer Bahnreise) auftreten werden. Dieser Umstand dürfte einen erheblichen Druck auf ein **verändertes Nutzerverhalten gegenüber (mobilen) Kommunikationsmedien** und den Gesprächspartnern selbst erzeugen ("flachere, flüchtigere Gespräche"), der möglicherweise auch eine Verringerung der Erreichbarkeit ("tatsächlich kommunizieren aber nur die Anrufbeantworter miteinander") zur Folge haben wird.

- Mobile Kommunikation bedeutet, daß sich geschäftliche **Kommunikation zunehmend nicht mehr unmittelbar und persönlich, sondern vermittelt über ein komplexes technisches System** realisieren kann. Dieses System erfordert zu seiner Bedienung verschiedene soziale Kompetenzen, Qualifikationen und Rechtspositionen der Kommunikationspartner. Das mobile Kommunikationssystem ist aber auch selbst "Partner" und "Teilhaber" an jedem Kommunikationsprozeß, es "schiebt" sich quasi

---

[19] Henckel, D., Arbeitszeit, Betriebszeit, Freizeit. Auswirkungen auf die Raumentwicklung, Stuttgart, Berlin, Köln, Mainz, 1988.

zwischen die Menschen und wird die Kommunikationsbeziehung in diesem Sinne - positiv wie negativ- beeinflussen und verändern.

- Die Entwicklung mobiler Funktechniken kann als ein Prozeß der Verbesserung und Erneuerung einzelner Techniken aufgefaßt werden, der zu einer enormen **Steigerung der Effizienz einzelner Techniken** beitragen kann (z.B. des Telefons oder des PC's). Auf dieser Grundlage kann im Arbeitsprozeß der Menschen eine **Produktionssteigerung** sowohl a) pro Person als auch b) pro Zeiteinheit bewirkt werden.

- Die Entwicklungslogik dieser Produktionssteigerung führt zu einer Stärkung der organisatorischen Effizienz zentraler gesellschaftlicher und ökonomischer Systeme:

- Ein Unternehmen, das seine (peripheren) Mitarbeiter durch mobile Kommunikationsnetze an sich bindet, erweitert nicht nur die Ausdehnung des zentralen Einflußbereiches, sondern verfestigt gleichfalls neue Formen der Machtkonzentration (erhöhte Kontrollwirkungen).

- In diesem Prozeß verliert die durch mobile Systeme gestützte, produktivere Arbeit zunehmend ihre Orts- und Zeitgebundenheit und entzieht damit manchen gebräuchlichen Kontrollmaßnahmen ihre Wirksamkeit (Kontrollverlust), die Realisierung des angestrebten Effizienzgewinns wird fraglich. Es erscheint deshalb bereits aufgrund dieser allgemeinen Vorüberlegungen evident, daß sich neue Formen der Mitarbeiterführung und -kontrolle sowie der Logistik herausbilden werden.

- Die veränderte Orts- und Zeitgebundenheit "mobiler Tätigkeiten" fördert **Flexibilisierungsprozesse der Arbeitsorganisation**; eine Entwicklung, die den **Rationalisierungsdruck** auf Belegschaften erhöhen dürfte. Die Begleitumstände dieses Prozesses sind möglicherweise gekennzeichnet durch:

    - erhöhte Arbeitsintensität,

    - eine Verlagerung von Innendiensten nach außen (Service- und Rufbereitschaftsdienste, Teleheimarbeit),

    - eine Verringerung des Stammpersonals bei gleichzeitiger Ausweitung ungesicherter Arbeitsverhältnisse ("Engpaßorganisation": sichere, schnelle und flexibel organisierbare Erreichbarkeit qualifizierter Mitarbeiter),

  - eine beschäftigungsneutrale Arbeitszeitverkürzung (wie auch die Arbeitszeitverkürzung selbst als Motor der Entwicklung mobiler Arbeitssysteme wirkt),
  - eine Vermischung von Arbeits- und Freizeit und eine damit einhergehende Intensivierung und Extensivierung von Arbeit ("24h-Job", permanente Präsenz und Verfügbarkeit der Arbeitsleistung, "Halb-Freizeit", Heimarbeit, Bereitschaftsdienst),
  - eine Ausweitung rechtlich nicht oder unzureichend geregelter Räume (Tarifverträge, Verteilung der Rationalisierungsgewinne: Lohn, Freizeit oder keine Gegenleistung),
  - einen Verlust an unmittelbarer, gemeinsamer und kollegialer Produktions- bzw. Arbeitserfahrung (Solidaritätsverlust, Soziabilitätsverlust),
  - neue Anforderungen an Arbeitsqualifikationen (Kommunikations- und Organisationsfähigkeit).

- Mobile Kommunikations- und Bürosysteme (ELO) werden eine flexibler zu handhabende und vor allem preiswertere Alternative zum herkömmlichen Büro darstellen; insofern werden sie zumindest in zweifacher Richtung den Arbeitsmarkt beeinflussen: als Motor für Rationalisierungswirkungen aber auch als Initiator neuer Berufe, veränderter Berufsbilder und Beschäftigungsmöglichkeiten.

7. Fazit

Der Einsatz von Mobiltechniken wird zunehmend verschiedene gesellschaftliche Teilbereiche grundlegend beeinflussen und dabei sowohl private als auch öffentliche Organisationsformen berühren und verändern. Es ist beispielsweise zu vermuten, daß ein vermehrter Einsatz mobiler Techniken in der Wirtschaft die bestehenden arbeitsorganisatorischen Regelungen einem Veränderungsdruck unterwirft - dies dürfte sich nicht nur im Hinblick auf Arbeitszufriedenheit und Arbeitsleistung, sondern auch in Bezug auf tarifrechtliche und arbeitsvertragliche Bestimmungen auswirken. Auch ist zu erwarten, daß sich eine Auslagerung von betrieblichen Bereichen und eine Vermischung von Arbeits- und Freizeit einstellen wird. Kennzeichnend für Mobilitätsfolgen sind Impulse, die in jeweils gegenläufige Richtungen wirken: im Zusammenhang mit mobilen Kommunikationssystemen bestehen sie in der Gewährung eines größeren individuellen Freiraums und Gestaltungsspielraums bei gleichzeitig besserer Erreichbarkeit und damit auch erhöhter zentraler Kontrollmöglichkeit. Die Gestaltung der Technik und ihrer Anwendungen sowie die Weiterentwicklung rahmenpolitischer Ordnungsfunktionen müssen diesen Konfliktfeldern frühzeitig Rechnung tragen.

Teil V

Forschungsperspektiven in exemplarischen Anwendungsfeldern

12

Technikfolgenabschätzung in der Telekommunikation: Es geht um die Einbeziehung des Bürgers

Peter C. Dienel

Bergische Universität
GH Wuppertal

1. Die Schlüsselfrage: Wie kann der Einzelne am TA-Prozeß mitwirken?

Für eine realistische Technikfolgenabschätzung, auch im Bereich der Telekommunikation, ist die Frage von erheblicher Bedeutung, und zwar unabhängig davon, ob dieses Kommunizieren in der Verwaltung, im Verkehrswesen, im Krankenhaus oder im privaten Alltag stattfinden soll: Wie können normale Erwachsene sinnvollerweise an der Technikfolgenabschätzung mitwirken?

Die Telekommunikation wird sich in den genannten und auch in vielen anderen Sektoren unserer Gesellschaft weiterentwickeln. Diese Entwicklung wird mithelfen, das Überleben von Millionen von Menschen zu sichern, und sie ist geeignet, die weitere Befreiung des Menschen zu fördern. Aber sie wird auch zusätzliche Belastungen verursachen und Verhaltensweisen und Einrichtungen, an die wir uns gewöhnt haben, deformieren. Wirtschaftlich gesehen ist der "Alltag", aber auch gemessen in Zeitverbringungseinheiten ein gigantischer Bereich. 27 Mio. Anschlüsse, und dabei wird es nicht bleiben. Es ist schon realistisch, hier auch von Gefahren zu sprechen.

2. Beteiligung an der Technikbewertung produziert Ergebnisse: Zwei Beispiele

Das Institut, von dem ich komme[1], hat versucht, derartigen Sachverhalten gezielt nachzugehen. In den letzten Jahren ist es dabei mit zwei größeren Beteiligungsvorhaben tätig gewesen. Diese hatten sich vorgenommen, etwas mehr Klarheit über den Wandel von Einstellungen und Verhaltensweisen zu erbringen, den die neuen Kommunikationstechnologien auslösen und weiter auslösen werden. Eine dieser Maßnahmen ist vom BMFT, Bonn, gefördert und mit einem sogenannten "Bürgergutachten" abgeschlossen worden.[2] Sie hatte sich unter anderem auch der kontroversen Thematik "Tele-Heimarbeit" zugewandt. Das Bürgergutachten legte dann insgesamt 78 Regelungsvorschläge und 43 Problemanzeigen vor, die häufig sehr konkret waren, wie z.B.:

- Bei Einrichtung eines Tele-Heimarbeitsplatzes ist eine Einverständniserklärung über Nichtbeschäftigung von Kindern auszufertigen.[3]
- Die politische Öffentlichkeit überschätzt die Wirksamkeit gesetzlicher Regelungen für die häusliche Situation der Tele-Heimarbeit.[4]

Obgleich der im öffentlichen Auftrag tätige Bürgergutachter vor allem immer den staatlichen Ordnungsbeitrag am gesellschaftlichen Regelungsbedarf vor Augen hat, vertritt er in dieser Sache die Meinung, daß letztlich der einzelne, eben der hier Tätige, gefordert ist. Probleme, die sich durch die Tele-Heimarbeit als regelungsbedürftig ergeben, betreffen weniger den Staat und seine Organe noch die Wirtschaft mit ihren Betrieben und Verbänden als vielmehr (so 77-84%) ihn und seine familiäre Situation. Eine solche Einschätzung durch die Laiengutachter ergibt sich unabhängig von der jeweiligen Frageformulierung oder auch der Gesprächs- oder Einzelarbeitssituation, in der sie formuliert wurde.[5]

---

1 Forschungsstelle Bürgerbeteiligung & Planungsverfahren, Bergische Universität GH Wuppertal, 5600 Wuppertal 1.

2 Universität GH Wuppertal, Forschungsstelle Bürgerbeteiligung & Planungsverfahren, Bürgergutachten Regelung sozialer Folgen neuer Informationstechnologien, Heft 3, Wuppertal, November 1987.

3 Regelungsvorschlag, in: Bürgergutachten (1987), a.a.O., S. 38.

4 Problemanzeige, in: Bürgergutachten (1987), a.a.O., S. 38.

5 vgl. die Tabelle in: Bürgergutachten (1987), a.a.O., S. 138.

Das andere Beteilungsvorhaben, das sich inhaltlich speziell der Kommunikation mit Hilfe von ISDN zuwendet, ist zur Zeit noch in Arbeit. Auftraggeber ist hier die Deutsche Bundespost Telekom.[6]

Dieses Vorhaben wird ebenfalls in ein "Bürgergutachten" einmünden. Das wird zu klären haben, ob ISDN mehr unter beruflichen oder privaten Aspekten gesehen werden muß. Wie sehen die Erwartungen der Menschen an die Telefonendgeräte aus? Was heißt das für deren Leistungsmerkmale, Kosten, Benutzeroberfläche oder Benutzerführung? Welche Lösungsalternativen sieht man für das heiße Problem Datenschutz im ISDN? Welche Effekte hat die neue Technologie auf die häusliche Situation? Soviel ist jetzt schon deutlich: ISDN ist mit seinen neuen Diensten und Leistungen für den Bürger interessant (über 90%). Für das Kontaktfeld "Bürger/Verwaltung" das ja im Hintergrund meiner Ausführungen steht, löst es allerdings zwiespältige Empfindungen aus (s. Schaub. 1). Diese Empfindungen bestehen wohl auch zu Recht.

Schaubild 1: ISDN und das Verhältnis des Bürgers zu Staat und Verwaltung

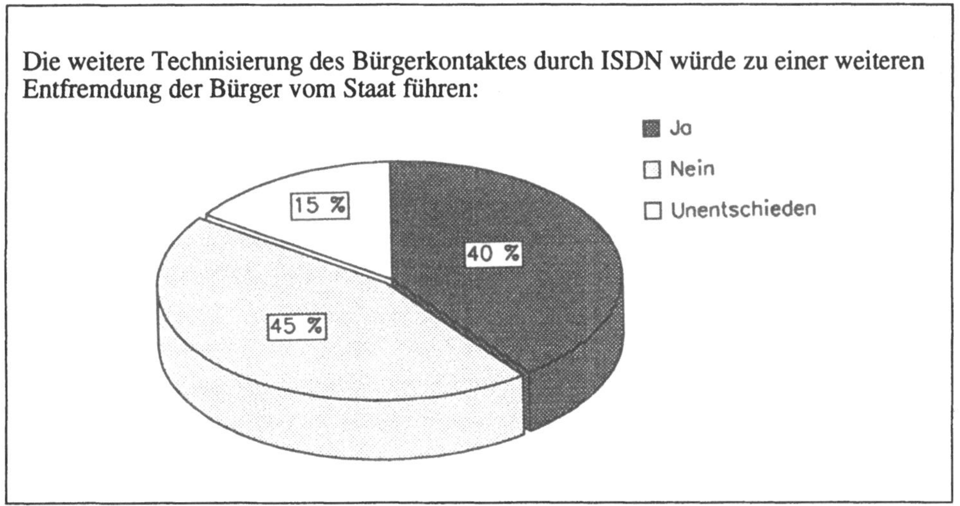

Zu einzelnen Diensten hier nur so viel: **Telefax** wird das Briefeschreiben der Privathaushalte nicht überflüssig machen; es wird hauptsächlich dem geschäftlichen Bereich zugeordnet (s. Schaub. 2).

6 Erste Einblicke in den Ablauf und z.T. auch schon Ergebnisse des Projektes geben Adler, J., Garbe, D., ISDN auf dem Prüfstand der Bürger, in: Zeitschrift für Post und Telekommunikation, No. 3 und No. 4, 1990; ISDN-Bürgergutachten als Planungshilfe, in: Funkschau, Nr. 12, 1990, S. 42-46.

Schaubild 2: Einsatz von Telefax im Privatleben

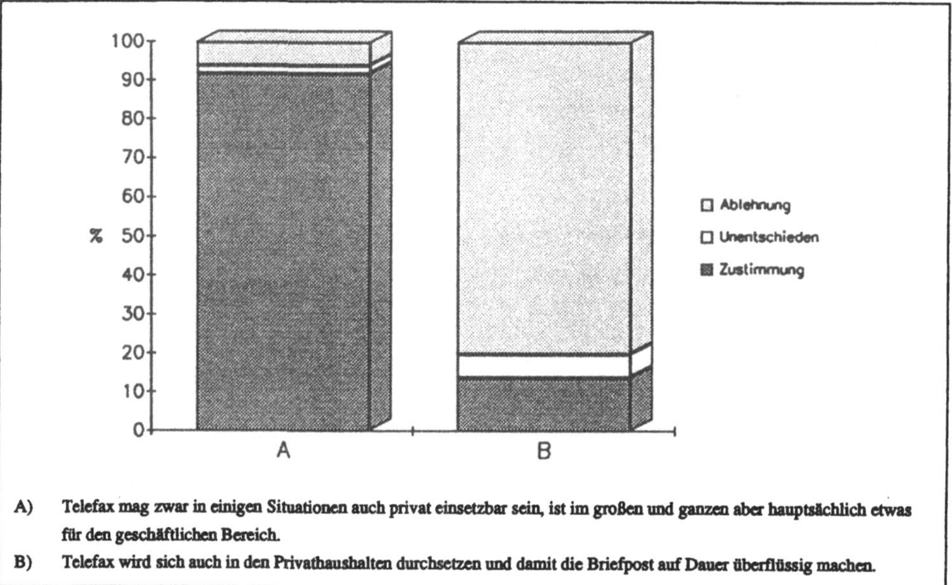

A) Telefax mag zwar in einigen Situationen auch privat einsetzbar sein, ist im großen und ganzen aber hauptsächlich etwas für den geschäftlichen Bereich.

B) Telefax wird sich auch in den Privathaushalten durchsetzen und damit die Briefpost auf Dauer überflüssig machen.

Der Hausnotruf über **Temex** wird dagegen für sinnvoll gehalten, und zwar ganz überwiegend. Die möglichen Nebenwirkungen dieses Dienstes werden dabei durchaus gesehen (s. Schaub. 3).

Schaubild 3: Bürgermeinungen zum Hausnotruf (über Temex)

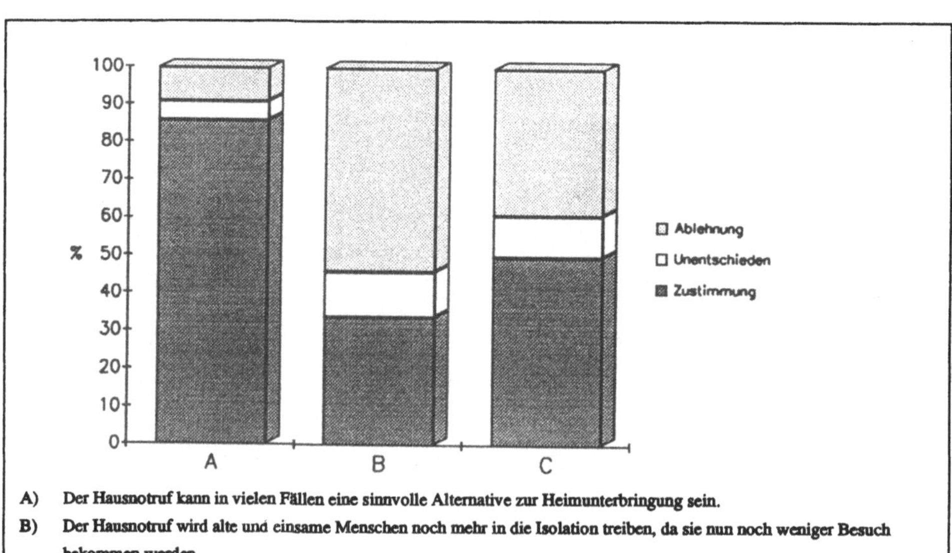

A) Der Hausnotruf kann in vielen Fällen eine sinnvolle Alternative zur Heimunterbringung sein.

B) Der Hausnotruf wird alte und einsame Menschen noch mehr in die Isolation treiben, da sie nun noch weniger Besuch bekommen werden.

C) Temex ist unter Datenschutzgesichtspunkten höchst problematisch, da das Privatleben nun völlig kontrolliert werden kann.

Daß telekommunikatives **Lernen** eine attraktive Alternative zu den üblichen Bildungsangeboten darstellt, wird etwa von der Hälfte der Bevölkerung vertreten. Allerdings zeichnet sich hier bei den Erwartungen jetzt schon der Stadt/Land-Unterschied deutlich ab (s. Schaub. 4).

Schaubild 4: Lernen mit Telekommunikation als Alternative zu herkömmlichen Bildungsangeboten

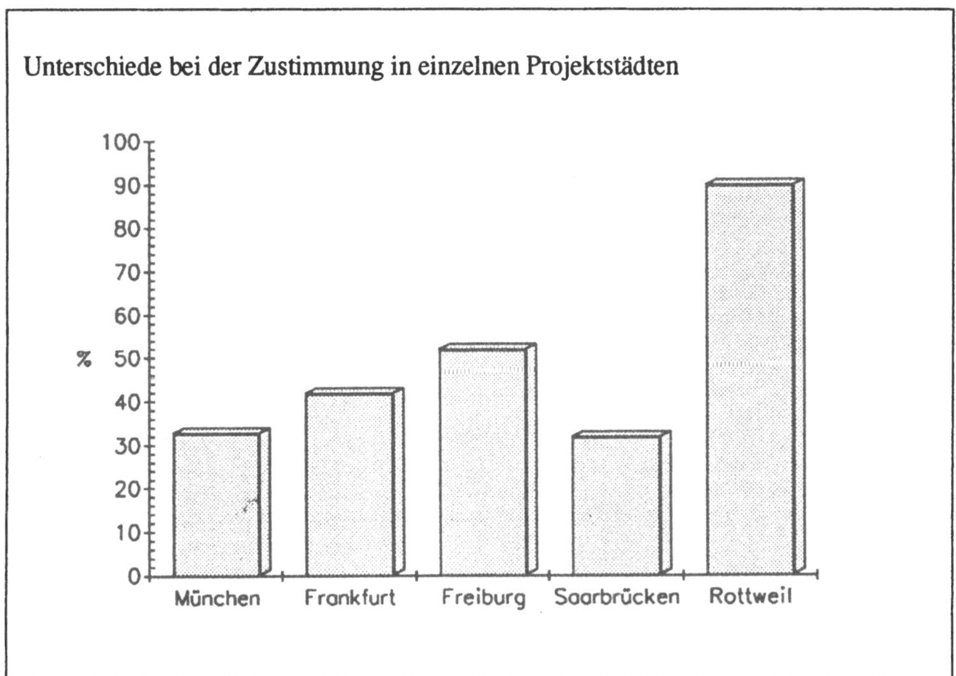

Wenn gut renommierte Weiterbildungsangebote leicht erreichbar sind, ist man wohl eher geneigt, sie persönlich aufzusuchen. Für derartige Erwartungen macht es natürlich einen Unterschied aus, ob man die Gelegenheit gehabt hat, das betreffende Angebot praktisch zu erproben oder nicht. In aller Regel fällt die Einschätzung einer ISDN-Leistung vor der ersten Begegnung positiver aus als danach. So gut wie alle Dienstemerkmale werden zunächst in leicht höherem Maße für wünschenswert gehalten (s. Schaub. 5). Sie werden auch nach dem Kennenlernen noch erstrebt, aber eben etwas weniger.

Schaubild 5: Bürgerbewertungen einzelner ISDN-Leistungs- und Dienstemerkmale

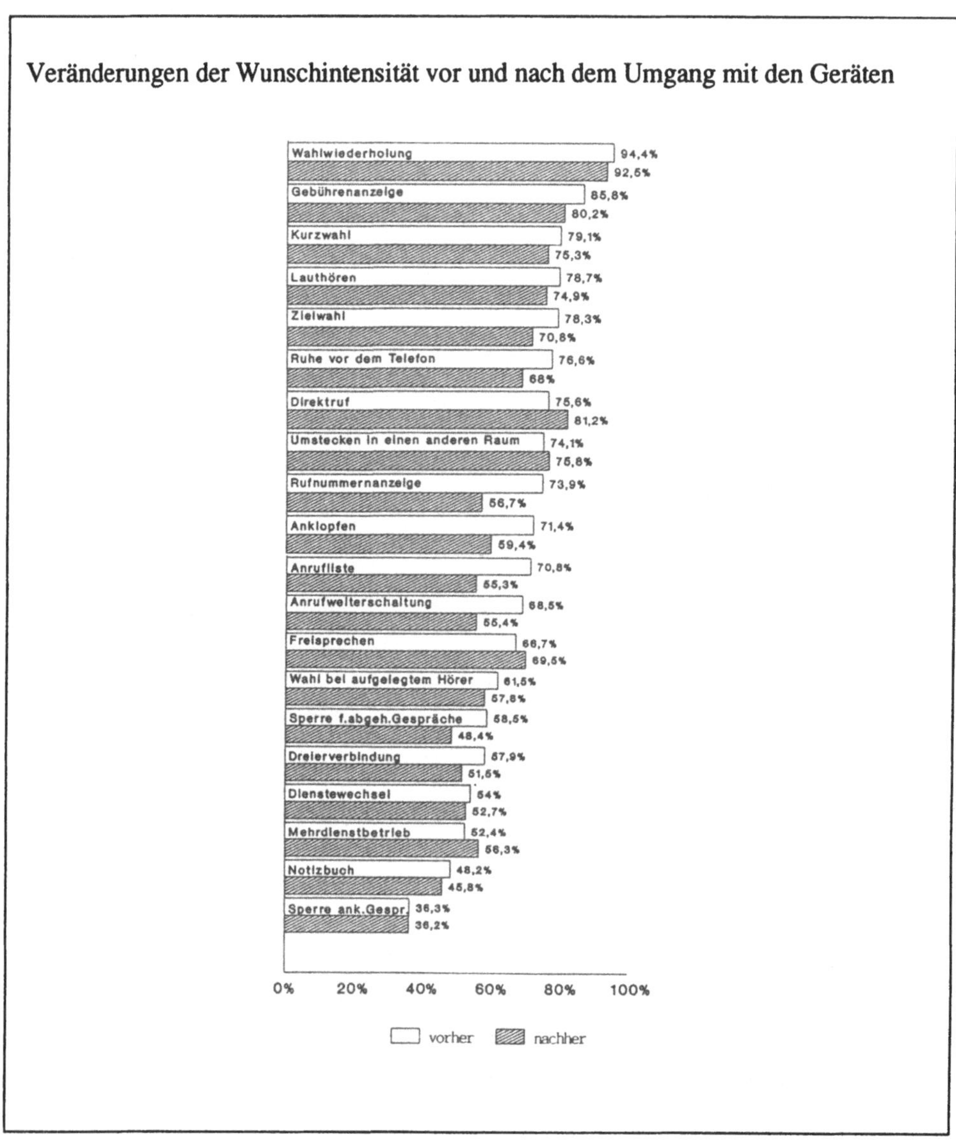

Diese beiden Beteiligungsmaßnahmen haben zu einer Vielzahl von konkreten und punktuell auch sehr kritischen Ergebnissen geführt. Insofern ist die Lektüre dieser Bürgergutachten lohnend, und zwar lohnend für unterschiedliche Adressatengruppen, wie den Auftraggeber, die Fachwelt, die produzierende Industrie oder die Öffentlichkeit.

3. Eine Antwort: Notwendig ist die Öffnung von TA-Prozessen durch die Bereitstellung befristeter Mitwirkungspositionen

Weil meine Ausführungen nach einer Forschungsperspektive zu fragen haben, werde ich mich aber nicht der Fülle der hier ermittelten Details zuwenden. Wichtiger als die jeweils verhandelten Sachverhalte scheint mir die Form zu sein, in der diese verhandelt worden sind: In der Erörterung und Bewertung dieser Sachverhalte haben sich nämlich, gemeinsam mit Experten, normale Menschen engagiert. Wie es gelingen kann, **einfache Menschen erfolgreich in die Technikfolgenabschätzung einzubeziehen**, und welche Auswirkungen das hat, das stellt eine eminente, bisher viel zu wenig wahrgenommene Forschungsperspektive dar.

Zur Begründung dieser meiner Position muß ich ein wenig ausholen: Bei einer Beurteilung des Syndroms "Telekommunikation im Alltag" ist uns mit den Ansichten allein des **Experten** nicht geholfen. Auch für den Alltag -und wofür nicht? - mag es Fachleute geben, dennoch wird hier der Beitrag des sog. Laien und seine kontrollierende Anwesenheit ganz entschcidend sein. Die normalen Menschen müssen in die Beurteilungsprozesse mit einbezogen werden. Es genügt auch nicht, daß sich der Kreis der üblicherweise an einer Technikfolgenabschätzung Interessierten als "**Runder Tisch**" etabliert. Dann sind wieder einmal die organisierten Erwartungen, also etwa die Industrie, die Gewerkschaften, die Universität und die Parteien unter sich, und zwar zusammen mit ihren handfesten Eigeninteressen. So manche Folgenabschätzung ist ja auf diese Art "geklärt" worden. Es reicht wohl auch nicht, daß - wie ein Ministerialer das hier ausdrückte - "die Gruppen, die mit der **betreffenden Technik** umgehen", etwa die Produzenten, die Händler, die Versicherer und vielleicht die Sozialwissenschaftler, in einen "Diskurs" eintreten. Der Bürger sollte dabeisein. Aber nicht als Untersuchungsgegenstand, als Kaninchen, das von den **Demoskopen** "beobachtet" wird. Was man da sieht, das sagt uns auch der Markt. Da zeigt sich der Käufer, instabil in seinen Meinungen, offen für Manipulationen und letztlich irrational. Das Modische geht durch, die Sensation gewinnt an Gewicht. Nein, gefragt wäre ein Mensch, der Durchblick hat, der vorausschauen kann und bedächtig abwägt, der seinen Staat will und auf Frieden aus ist, eben: der seiner selbst mächtige **Bürger**, der Veranstalter dieses Staates, der ein Recht und die Fähigkeit besitzt, seine Politiker zu lenken. Von ihm könnte dann auch wirklich, wie es heißt, alle Gewalt ausgehen,[7] und hier eben auch eine sachkundige, das Gemeinwohl fest im Auge behaltende Abklärung der erkennbaren Folgewirkungen einer Telekommunikation.

[7] Art. 20 GG.

Aber diesen Bürger gibt es nicht. Er scheint eine unerreichbare Fiktion unserer Verfassungen zu sein. Es macht den Realpolitiker aus, daß er diese Situation in Rechnung stellt. Theoretiker dagegen treibt dieses Dilemma zur Verzweiflung.

Doch der erste Anschein trügt. Es gibt nämlich Wege, die für eine entsprechende Weiterentwicklung offen stehen. Kann der Mensch fliegen? Ja, wenn er ein Flugzeug hat. Können Säuglinge schreiben? Noch nicht, das Kind muß erst zur Schule gehen. Kann man nach New York schwimmen? Nur wenn bestimmte Randbedingungen, etwa in Gestalt eines Schiffes, gegeben sind. Vielleicht gibt es Bedingungen, die gegeben sein müssen, damit einer "Bürger" sein kann. Wenn ja, dann sollten Einrichtungen angeboten werden, die in die Lage versetzen, Bürger zu sein. Von sich aus, ohne "Gerät", kann man diese generelle Rolle offenbar so nicht leisten.

Die Bedingungen, die hier erstellt werden müssen, sind eigentlich bekannt. Es gibt Positionen und Situationen, in denen der einzelne, etwa als Souverän oder als Staatsekretärin, bereit und in der Lage ist, das Langfristinteresse aller zu sehen und zu wollen. Solche Situationen gilt es, vermehrt zu schaffen. Sie herzustellen, ist eine Gemeinschaftsaufgabe, wie einst in historischen Zeiten das Errichten von Sicherheit, von Gesetz, von Straße oder von Stadt. Heute muß der Bürger ermöglicht werden.

Bei dieser Ermöglichung geht es zunächst nicht um Pädagogik, um neue Erziehungsprogramme oder um die Planung politischer Bildung, beginnend mit der Erziehung der Erzieher. Ich spreche von Situationen, die jetzt angeboten werden können, und zwar für viele, und die ihren authentischen bürgerschaftlichen Beitrag schon heute, z.B. auch in der TA, einbringen können.

Die erforderlichen Situationen ergeben sich nicht durch eine weitere Vergrößerung der Behördenapparate oder Parteistäbe (Mehr Karrierechancen für mehr Profis). Das ist nicht der Ausweg. Die Situationen werden vielmehr

- auf Zeit zur Verfügung gestellt, und sie müssen
- als Ernstfall

erkennbar sein.

Der Bürger findet - wie wir inzwischen wissen: regelmäßig - zu sich selbst, wenn ihm im hoheitlichen Auftrag der Zugang zu einer vis-a-vis-Arbeitsbeziehung eröffnet wird, die eine faire Mitwirkungschance an einer **konkreten Aufgabe** erlaubt, auch wenn diese Chance auf eine Arbeitswoche begrenzt ist. Diese Situation muß allerdings gegen eine

Manipulation durch Interessenten **abgesichert** sein, und sie muß den freien Zugriff auf die jeweils erforderlichen **Informationen** ermöglichen.[8]

Der funktionale Bedarf nach solchen Situationen ist immens. Die strukturelle Verunmöglichung des Bürgers hat sich nämlich zu einem Kardinalschaden der modernen Industriegesellschaft entwickelt. Eine geordnete Hereinnahme der Menschen in die vielen interessanten Entscheidungsprozesse gilt als nicht machbar. Die wichtigen Fragen werden daher ohne sie entschieden. Es entstehen immer mehr geschlossene Zirkel, Kader, Spezialisten auch fürs Allgemeine, Eliten, die mit Symbolen handeln, Stäbe zur Entwicklung von Politbarometern, Seilschaften und Führungsebenen. Der Bürger steht draußen. Das macht seine Ohnmacht aus, und er weiß das. Zutritt zur Teilnahme an einer Lösung gibt es praktisch nur im engen Nahbereich (z.B. Spielplatzausbau, Wohnumfeldverbesserung, Mieterbeteiligung). Die Zahl der Fragen, die politisch gelöst werden müssen, nimmt aber gerade im Makrobereich zu. In einer sich immer mehr vernetzenden Gesellschaft war das zu erwarten. So wachsen denn die Abstinenz und der Politikfrust der Leute. Man trägt Resignation. Es gilt als vernünftig, sich apathisch zu verhalten oder, bei Betroffenheit, aggressiv zu werden. Praktisch führt das zu einer weiteren Denaturierung dessen, was in unserem System dringend als "Bürger" benötigt wird.

Diese Entwicklung ist so bedrohlich, weil es in unserem Raumschiff Erde in manchen Hinsichten eh nicht zum besten steht. Hochentwickelte Gesellschaften stellen ein komplexes, sehr voraussetzungsvolles Gleichgewicht unterschiedlicher Faktoren dar. Wirkungsgrößen, wie

- das Güterangebot in einer Gesellschaft,
- der Freiraum für unterschiedliche Identitäten,
- der Lebensmut der gerade Gefährdeten oder
- die Motivation zur Arbeit,

müssen sich innerhalb bestimmter Toleranzen entwickeln dürfen, während gleichzeitig eine Befriedung der Gesellschaft gewahrt bleiben muß. Das ist eine leicht zerbrechbare Mischung von Voraussetzungen. Die rasant wachsende Eingrenzung des Menschen führt dabei zu immer neuen Formen der Resignation, des individuellen Ausbrechens oder der kollektiven Abwehr. In den USA sind 1987 allein für Kokain 165 Milliarden Dollar auf-

---

[8] **Eine Kombination der für diese Situation soeben genannten Merkmale wird von dem Modell Planungszelle geleistet. Vgl. hierzu: Dienel, P.C., Die Planungszelle, Jg. 3, Opladen, 1991, S. 74-108.**

gewendet worden. Das signalisiert einiges an Frust. Verglichen mit früher, leben wir in einer kalten Gesellschaft. Gehen wir in eine noch kältere Zukunft?

Die sozialen Erosionen und Verholzungen machen es als Ausgleich um so eher erforderlich, daß dem Menschen endlich im sogenannten politischen Bereich gesicherte Möglichkeiten der aufgabenorientierten personalen Kommunikation in überschaubaren Situationen eröffnet werden. Der einzelne muß mit begründerter Aussicht auf Wirkung dabeisein können.

Das sind Ansichten, die heute vielleicht naheliegen. Dem Sehenden kann ja nicht verborgen bleiben, daß bestimmte fundamentale Voraussetzungen unseres Gemeinwesens ins Rutschen kommen. Die Präsidentin unseres Bundestages hat kürzlich darauf hingewiesen, daß Solidarität gemeinsame Arbeit voraussetzt. Ihr Appell plädierte dafür, "Gemeinschaft durch gemeinsames Arbeiten zu stiften".[9] "Bitte lernen Sie sich kennen. Werden Sie miteinander vertraut ... Jeder Handwerksbetrieb, jedes Unternehmen, jeder Verein, jedes Geschäft, das gemeinsam aufgebaut wird, ist gelebte Zusammengehörigkeit". Sicher, die Erfahrung von Verläßlichkeit zwischen Personen, die sich nahe sind, ist Grundlage von Solidarität. Es ist wie beim Heranwachsen des Menschen: Das Weltvertrauen eines Kindes setzt vertrauenswürdige Bezugspersonen voraus. Aber kann das von uns heute geforderte begründete Systemvertrauen auf diese Weise zustandekommen? Örtliche und familiare Relationen haben das einst geleistet. Heute ist das Biedermeier. Die bestehenden Strukturen verbrauchen die Zukunft unserer Kinder. Die Multis eutrophieren. Eine reelle Chance, gemeinsam mit anderen an vernünftigen Lösungen zu arbeiten, um sie politisch realisierbar zu machen, das würde Grundlagen zustandebringen, die diese Gesellschaft wieder stabilisieren. Die Erfahrung zeigt, daß die Arbeit in Planungszellen dieses "Politikerlebnis" vermittelt. In diesen Gruppen herrscht eine Stimmung wie auf dem Auswandererschiff.

Ich werde Sie nun nicht mit einer Darstellung und Begründung des Modells Planungszelle aufhalten. Die Zeit dafür ist nicht da. Darüber kann man sich selber informieren, etwa in einem Beitrag über Arenen politischen Streitens[10] oder fundierter in dem jetzt wieder greifbaren Basistext[11] in Buchform. Hier geht es jetzt ja wohl eher um ein möglichst wirklichkeitsadäquates Erfassen der zukünftigen Telekommunikation im Alltag,

---

9 Bundestagspräsidentin Prof. Süßmuth, R., Rede beim Staatsakt, Berlin, 3. Oktober 1990.

10 Sarcinelli, U. (Hrsg.), Demokratische Streitkultur. Bundeszentrale für politische Bildung, Bonn, 1990, S. 121-143.

11 Dienel, P.C., Die Planungszelle. Der Bürger plant seine Umwelt. Eine Alternative zur Establishment-Demokratie, Opladen, 1991.

inklusive deren Neben- und Drittfolgen, deren Sozialverträglichkeit und Akzeptierbarkeiten. In diesem Zusammenhang gilt zweierlei:

- Wir brauchen **Daten**, die die betreffende gesellschaftliche Wirklichkeit realistisch abbilden. Sonst sind wir gezwungen, singend im Nebel zu agieren. Die Planungszelle ist geeignet, solche Daten zu produzieren.

- Dieser Datenproduzent stellt gleichzeitig eine Chance dar, Menschen endlich das **Bürgersein** zu ermöglichen. Ein solcher "Demokratiebaustein" kommt aber nicht deswegen zustande, sondern weil der Druck auf die steuernden Instanzen unserer Gesellschaft zunimmt, präzisere Aussagen als bisher über zu ergreifende Maßnahmen machen zu können.

Aus zumindest diesen beiden Gründen ist unsere Frage, wie normale Erwachsene sinnvoll an der Technikfolgenabschätzung mitwirken können, von so großer Bedeutung. Ich habe keinen Zweifel daran, daß - wenn wir die neuartigen Verfahrensmöglichkeiten, die sich mit der Planungszelle anbieten, ernsthaft angehen und einsetzen - sich dann auch unsere Einsichten über Telekommunikation im Alltag optimieren lassen. Den zur Entscheidung befugten staatlichen Stellen würden dann im einzelnen Fall die für ihr Handeln erforderlichen Datengrundlagen rechtzeitig Schritt für Schritt vorliegen.

Schwieriger dürfte sich die Zukunft des Beteiligungsverfahrens Planungszelle in der Funktion als "Demokratiebaustein" gestalten. Als das, was er da ist, kann man ihn gar nicht zur Einführung anbieten. Denn wer wird ihn wollen oder fördern? Daß die Gesellschaft den freien **Bürger** braucht (als Fundament und Gegenüber), wer wird sich dafür einsetzen wollen? Nicht erst seit Robert Michels[12] wissen wir, wie stark die Eigeninteressen der in einer Gesellschaft ausdifferenzierten politisch-administrativen Apparatur deren Handeln bestimmen. Die "Wahrung des Besitzstandes ist ein ungeschriebenes Hauptgrundrecht der realen Verfassung".[13] Die längst fällige Fortschreibung der politischen Infrastruktur unserer modernen Gesellschaft wird nicht aus den Ämtern oder Parteifraktionen in Gang gesetzt werden. Sie wird daher auch nicht von den Verfassungsgerichten, nicht einmal von der Tagespresse initiiert werden. Verzweiflung am Staat, individueller Politfrust oder Trauer über das enteignete Bürgerbewußtsein werden auch nichts ausrichten.

---

12 Michels, R., Zur Soziologie des Parteiwesens in der modernen Demokratie. Untersuchungen über die oligarchischen Tendenzen des Gruppenlebens. Neudruck Jg. 2, Stuttgart, 1925.

13 Fromme, K.F., in: Frankfurter Allgemeine Zeitung, 30.11.1990.

Vermutlich werden es Fälle wie der sein, den wir hier diskutieren, die langsam das Entwicklungsfenster öffnen. Großorganisationen brauchen Daten, die nur von den Leuten selber erstellt werden können, und zwar in Gruppen, die informiert und offen miteinander sprechen und die ein Recht haben, sich als politischen Ernstfall zu verstehen. Arbeitssituationen dieser Art wirken sich für den einzelnen Teilnehmer wie eine "friedliche Gesellschaftsveränderung en miniature"[14] aus. Das wird man sehen, das kommt in den Ergebnissen zum Ausdruck und das wird sich herumsprechen.

So also kommt dieses Problem auf die Tagesordnung einer Arbeitsgruppe über Forschungsperspektiven. Hier schließt sich der Kreis. An sich ist es eine akute Verpflichtung des Staates, den Bürger zu ermöglichen. Aber dieser Staat bringt's nicht. Möglicherweise ist ein Staat auch nur nach harten Krisensituationen in der Lage, seine Steuerungsstrukturen neuen Verhältnissen anzupassen. So hat einst der Zusammenbruch Preußens die Einführung neuer Formen personaler Teilhabe am Entstehen kollektiv bindender Entscheide möglich gemacht.[15] Inzwischen übernehmen hier erst einmal die an ihren eigenen Zwecken orientierten Großorganisationen die Funktionen eines Trägers der erforderlichen Entwicklung. Mit den Forschungsperspektiven, die sich hier abzeichnen, tut die Deutsche Bundespost Telekom stellvertretend etwas für unseren Staat.

Aber vielleicht sollte Telekom so etwas gar nicht denken müssen. Ein solches Wissen wäre nach außen nicht darstellbar. Was ahnten einst in Köln die bei der ersten Ausschachtung schwitzenden Knechte von der Gestalt des großen Domes, die uns Heutige so beeindruckt.

---

14 Reinert, A., Wege aus politischer Apathie? Organisierte Formen gesellschaftlicher Aktivierung als Problem der Sozialdemokratie in Schweden und der Bundesrepublik Deutschland. Frankfurt, Bern, New York, 1988, S. 233.

15 Politisch wirksam wurde dieser Reformschritt damals in der Preußischen Städteordnung vom 19. Nov. 1808.

13

Telekommunikation und ältere Menschen

Renate Wald

Bergische Universität
GH Wuppertal

Frank Stöckler

IGEBP
Solingen

1. Einleitung

Die Nutzung von Telekommunikationsdiensten, der elektronische Transport von Nachrichten hat in den letzten Jahren immens zugenommen. Durch die revolutionären Entwicklungen in der Mikroelektronik der Computertechnologie ist die Grundlage für eine breite Skala neuer Telekommunikationsdienste ermöglicht worden. Das gilt vor allem für die Mobil- und Satellitenkommunikation, für Teletext und interaktive Formen wie Telebanking und Teleshopping sowie Alarmdienste. Das Vordringen moderner Technik in die Alltagswelt stellt die mit der Technik konfrontierten Menschen vor neue, komplexe und oftmals nur schwer zu lösende Anforderungen.

Parallel zur schnellen technologischen Entwicklung zeichnen sich deutliche Veränderungseffekte bei der Bevölkerungsentwicklung und Alterszusammensetzung in den westlichen Industrieländern ab. Für die Bundesrepublik Deutschland, einem Land mit der niedrigsten Nettoreproduktionsrate und hoher Lebenserwartung, bedeutet dies

Bevölkerungsrückgang und überproportionales Ansteigen der älteren Wohnbevölkerung. Ein Nachdenken über die Nutzung und die Funktion von Telekommunikationstechnik in der Zukunft muß daher diese zunehmende Bevölkerungsgruppe einschließen. Dabei gilt zu berücksichtigen, daß alternde Menschen geprägt sind durch Sozialisation, Schulbildung, Beruf, die individuelle psychologische Entwicklung, daß also Biographie und soziales Schicksal die persönliche Orientierung und die Verhaltensweisen im gesellschaftlichen Leben bedingen.

Einerseits darf vermerkt werden, daß ältere und hilfebedürftige Menschen zur Zeit in der Regel von der im Berufsleben vollzogenen technologischen Entwicklung abgekoppelt sind, andererseits gilt aber, daß künftige "Altengenerationen" - und zunehmend auch Frauen - heute im Beruf verstärkt mit Informations- und Kommunikationstechnik konfrontiert werden. Gerade in dieser Übergangsphase scheint es notwendig, das Kommunikationsverhalten und die Einstellungen älterer und künftiger älterer Menschen gegenüber Technik und technischen Innovationen bei der Systemgestaltung von Telekommunikationstechniken zu berücksichtigen.

In einem Projekt des Wissenschaftlichen Institutes für Kommunikationsdienste (WIK) **"Telekommunikation und ältere Menschen"** soll unter Berücksichtigung der weiteren demographischen Entwicklung bis zum Jahr 2000 der Stellenwert und die Funktion von Telekommunikationstechniken und -diensten im Leben älterer Menschen dargestellt werden. Dabei wird von folgenden Intentionen ausgegangen:

- Das **Kommunikationsverhalten** älterer Menschen darf nicht isoliert betrachtet werden, sondern muß, eingebettet in die jeweiligen Lebenszusammenhänge, untersucht werden. Telekommunikation darf die **Isolationsgefahren** für alte Menschen nicht verstärken und nicht als Ersatz für persönliche, direkte Kommunikation dienen, sondern soll im Gegenteil alle Ansätze der aktiven Beteiligung am Alltagsleben stärken.

- Eine Betrachtung des Kommunikationsverhaltens älterer Menschen und deren Alltagskommunikation per Telefon muß auch die stetig zunehmende Kategorie der "jungen Alten" berücksichtigen.[1]

[1] Vgl. Schäuble, G., Die schönsten Jahre des Lebens? Lebenslagen und Alltagsrhythmen von jungen Alten, Stuttgart, 1989.

- Eine Analyse der in Grenzsituationen für ältere Menschen notwendigen und hilfreichen (Tele-) Kommunikationsangebote gehört ebenso in den Betrachtungshorizont des Projektes, steht aber im Gegensatz zu manchen Vorhaben des RACE-Programms nicht in dessen Mittelpunkt.

Dieser Beitrag stellt erste Ergebnisse aus dem Projekt vor.[2]

2. Altern in der modernen Gesellschaft

Ausgangspunkt aller Überlegungen ist die demographische Entwicklung, wie sie sich bisher vollzogen hat und wie sie weiter prognostiziert wird. Diese ist gekennzeichnet durch **steigende Lebenserwartung** und die damit verbundene **abnehmende Sterberate** für einzelne Alterskohorten. Das Ungleichheitsverhältnis zwischen Sterbe- und Geburtenrate führt schon seit Jahren zu einem absoluten und relativen **Anwachsen der älteren Wohnbevölkerung** bei gleichzeitigem natürlichem **Schrumpfen der Gesamtbevölkerung**. Bemerkenswert ist, daß der Prozentsatz Hochbetagter, d.h. der über 80-jährigen, bedingt durch die gestiegene Lebenserwartung ständig zunimmt.

Die gesellschaftlichen Rahmenbedingungen, in denen Menschen alt werden, werden sich aber ebenso wandeln, und zwar rasch. Die Frage heißt dann: Wie erfolgt Altern und wird Altern in hochmobilen, komplexen Gesellschaften mit pluralistischen Wertorientierungen erfolgen, in zukunftsorientierten Gesellschaften, in denen Modernisierung als Lösung aus bisherigen Traditionen des Zusammenlebens und der Lebensart sich fortlaufend vollzieht? Das heißt, wie erfolgt Altern in der Blickrichtung auf das Jahr 2000?

Die bisherigen Innovationssprünge auf wissenschaftlich-technischem Gebiet im 20. Jahrhundert sind auch von Schritten der Selbstzerstörung von Lebensvoraussetzungen begleitet gewesen.[3] Die industriegesellschaftliche Modernisierung könnte, wie inzwischen erkennbar ist, an soziale und ökologische Grenzen stoßen. Die Gefahr besteht, daß verletzliche Lebensbalancen - bei mangelnder Einsicht in die Begrenztheit natürlicher Ressourcen, in den Wert sehr lange praktizierter Strukturen menschlichen Zusammenlebens, in die Bedeutung der psychischen Bedürfnisse an Sicherheit und Glaubwürdigkeit - umkippen könnten. Rückfall in ökonomische, soziale und kulturelle Armut bzw. Vernachlässigung und Hilflosigkeit, die Verdrängung an den Rand der

---

2 Über das Projekt erschein ein Bericht "Telekommunikation und ältere Menschen" als WIK-Diskussionspapier Nr. 62, Frühjahr 1991.

3 Rosenmayr, L., Altsein im 21. Jahrhundert, in: Deutsches Zentrum für Altersfragen (Hrsg.), Die ergraute Gesellschaft, Berlin 1987, S. 477.

Gesellschaft im Alter würden in einem solchen Fall die Konsequenz sein. Nur bei einer fortschreitenden Modernisierung mit Augenmaß haben die nachfolgend aufgeführten Postulate Aussicht darauf, sich zu erfüllen.

In die Altersphase werden die Menschen eher in besserem Gesundheitszustand hineingehen und je nachdem zwischen 60-90 Jahren noch eine lange Lebenszeit vor sich haben, in der die zunächst schwachen Alterssymptome und Behinderungen sich erst nach und nach verstärken, schwere und viel Pflege bedürfende Krankheiten ans Lebensende gedrängt werden. Sie können und wollen so lange wie möglich mit dem Ehepartner oder allein für sich wohnen und sind in der Lage, ihre Existenz lange selbständig zu führen, diese zu organisieren und die dafür notwendigen Entscheidungen zu treffen. Aus der mehr oder weniger ausgeprägten räumlichen, sozialen, kognitiven und emotionalen Mobilität, die sie ein Leben lang durchlebt und verarbeitet haben, sind sie in erheblichem Maß zu flexiblen Reaktionen und Umstellungen fähig: Neuere Untersuchungen belegen und besagen, daß alternde und alte Menschen - unter Umständen nach einem vorübergehenden Disengagement, einem gesellschaftlichen Rückzug auf Zeit in und nach Streßsituationen wie Berufsaufgabe, Verwitwung, Wohnwechsel[4] - in eher überraschendem Umfang in der Lage sind, generelle Trends gesellschaftlichen Wandels mitzuvollziehen und sich unter Einsatz bisher bewährter Lebenstechniken mitzuwandeln.

Wie eh und je werden in der individuellen Lebenszeit und in der gesellschaftlich historischen Zeit erfahrene Privilegierungen und Deprivationen sich im Alter wie in einem Brennglas sammeln,[5] ohne daß dann noch die Chance bestände, Defizite zu kompensieren und aufzuarbeiten. Aber die Gruppen, die sich - in jedem Sinne - "selbst zu helfen wissen", werden größere sein und breiter in die Grundschichten hineinreichen. Und mehr alte Menschen werden länger ihre Autonomie bewahren können und wollen.

Ausgeprägtere Individualisierungstendenzen werden dazu ebenfalls beitragen. Individualismus, darin sind sich die soziologischen Klassiker der verschiedenen Schulen einig, ist in modernen Gesellschaften zum sozialen Regelungssystem eigener Art geworden (R. König); sie sind Gesellschaften von Individuen (N. Elias). Das heißt, sie sind unwiderruflich auf die aus verinnerlichten, im Lebensablauf relativ stabil bleibenden Handlungsmaximen in vielen, auch unbekannten Situationen bewegliche und entscheidungsfähige Einzelpersönlichkeit gestellt (T. Parsons). Und diejenigen, die die in einem

---

4 Lehr, U., Minnemann, E., Veränderungen von Quantität und Qualität sozialer Kontakte vom 7.-9. Lebensjahrzehnt, in: Lehr, U., Thomae, H (Hrsg.), Formen seelischen Alterns, Stuttgart, 1987.

5 Müller, W.C., Wie grau ist das Bild von der ergrauten Gesellschaft?, in: Deutsches Zentrum für Altersfragen (Hrsg.), Die ergraute Gesellschaft, Berlin, 1987, S. 451.

so anspruchsvollen und gesellschaftlichen Sozialisationsziel steckenden Chancen besser wahrzunehmen, besser auszuschöpfen vermögen, werden mehr vom Alter haben.

In der über 15 Jahre fortgeführten Bonner Längsschnittstudie ergab sich, daß diejenigen, die aufgrund besserer Bildung, finanzieller Unabhängigkeit und Planung, größerer intellektueller Befähigung und höherer Vitalkapazität ihre Individualität stärker auszuleben und zu behaupten verstanden, die sich aus allzu engem Eingebunden-, Belastet- und Überfordertsein in Familien- und Verwandtschaftsbeziehungen distanziert hatten, die eigene Interessen und externe Beziehungen zu Freunden pflegten, daß eben diese Personen auch zufriedener alterten.[6]

Differenzen im Alter könnten daraus resultieren, wie das Sozialisationsgut der Individualität gesellschaftlich gefördert und unterstützt worden ist:

- stärker auf Funktionsfähigkeit und -tüchtigkeit, auf zweckrationales Handeln im Beruf, wenn nicht sogar ganz einseitig auf den Beruf ausgerichtet für Männer

- oder geprägt durch den derzeit eindrucksvoll ablaufenden, mit ihrer Berufstätigkeit verknüpften Individualisierungsschub jüngerer Frauen, die sich orientieren

  o an Bildung formeller und informeller Art

  o an eigenverantwortlicher, selbständiger Tätigkeit im Beruf

  o auf den Kontakt mit Menschen im Beruf und den familiären Beziehungsnetzen.[7]

Ausgehend von diesen sachorientierten Sozialisationsvoraussetzungen scheint das individuelle Altern, erst recht das singuläre Altern, Männern eher schwerer zu fallen als Frauen, die offenbar Freiheiten, Freiheitsräume des Alters mehr genießen und mehr damit anfangen können.[8] In qualifizierten Berufen tätig gewesene Frauen sind im übrigen schon länger aufgefallen, wie gut sie den Ruhestand füllen und organisieren können.[9]

3. Lebensbedingungen und Kommunikationsverhalten älterer Menschen

Menschliche Identität entsteht, strukturiert und erhält sich im sozialen Prozeß. Sie ist niemals abgeschlossen. Zustande kommt sie in der Interaktion und Kommunikation mit-

---

6 Lehr, U., Minnemann, E. (1987), a.a.O.

7 Wald, R., "Ich habe mich für den Beruf entschieden." Frauen in technikorientierten Berufen. Veröffentlichung vorgesehen, Bonn, 1991.

8 Cumming, E., Henry, W.E., Growing old, New York, 1961.

9 Meinhold, R., Kunsemüller, A., Von der Lust am Älterwerden, Reinbek, 1979; Lehr, U., Seniorinnen. Zur Situation älterer Frauen, Darmstadt, 1978.

tels Symbolen, wie Sprache und Gesten. Dabei sind alle Beteiligten an solchen Situationen als selbst agierend oder darum bemüht, die Umwelt erkundend und die Situation mitgestalten wollend, in wechselseitigem Geben und Nehmen in einem Zwei-Weg-Prozeß der Interaktion als "Ko-Produzenten" zu schaffender gesellschaftlicher Wirklichkeit zu verstehen.[10] Im Austausch, dem Aushandeln der aneinander sich abarbeitenden Interpretation der Situation ist allerdings der Interaktionsablauf nie ganz vorherzusehen, bleibt immer ein Stück weit unbestimmt. Aus diesem Grund wie aus gewissen spontanen, nicht sozialisierbaren Aspekten des Selbst, charakterisiert als "Reaktion des Organismus auf die Haltungen anderer"[11] und der einzigartigen Biographie, die jeder in eine Kommunikation einbringt, ergibt sich die Auffassung dynamischer, letzten Endes uns selbst überraschender Identitätsstrukturierungen sowohl gegenüber verschiedenen Bezugsgruppen als auch im Zeitablauf.

Bei der Untersuchung des Kommunikationsverhaltens sind die objektiven Lebensbedingungen und die subjektiven Daseinsorientierungen entscheidende Faktoren. Der nachgewiesene Zusammenhang zwischen dem **Einkommen**, dem **Gesundheitszustand**, sowie der **sozialen Integration** und der Lebenszufriedenheit macht beispielsweise auf Basisvoraussetzungen für die Erlebnis- und Verhaltensstruktur aufmerksam.[12]

Kommunikative Teilnahme am sozialen Prozeß bedarf wie jede Lernleistung der Motivation und der Übung. Diese Lernanforderungen in Kontakten und Beziehungen werden im Alter zwar genauso wie andere Lernanforderungen - etwa in technischen Bereichen - nicht mehr so rasch und so fließend aufgenommen und eingearbeitet, mit so viel Neugier und Umstellungsvermögen wie in jüngeren Jahren. Neue Kontakte werden jedoch immer wieder erschlossen, wenn sie einsichtig und lohnend erscheinen.[13] Bei der Wahl und der Fortführung helfen Faktoren der kristallinen Intelligenz: verfeinerte Wahrnehmungsfähigkeit, Ablehnung von abweichenden und aggressiven Verhaltenszügen beim Gegenüber, Erkennungsvermögen für Strukturen - auch Persönlichkeitsstrukturen - und deren Einordnung in lebenslange Erfahrung, gewachsene Kommunikations- und Ausdrucksfähigkeit, Gesprächsfähigkeit.[14]

---

10 Berger, P.L., Luckmann, Th., Die gesellschaftliche Konstruktion der Wirklichkeit, Frankfurt, 1970.
11 Mead, G.H., Sozialpsychologie, Neuwied, 1969, S. 292ff.
12 Thomae, H., Kranzhoff, Nutzung von Einrichtungen und Veranstaltungen der Offenen Altenhilfe und Lebenszufriedenheit, Bericht über eine Erkundungsstudie, in: Schriftenreihe des Bundesministers für Jugend, Familie und Gesundheit, Bd. 66., Stuttgart, 1979.
13 Minnemann, E., Die Bedeutung von Technik für das Kompetenzerleben älterer Menschen, in: Rott, Ch./Oswald, F., Kompetenz im Alter, Beiträge zur 3. Gerontologischen Woche, Peutinger Institut für angewandte Wissenschaften, Vaduz, 1988, S. 271-285, hier: S.272.
14 Lehr, U., Thomae, H. (1987), a.a.O.

Generell verändern sich Umfang und Art sozialer Beziehungen im Alter. Sie nehmen ab in der Quantität und in der Spannweite und dies nicht nur mit dem Auszug der Kinder aus dem elterlichen Zuhause und der Aufgabe der Berufstätigkeit durch die Eltern, sondern während der gesamten Lebensspanne bis ins hohe Alter hinein.[15] Gewünscht wird jedoch stets, daß sie vielfältig bleiben und über die eigene Generation hinaus verschiedene Generationen umfassen. Erstrebt wird Interaktion mit Menschen in allen möglichen Funktionen, Kommunikation auf unterschiedliche Nähe und Distanz.

Soziale Beziehungen werden anders in der Qualität. Das heißt: Bei starkem Wunsch nach Sympathie und Verständnis in der emotionalen Fundierung aller Beziehungen erfolgen sie mehr auf Abstand; sie sind weniger intensiv, der ältere Mensch ist weniger darin involviert. Die heute üblicherweise von der älteren wie der jüngeren Generation gewünschte getrennte Form des Wohnens in einer Entfernung, die gleichwohl regelmäßigen Kontakt zuläßt, ist sinnfälliges Beispiel solch "innerer Nähe bei äußerer Distanz".

Und sie konturieren sich in größerer Freiheit: Freiwerden wollen, Nicht-mehr-belastet-sein können mit allzu fordernden, verpflichtenden Bindungen, Freimut bis zum relativ unbekümmerten Außerachtlassen gesellschaftlicher Regelungen - auch in den Äußerungen - und im günstigen Fall Selbstbestimmung behalten bei Hilfestellung durch Jüngere.[16] Kommunikation auf Distanz selbst aufnehmen und beenden zu können wie man will, mag unter solchen Umständen wichtiger werden.

Der Kommunikationshabitus unterscheidet sich offenbar in erster Linie nach Geschlecht, zwischen Männern und Frauen. Schon als Kinder verwenden Mädchen in ihren Freundschaften mehr Zeit auf das Gespräch zur Pflege und Interpretation ihrer Beziehungen als Jungen in ihren Kameradengruppen.[17] Als Erwachsene sind Frauen einmal in der Regel diejenigen, die in der Familie den Kontakt aufrecht erhalten und die Kontakte für die Alltagsorganisation der Familie und die Geselligkeit aufnehmen.[18] In der Berufsarbeit sind sie zudem diejenigen, die großen Wert auf das gute Arbeitsklima legen, die reibungsarme, verläßlich funktionierende Interaktion unter Kolleginnen und Kollegen und die häufig Kommunikation als professionelle Arbeit ausüben.[19] Probleme der Identitätsbehauptung im Alter werden an der Gruppe alleinstehender alter Männer bis

---

15 Lehr, U., Minnemann, E. (1987), a.a.O.
16 Cumming, E., Henry, W.E. (1961), a.a.O.
17 Krappmann, L., Oswald, H., Beziehungsgeflechte und Gruppen von gleichaltrigen Kindern in der Schule, in: Neidhardt, F. (Hrsg.), Gruppensoziologie, Opladen, 1983, S. 423.
18 Claisse, G., Telefon, Kommunikation und Gesellschaft - Daten gegen Mythen, in: Lange, U., Beck, K., Zerdick, A. (Hrsg.), Telefon und Gesellschaft, Berlin, 1989.
19 Wald, R. (1991) a.a.O.

ins Extrem deutlich: Sie sind diejenigen mit der höchsten Selbstmordrate unter allen alten Menschen.[20]

Kommunikationsgewohnheiten und daraus resultierender Kommunikationshabitus bilden und verfestigen sich im Lebensverlauf; der biographisch geprägte, aber auch im Alter dynamische Kommunikationsstil bestimmt Kontakte und Interaktion unter veränderten gesellschaftlichen Rahmenbedingungen, in sehr mobil gewordenen Gesellschaften mit neuen technischen Möglichkeiten der Kommunikation.

4. Kommunikation per Telefon. Ergebnisse empirischer Studien

Telefonieren als spezifische Art der Kommunikation ist bisher kaum erforscht, obwohl selbst bei den Rentner- und Pensionärshaushalten eine 95-prozentige Versorgung mit Telefonanschlüssen erreicht ist.[21] Im folgenden können aus den Daten der wenigen empirischen Untersuchungen nur einzelne Ergebnisse beigesteuert werden.

Telefoniert wird, um Dinge zu organisieren (38%), sich zu informieren (35%), miteinander zu kommunizieren (27%). Das heißt: Telefonate dienen in erster Linie als funktionale Organisationshilfe, dann der Einholung von Nachrichten bzw. dem Austausch von Nachrichten mit der Außenwelt und sind dabei begleitet oder allein ausgefüllt vom Diskurs; private Telefongespräche werden ganz überwiegend, im Nahbereich, im Ortsnetz geführt.[22] In der Lyoner Untersuchung von Claisse waren dies bis zu 80%. Nach Claisse bestimmen zwei primäre Größen (Haushalt und Geschlechtszugehörigkeit), sowie drei sekundäre Determinanten (Alter, Berufstätigkeit und beruflicher Status) die **Nutzung des Telefons**.

Telefonate im persönlichen Beziehungsnetz, gleich ob sie selbst begonnen oder empfangen wurden, werden überwiegend als erfreulich, selten als ärgerlich, störend oder enttäuschend erinnert.[23] "Telefonieren-können" vermittelt in mehr oder weniger dezentralisierten sozialen Netzwerken die Sicherheit, jederzeit mit der Umwelt, der Außenwelt Interaktion aufnehmen zu können, mit ihr immanent verbunden zu sein, vermittelt symbolische Nähe und trägt so zur Kohäsion von Freundschaften und in der Familie bei;

---

20 Tews, H.P., Soziologie des Alterns, Heidelberg, 1971, S. 319ff; Statistisches Jahrbuch der Bundesrepublik Deutschland, 1989, S. 290f.

21 Wirtschaft und Statistik Jg. 5, 1989, S. 307.

22 Schabedoth, E.,Storll, D., Beck, K., Lange, U., "Der kleine Unterschied" - Erste Ergebnisse der repräsentativen Befragung von Berliner Haushalten zur Nutzung des Telefons im privaten Alltag, in: Forschungsgruppe Telefonkommunikation (Hrsg.), Telefon und Gesellschaft, 1989; Claisse, G.(1989), a.a.O.

23 Schabedoth, E., u.a. (1989), a.a.O.

es schafft "psychologische Nachbarschaft".[24] Fällt es aus, löst das Gefühle des Unbehagens, der Unsicherheit, des Isoliertseins aus; Gefühle, die Dinge weniger unter Kontrolle zu haben - selbst bei je nachdem gleichzeitig vorhandener Erleichterung, nicht mehr jederzeit erreichbar zu sein, der Erfahrung von weniger Hektik und mehr Freiheit. Frauen und Ältere - in der Kombination Rentnerinnen - waren am meisten davon überzeugt, daß sie das Telefon stark oder sehr stark vermissen würden, wenn sie einige Wochen darauf verzichten müßten.[25]

Die Nutzung des Telefons zur Aufrechterhaltung des Kontaktes zur Familie und Freunden hat zugenommen.[26] Die Kommunikationskultur, die sich mit der Verbreitung des Telefons gegenüber dem sozialen Umfeld entwickelt hat, ist durch größere Distanzierung, geringere Spontaneität, mehr Kontakte nach Wahl und auch Ausweichmöglichkeiten, Vermeidungsmöglichkeiten des Miteinanderauskommenmüssens, Sichfügenmüssens in der persönlichen Interaktion und je nachdem Konfrontation gekennzeichnet. Besuche anzumelden ist üblich geworden, insbesondere Frauen und Ältere tun das,[27] es gehört für sie zur Höflichkeit.

Was die Charakteristika der haushaltsinternen Kommunikationskultur mit Telefon betrifft, so spielt sicher Aktivität bzw. Passivität im Telefonierverhalten eine Rolle. Wer selbst mehr anruft, erhält auch mehr Anrufe, kann die familien- und verwandtschaftsinternen und die darüber hinausgehenden Beziehungsnetzwerke erweitern, zumindest erhalten, sie vor den gerade im Alter drohenden Schrumpfungen bei weniger Kontaktanlässen und sich selbst vor Einsamkeits- und Verlassenheitsgefühlen bewahren.[28]

In ihrem Kommunikationshabitus sind Frauen verschieden von Männern. Männer sind eher charakterisiert durch eine sachorientierte Telefonkommunikation. Die vielseitigsten Telefoniererinnen, die das Medium am ausgewogensten zur Regelung beruflicher und privater Angelegenheiten sowie zur Kommunikation nutzten, waren berufstätige Frauen.[29]

---

24 Wurtzel, A.H., Turner, C., Latent Functions of the Telephone: What missing the Extension means, in: Ithiel de Sola Pool (Editor), MIT Bicentennial Studies The Social Impact of the Telephone, Cambridge, Mass., London, 1977, Chapter 11.

25 Hamilton & Staff, AARP Telephone Survey 1984, in: Comments on Telephone Lifeline Service or Low-Income Individuals, American Association of Retired Persons (AARP) (Hrsg.), Washington D.C., 1986.

26 Schabedoth u.a. (1989), a.a.O.

27 Ebd.

28 Wurtzel, A.H., Turner, C. (1977), a.a.O.

29 Claise, G. (1989), a.a.O.; Schabedoth, E. (1989), a.a.O.

Die Zentralisierung der in den Haushalt von draußen hereingehenden und aus dem Haushalt in das soziale Umfeld hinausgehenden Nachrichten erfolgt je nachdem bei einem "Vermittlungsamt", einem "Ministerium für Kommunikation und auswärtige Angelegenheiten", das nach der Lyoner Untersuchung in vier Fünftel solcher Haushalte von Frauen verwaltet wurde. Besonders im Alter könnten aber auf diese Weise andere Haushaltsmitglieder an den Rand von Beziehungsnetzen gedrängt, auf vermittelte Interaktion verwiesen werden; insbesondere Ehepartner sollten dem gegensteuern.

Interessanterweise ist die Art der Telefonnutzung bei jungen Männern und Frauen bis zum Eintritt in Studium oder Berufsleben gleich, erst danach mutiert die männliche Kommunikation zur Sachorientiertheit, während die jungen Frauen, wie ihre älteren Geschlechtsgenossinnen, zum mehr personenorientierten Telefongebrauch tendieren; bei ihnen wird Freizeit gezielt eingesetzt, sie ermöglicht räumliche Zwänge, also die Distanz zum Gesprächspartner zu bewältigen. Die überwiegend sachorientierte Kommunikation bei Männern verändert sich im Rentenalter; sie wird mehr personenorientiert. Die geschlechtsspezifisch differenzierten Kommunikationsstile zwischen Männern und Frauen nähern sich im Alter wieder an.

Während man für Aussprachen über Beziehungsprobleme, persönliche und familiäre Angelegenheiten, auch für die Regelung geschäftlicher Belange das persönliche Gespräch vorziehen würde, möchte man nicht nur für Auskünfte und Informationen, Terminabsprachen und Verabredungen, sondern auch oft zur Erledigung "unangenehmer Dinge" lieber telefonieren (Schabedoth u.a. 1989). Dem anderen nicht unmittelbar gegenüber zu stehen, Kontakte mehr oder weniger nach eigenem Ermessen und relativ rasch beenden zu können, mag telefonische Interaktion erleichtern. Unter anderem genau deswegen könnte die Telefonkommunikation in ihrer Eigenart eine gute Ergänzung zu der im Alter weiter unerläßlichen unmittelbaren personalen Interaktion sein. Die Funktionen der sachlichen Organisationshilfe des Telefons im Alltag, das private Telefongespräch mit Freunden und Verwandten als den wichtigsten Gesprächspartnern sind bedeutsam für das psychische Wohlbefinden, die emotionale Zufriedenheit älterer Menschen. Bei Behinderung und chronischer Krankheit dürfte das erst recht der Fall sein, ist aber bisher noch nicht untersucht.

Zur Lebensorganisation wie zur Kommunikation und Interaktion im sozialen Umfeld ist das Telefon unentbehrlich. In all diesen Funktionen nimmt die Bedeutung der Telekommunikation im Alter zu - als Ersatz für interpersonelle Kontakte bei nachlassender Beweglichkeit in einem kleiner werdenden Lebensraum und als Ergänzung, als Kommunikation eigener Art neben der unerläßlich notwendigen von Person zu Person. Dabei kommt telefonische Kommunikation den Bedürfnissen alt werdender Menschen nach geringerer Intensität und Einbindung in Beziehungen wie größerer Distanz und Freiheit in ihrer Gestaltung entgegen.

5. Funktionen der Telekommunikation für ältere Menschen

Im folgenden werden Funktionen und Leistungen der Telekommunikation unter dem Aspekt des Stellenwerts für ältere Menschen exemplarisch dargestellt.[30]

5.1 Initiation von Kommunikation durch Telekommunikation

Die Vorstellung älterer Menschen, hilflos oder womöglich zu spät in der eigenen Wohnung aufgefunden zu werden, hat in Deutschland schon Anfang der siebziger Jahre zu den ersten **Telefonketten durch Selbsthilfegruppen** geführt. Seit Beginn der achtziger Jahre ist eine starke Nachfrage nach diesem Selbsthilfedienst zu verzeichnen. In der Regel ist der Teilnehmerkreis auf 6-8 ältere Personen beschränkt, damit der tägliche, zur festgelegten Zeit vereinbarte Rundruf zwischen den Beteiligten am effektivsten gestaltet werden kann. Für viele ist die Telekette die Verbindungsstelle zur Außenwelt, die Kette gegen Angst und Einsamkeit im Alter. Mit dem Grad der Hilfebedürftigkeit steigt bei älteren Menschen die Bereitschaft zur Inanspruchnahme.[31]

Mit dem Hilfsdienst Telekette können neue Wege der Betreuung gegangen werden. Nicht nur zur Handhabung von Notsituationen, sondern auch sich abzeichnende Veränderungen des Wohlbefindens können durch den Kontakt der Telefonkettennutzer festgestellt, sowie versteckte Problemlagen entdeckt und verarbeitet werden.[32]

Zusätzliche Nutzung erlaubt die Telefonkette bei der Bildung von besonderen Interessengruppen. So haben sich z.B. Freizeitmaler, Hausmusikinteressenten oder Literaturbegeisterte zusammengeschlossen, auch wenn sie nicht in einem Stadtteil zusammen wohnen. Häufig ergaben sich über die Telefonkette hinaus weitere soziale Kontakte und führten zu gemeinsamen Unternehmungen, wechselseitigen Besuchen und

---

30 Ausführliche Beschreibungen und Analysen sind in dem erwähnten Bericht "Telekommunikation und ältere Menschen" enthalten.

31 Ministerium für Arbeit, Gesundheit und Sozialordnung Baden-Württemberg (Hrsg.), Die Lebenssituation älterer Menschen, Ergebnisse einer Repäsentativuntersuchung in Baden-Württemberg, Stuttgart, 1983, S. 80ff.

32 Mink, G., Frühstücksgruß - Warten auf's Klingelzeichen, in: Postmagazin Jg. 1, 1990, S. 36-37.

gegenseitigen Hilfeleistungen.[33] Neben der Kommunikation und Integrationsfunktion ist die Telefonkette auch ein preisgünstiges Sicherheitssystem, das über die prophylaktischen Effekte hinaus durch die zusätzliche Interaktion und Kommunikation Sicherheit bieten kann.

Telelink ist eine erweiterte Form der Telefon-Kette. Eingeführt in Australien, ermöglicht die Konferenzschaltung mehreren Teilnehmern gleichzeitig in geschlossenen Benutzergruppen miteinander zu kommunizieren. Für Pflegebedürftige, Behinderte und blinde Menschen sind Angebote wie z.B. "Gottesdienst durchs Telefon", Buchbesprechungen und Schachgruppen möglich. Mittlerweile gibt es organisierte Selbsthilfegruppen, die sich zwischen den "Telesendungen" untereinander absprechen. Die Erfahrung mit der Telelink-Kommunikation sind trotz regelmäßig auftauchender Anfangsschwierigkeiten der Nutzer positiv. Vorteile bieten sich vor allem für die Schwachen. Die nicht sichtbaren Patienten gewinnen an Selbstvertrauen und "geraten weniger in Versuchung, ihre Behinderungen überzukompensieren."[34] Wie bei der Telefonkette leisten die Gespräche oft die Initialzündung für neue Aktivitäten und Interessen der Teilnehmer.

Der **Telefon-Treff** ist eine erweiterte Telefonschaltung von neun Sprechmöglichkeiten pro Leitung. Die Sammelnummer kann von jedem öffentlichem Fernsprecher bzw. Hausapparat des genutzten Ortsnetzes angewählt werden. Die Gesprächsinhalte sind sehr unterschiedlich und durch das jeweilige Klientel bestimmt. Bei den Nutzern dieses "para-sozialen Raumes" handelt es sich vornehmlich um Jugendliche und junge Erwachsene. Der Anteil der Nutzer, die wesentlich älter als 50 sind, ist lediglich mit 1 bis 2% zu veranschlagen. Der geringe Anteil älterer Menschen unter den Teletreffnutzern könnte darauf hinweisen, daß die spontane, freie Kommunikation in gemischten Gespächsgruppen nicht den spezifischen Kommunikationsbedürfnissen älterer Menschen entspricht, während Kommunikation in geschlossenen Benutzergruppen bzw. zielgruppenorientierte Kommunikation, wie etwa die moderierten Telelink-Angebote in Australien durchaus erfolgreich sind.[35]

---

33 Telefonkette, Telefonring, Telefonrunde. Erfahrungen und Empfehlungen des Kuratoriums Deutsche Altershilfe, in: Vorgestellt - Informationen über Dienste der Altenhilfe, Nr. 24, 1983.

34 Albertson, L., Geselligkeit über's Telefon, TeleLink: Hilfe für ans Haus gebundene Patienten in Australien, in: Altenpflege, Jg. 8, 1986, S. 508.

35 Leky, G., Schumacher, H., in: Forschungsgruppe Telefonkommunikation (Hrsg.), Telefon und Gesellschaft, Berlin, 1989, S. 135.

5.2. Kommunikation und Servicefunktionen

Das Telefonnetz spielt eine zentrale Rolle bei den unterschiedlichen Service- und Beratungsleistungen. Information und Organisationshilfen bieten die Telefonverzeichnisse und die Übersicht der "Gelben Seiten". Sie enthalten oft Informationen für das weitere Vorgehen, liefern erste Ansprechpartner und damit Kontakt zur privaten und beruflichen Außenwelt. Bei den Beratungsdiensten gibt es Ansprechpartner für die unterschiedlichen Zielgruppen.

Die Ausdehnung weiterer Service- und Beratungsdienste über das Telefon ist durch die fast hundertprozentige Versorgung mit Telefonanschlüssen in der Bundesrepublik Deutschland zu erwarten. Dabei scheint die erweiterte Nutzung der Telefonnetz-Informationsdienste nicht nur bundesweit, sondern auch im kommunalen Bereich interessant zu sein. So könnten die Dienste auch zeitlich begrenzt sein (z.B. Messedienst, Bürgerinfo, Umweltnachrichten). Als Beispiel für sinnvolle Beratungsangebote für ältere Menschen werden im folgenden einige aus dem Bereich der Gesundheit angeführt:

Ein bereits vorhandenes Beratungsangebot für Ältere und ihre Angehörigen ist das **"Alzheimer Telefon"**. Seit 1987 bietet die Angehörigenberatung e.V. Familienangehörigen und Pflegepersonen der meist älteren Alzheimer-Patienten einen telefonischen Beratungsdienst an. Durch Beseitigung des Informationsdefizites und die beratenden Gespräche kann Verständnis für die Erkrankten geweckt werden, gleichzeitig bedeutet das persönliche Gespräch auch eine enorme Entlastung für die Pflegenden. Hilfreich für Betroffene in ähnlichen oder vergleichbaren Grenzsituationen wäre die Erstellung einer Übersicht zu den in der Bundesrepublik Deutschland vorhandenen Beratungsdiensten, etwa von Gesundheitsinformationen und zur Sterbeproblematik, sowie von Hilfs-und Informationsdiensten für Senioren.

Unter dem Oberbegriff **Tele-Medizin** werden in den USA verschiedene Anwendungen von Computer- und Telefontechnik im Gesundheitsbereich verstanden. Der Einsatz von Informationstechnologie hat das Ziel, neben der Informationsübertragung den Nutzern auch als zuverlässige Kontaktstelle zu dienen und somit das Gefühl der Sicherheit zu geben. Ausgangsbasis für spezielle Forschungsvorhaben der Telekommunikation für Ältere ist die auch in den USA feststellbare Überalterung der Bevölkerung, die Kostenexplosion im Gesundheitswesen und die Erkenntnis, daß ältere Menschen vermehrt mit hohem Informationsbedarf oder aus Mangel an sozialen Kontakten die ärztlichen Praxen aufsuchen.[36] Ältere Menschen haben oft Erinnerungsschwierigkeiten an die ärztliche Empfehlungen und der Weg zur Praxis wird zum Teil als beschwerlich empfunden.

Die guten Erfahrungen mit telefonischen Beratungsdiensten aus den 70er Jahren führten in den USA zur Expansion weiterer telegestützter Gesundheitsdienste. Als Beispiele seien hier genannt, **Health-line, HealthCall** and **Health-Com**, die sich durch die Art der Verbindung (Arzt-Patient, Hospital - Patient oder Kommerzielle Anbieter - Bürger) unterscheiden. Mit dem Einsatz von Informations- und Kommunikationstechnik in der Arztpraxis erwarten Greenberger et al. Kosteneinsparungen im Gesundheitswesen und durch die gesteigerte Selbständigkeit des Patienten eine Entspannung im Arzt-Patienten Verhältnis. Diese computergestützten **Health-care-Systeme** können zuverlässige Informationen auf dem Gebiet der Gesundheitspflege bieten, sie sollen den notwendigen Arztbesuch nicht eingrenzen, aber den Älteren den Umgang mit ihren gesundheitlichen Problemen erleichtern. Dadurch können sie in ihrer Selbstbestimmung gestärkt werden.

5.3 Sicherheit und Integration durch Telekommunikation

Hausnotruf und die **Telefonseelsorge** bieten den älteren Menschen über das Telefon in akuten Notsituationen und psycho-sozialen Krisen schnelle Hilfe. Dem Wunsch vieler älterer Menschen, solange wie möglich selbständig in ihrem sozialen Wohnfeld integriert zu sein, in der eigenen Wohnung leben zu können, kommt besonders erstere Technik entgegen. Ein "Sicherheitstelefon" bzw. ein "Hautnotrufsystem" wird von älteren Menschen als sinnvolle Technik überaus positiv bewertet.[37]

Hausnotrufsysteme mit dem sogenannten "Funkfinger" ermöglichen von allen Räumen aus die sichere Absendung des Notsignals an die Hilfsorganisation.[38] Nach anfänglichen Schwierigkeiten im Umgang ist diese Technik eine zuverlässige Hilfe geworden. Wesentlicher Vorteil und notwendiges "MUSS" ist dabei in der Notsituation die Herstellung der Sprech- und Hörverbindung, so daß sinnvolle Hilfmaßnahmen gestaltet werden können, der persönliche Kontakt hergestellt und ein Fehlalarm vermieden wird.[39] Nur bei etwa 5% der ausgelösten Rufe handelt es sich um einen Notruf, häufig

---

36 Greenberger, M., Puffer, H.C., Telemedicine: Toward Better Health Care for the Elderly, in: Siefert, M., Gerbner, G., Fischer, J. (Ed.), The Information Gap, How Computers and Other New Communication Technologies Affect the Social Distribution of Power, New York, Oxford, 1989, S. 137.

37 Marketingstudie für ein Spezial-Telefonendgerät; "Sicherheitstelefon", Infratest Industria, Fa. Krone, München, Berlin, 1988.

38 Hormann, W., Hausnotrufsysteme, Kommunikationstechnolgie im Dienste am Menschen, Wirtschaftverlag NW, Düsseldorf, 1980.

39 Vlaskamp, F.J.M., Beks, M.C.M., Alarmeringssystemen voor ouderen en gehandicapten, Hrsgg. vom Institut voor revalidatie-vraagstukken, Hoensbruck, 1988.

dient er der Kontaktaufnahme, dem kurzen Gespräch und der Vergewisserung, nicht "allein zu sein" und im Notfall Hilfe zu erhalten.

Wesentlich ist, daß sich durch Einsatz der Hausnotruftechnik die Beziehung zwischen den Älteren und den Kontakt- bzw. Bezugspersonen häufig entspannt hat und nicht zur sozialen Isolation der Älteren führte.[40]

Die **Telefonseelsorge**, ebenfalls für akute Notsituationen konzipiert, ist mit der Problematik von Daueranrufern konfrontiert. Besonders ältere Menschen gehören zu den Daueranrufern und überfordern diesen Hilfsdienst. Sie rufen bevorzugt aus Vereinsamung und bei Problemen mit körperlichen Leiden und Gebrechen an.[41] Dabei ist die Anonymität für diese Anrufer nicht von Bedeutung, gerade sie wollen über das Telefon dem ständig erreichbaren Gesprächspartner bekannt sein und haben den Wunsch nach näherer privater Anbindung.

Hier wäre über Projekte nachzudenken, welche über Sicherheitsaspekte in akuten Notsituationen hinaus die Kommunikation wie auch die Integration fördern: Der hohe Gesprächsbedarf könnte durch die Einrichtung eines Sorgentelefons für Senioren und zielgruppenorientierte Telefon-Treffs, Telelink-Angebote, sowie durch spezielle Informationsdienste, etwa im Gesundheitsbereich, kanalisiert werden.

6. Erste Ergebnisse - Altersgerechte Telekommunikation

Die zunehmende Veränderung der Bevölkerungsstruktur der westlichen Industriegesellschaften legt nahe, daß die zukünftige Kommunikationstechnik immer mehr eine Technik sein muß, die altersgerecht geplant und realisiert wird. Die bisherige Betrachtung der Zielgruppe "Ältere Menschen" im Zusammenhang mit Telekommunikationstechniken führte uns zu folgenden Überlegungen:

Die empirischen Untersuchungen zur Telefon- bzw. Telekommunikation sind selten und enthalten darüber hinaus nur wenige Erkenntnisse über diese Altersgruppierungen. Daher sind die Forschungsaktivitäten der empirischen Forschung zur Telekommunikation zu intensivieren. Wünschbar wäre hier, bei der Kategorisierung über die Altersgrenze

40 Löckenhoff, U., Erfahrungen mit Inanspruchnahme, Nutzen und sozialen Auswirkungen des Hausnotruf-Dienstes in Freiburg, DRK, 1988, nicht veröffentlichtes Manuskript; Hausnotruf, Modellversuch zur Einführung eines Hausnotrufsystems im Enzkreis und der Stadt Pforzheim, Bericht über die wissenschaftliche Begleitung, im Auftrag des Ministeriums für Arbeit, Gesundheit und Sozialordnung Baden Württemberg, Stuttgart, 1983.

41 Schmidt, H., Ein Beitrag zur Rolle älterer und alter Anrufer im Gesamtklientel der Telefonseelsorge, in: Zeitschrift für Gerontologie, 1985, S. 83-87.

"65 und älter" hinaus weitere Differenzierungen vorzunehmen, und gerontologisch fundierte Fragestellungen zu formulieren.

Die von Älteren in Technikseminaren geäußerten fehlenden Lernmöglichkeiten im Umgang mit neuen Technologien sollten behoben werden, um die vorhandene Lernbereitschaft und Lernfähigkeit älterer Menschen für den sicheren und sinnvollen Umgang mit neuen Techniken umzusetzen.

Hersteller sollten entsprechende Erkenntnisse in die Gestaltung von Produktserien einfließen lassen, wie dies ein Hifi-Hersteller in den Niederlanden mit einer "Easy-line-Serie" erfolgreich erprobt.

Auch in der Bundesrepublik gibt es bereits erste Ansätze für technische Lösungen, z.B. vergrößerte Tasten beim "Vitaphone", schnurlose Telefone, Hörverstärker und Direktruf angeführt. Altersgerechte Leistungsmerkmale sollten auch für öffentliche Fernsprecher, zumindest in Altenheimen, zum Standard werden.

Durch die Erweiterung von Erkenntnissen altersgerechter Technik auf dem Gebiet der Telekommunikation können Gerätehersteller wie Netzbetreiber einen Beitrag zur sozialverträglichen Technikgestaltung und Implementierung leisten, die Kommunikation und Integration für ältere Menschen steigern und damit die Selbständigkeit, Sicherheit und Existenz im Alter unterstützen.

14

Telekommunikation in Politik und Verwaltung

Heribert Schatz

Rhein-Ruhr-Institut für Sozialforschung und Politikberatung e.V.
Universität - GH - Duisburg

Bevor konkrete Thesen formuliert werden können, sollen einleitend einige Anmerkungen zum Begriff der Technikfolgenabschätzung und zum Gegenstandsbereich erfolgen. Dem schließen sich einige wenige Aussagen über Erscheinungsformen und Nutzenpotentiale der Telekommunikation im Bereich von politischer Führung und planender Verwaltung/ Ministerialbürokratie an. Etwas breiter und anhand von Beispielen will ich dann die Risiken und Gefährdungspotentiale der Telekommunikation in diesem Bereich behandeln. Den Abschluß bilden einige Überlegungen zu den möglichen Gegenständen und zur methodischen Vorgehensweise der Technikfolgenforschung im angegebenen Bereich.

1. Zum Begriff der Technikfolgenabschätzung

Den Begriff "Technikfolgenabschätzung" muß man heute hinreichend weit definieren, wenn man nicht an obsolet gewordenen linearen Ursache-Wirkungsketten hängen bleiben will, wonach Technik bestimmte ökonomische, ökologische und/oder soziale Folgen auslöst, diese Folgen ihrerseits Maßnahmen zur Folgenbeseitigung in Gang setzen usw.

Längst gehört die "Technikvoraussetzungsforschung" bzw. die Technikgeneseforschung dazu, und insgesamt kommt man immer mehr weg von der reinen, dezisionistischen Analyse (die klassische "Schubladenforschung") und nähert sich interaktiven Formen (Technikdiskurs, Technikgestaltung usw.).[1] Ich unterstelle einmal, daß wir hier von einem weiten TFA-Begriff ausgehen - wenn nicht, müßten wir darüber eingangs diskutieren.

2. Zum Gegenstandsbereich

Es ist nicht zufällig, daß die Technikfolgenforschung am frühesten und intensivsten mit Bezug auf den industriellen Produktionsbereich begonnen hat: die sozialwissenschaftliche Forschung folgte hier einmal mehr den technologischen Innovationen. Inzwischen haben diese wie jene den Dienstleistungs-/Organisations-/Verwaltungsbereich erreicht. Als letzte Stufe steht die Technikfolgenforschung in den Arkan-Bereichen von politischer Führung und planender Verwaltung an, die nicht nur wesentliche Rahmenbedingungen für die bisherigen Entwicklung im Bereich der Telekommunikation gesetzt haben, sondern inzwischen selber von ihren Taten eingeholt werden - auf Bundes- wie auf Landesebene. Gefragt ist nun nach der Technikdiffusion im politisch-administrativen System und den direkten und indirekten Voraussetzungen und Folgen dieser Technisierung für die politisch-administrativen Institutionen, v.a. die klassisiche Trias von Legislative, Exekutive und Judikative und den sie verbindenden politischen Willensbildungs-, Entscheidungs- und Konsensbildungsprozeß.

3. Erscheinungsformen und Leistungspotential der Telekommunikation

Über die realen und absehbaren Erscheinungsformen telekommunikativer Innovationen im Bereich von Politik und Ministerialbürokratie will ich nicht viel sagen: sie sind prinzipiell dieselben wie in anderen Bereichen, spezifisch sind sie nur in ihren Nutzungsformen und in ihren Konsequenzen. Die Telekommunikation bietet das inzwischen hinreichend bekannte technische Potential für

- die Sammlung und Speicherung, den Transport und die Auswertung großer Datenmengen in sehr kurzen Zugriffszeiten auf beliebiger Aggregatsebene (für die planende Verwaltung nutzbar z.B. zur Durchrechnung von Modellen zur Prognose des Verkehrswege-Mehrbedarfs bei Umstellungen bestimmter Indu-

[1] Vgl. dazu das NRW Landesprogramm "Mensch und Technik - Sozialverträgliche Technikgestaltung".

striezweige auf Just-in-Time-Logistik, zur Vorausberechnung der nötigen Beitragserhöhungen in der Rentenversicherung infolge bestimmter Bevölkerungsentwicklungen oder der deutschen Vereinigung usw.)

- die Überwindung bisher bestehender zeitlicher und räumlicher Restriktionen für zwischenmenschliche Kommunikation (z.B. nutzbar als Schmalband-Telefax, Mobil-/Satellitenfunk, Videokonferenzen usw. im Verkehr der Ministerien untereinander und mit ihrer Umwelt)

- die Aufhebung bisher bestehender Grenzen zwischen Massenkommunikation und dialogischen Formen der technischen Kommunikation (z.B. relevant für den Wahlkampf als Mittel zur Optimierung der Wählerumwerbung und -mobilisierung oder auch relevant für die internationalen Beziehungen in Form der neuen Art von "CNN-Kommunikation". Bush gibt CNN ein Live-Interview, wo er verkündet, er werde Özal wegen der Golfkrise ansprechen; Özal hört (wie jeder politische Akteur) CNN und ist dann gleich am Telefon, wenn das Weiße Haus anklingelt. Zu der Optimierung der Wählerwerbung werden Umfragedaten, Zensusdaten und Wahlergebnisse in Datenbanken zusammengeführt, um daraus zielgruppenspezifisch ausgesuchte Wähler mit Kandidatenbriefen und Direktanrufen anzusprechen.[2]

Mit diesem Potential ermöglicht die Telekommunikation bereits heute und erst recht in Zukunft immense Leistungssteigerungen im politischen Prozeß: Planungs- und Entscheidungsprozesse werden potentiell schneller, informationell besser abgestützt, flexibler/revidierbarer und transparenter. Analoge Verbesserungen sind in den vorgelagerten individuellen und korporativen Willensbildungsprozessen vorstellbar, ebenso in den nachgelagerten Akzeptanz-/Konsensbildungsprozessen und bei Wahlkampagnen.

4. Risiken und Gefährdungspotentiale

Da die Vorteile der Telekommunikation längst in den Hochglanzbroschüren von Industrie und Deutscher Bundespost nachzulesen sind, will ich die Vorzüge der neuen IuK-Technologien hier nicht weiter vertiefen, sondern mich auf einige Beispiele für potenti-

2 Vgl. Kramer, K.L., Scheneider, E.J., Innovations in Campaign Research, Finding the Voters in the 1980s, in: Meadow, R.G. (ed.), New Communication Technology in Politics, (The Annenberg Washington Program), Washington DC, 1985, S. 24.

elle Risiken einer derartigen Technisierung konzentrieren. Ich sehe hier drei Klassen von Risiken oder TFA-bedürftigen Problemlagen:

1. Strukturprobleme
2. Niveauprobleme
3. Innovations- oder "Lernprobleme".

4.1 Strukturprobleme

Durch ihr enormes Wirkungspotential tendiert die Telekommunikation zur Verstärkung bestehender Strukturprobleme in unserem Staat im allgemeinen und der Ministerialbürokratie im besonderen.

Beispiel 1: Der Input an bearbeitungsbedürftigen Problemen von der gesellschaftlichen Umwelt in die politische Führung/Ministerialbürokratie hinein ist heute schon wegen bestehender Unterschiede in der Organisations- und Konfliktfähigkeit durch Asymmetrien gekennzeichnet. Gut organisierte, einflußreiche Interessengruppen setzen ihre Ziele besser durch als es organisationsschwachen gesellschaftlichen Randgruppen möglich ist (Beispiel: deutsche Rüstungsindustrie versus Tieffluggeschädigte). Telekommunikation wirkt hier als Verstärker bestehender Asymmetrien und nicht etwa als "Demokratisator". Dasselbe gilt bezüglich der Wahrnehmung und der Folgenabschätzung bestimmter politisch-administrativer Entscheidungen durch die Politikadressaten: wer den kommunikationstechnischen Apparat hat, reagiert schneller, gezielter und vorteilwahrender auf ministerielle Entscheidungen.

Beispiel 2: Soweit die Ministerialbürokratie selber Problemrecherchen betreibt oder in korporatistischen Umfeldern plant und handelt, werden noch mehr als bisher zähl- und meßbare, d.h. algorithmisch abbildbare Probleme gegenüber intangiblen bevorzugt aufgegriffen (z.B. Ausbau unseres Gesundheitswesens im Bereich der High-Tech-Medizintechnologie zu Lasten des Pflegebereichs). Oder - Beispiel OTA - es gibt evtl. bald einen verstärkten Trend zur "Zielgruppenpolitik", die politische Programme einsetzt, um sich die Unterstützung kritischer Wählergruppen zu sichern.

Beispiel 3: Selektive Problemdefinition und Negativkoordination (Politik des kleinsten gemeinsamen Nenners) sind Verfahren zur Sicherung der Abteilungs- und v.a. der Ressortautonomie. Telekommunikation mit ihren datenverarbeitenden und -kommunizierenden Potentialen könnte diese Partikularismen theoretisch zwar überwinden, in der

Praxis wird sie aber eher zu ihrer Verschärfung führen, weil ihr Protential gezielt restriktiv eingesetzt wird.[3]

Beispiel 4: Politikvermittlung als Konsensbildung zu politisch-administrativen Entscheidungen ist bisher schon geprägt durch den Trend zur unverbindlichen PR ("symbolische Politik") und zur inhaltsabstrahierenden, personalisierten Medienpräsenz der politisch-administrativen Führungseliten, abzielend auf die passive Hinnahme politisch-administrativer Entscheidungen durch die Politikbetroffenen ("Akzeptanz"), statt argumentativ anspruchsvollerer Überzeugungsarbeit (authentischer Konsens). Dieser Trend könnte durch die neuen technischen Möglichkeiten in demokratie-gefährdendem Maße verstärkt werden.

4.2 Niveauprobleme

Mit Niveauproblemen meine ich Problemlagen und Risiken, die sich aus der Kumulation von negativen Technikfolgen bei Überschreiten bestimmter quantitativer und/oder qualitativer Nutzungsschwellen ergeben.

Beispiel 1: Der "Überwachungsstaat" wie ihn Robert Jungk im "Atomstaat" oder jüngst Roßnagel als pervertierten Ordnungsstaat der Informationsgesellschaft skizziert haben. Er entsteht dadurch, daß der Staat versucht, die technologie-immanente, ab einem bestimmten Niveau der Techniknutzung und -vernetzung virulent werdende Stör- und Mißbrauchsanfälligkeit komplexer Telekommunikationssysteme unter Kontrolle zu halten. Dabei geht es v.a. um das Problem des Datenschutzes sowie der Datensicherheit. Hierzu ein Thesenkatalog von Roßnagel et al.:

1. "Die Verletzlichkeit der Gesellschaft wird künftig ansteigen und zu einem zentralen Problem der "Informationsgesellschaft" werden.
2. Die Struktur der Verletzlichkeit wird sich im Tatsächlichen wie im Wissen gegenüber heute verändern.
3. Das Sicherungsniveau könnte sehr hoch sein, wird in der Praxis aber deutlich unter den theoretischen Möglichkeiten liegen.
4. Die Sicherungssysteme werden sich unterschiedlich entwickeln und immer wieder Lücken aufweisen.
5. Zahl und Intensität der Mißbrauchsmotive nehmen überproportional zu.

---

[3] Vgl. die Erfahrungen bei der Einführung des "Frühkoordinierungssystems der Bundesregierung" in den Jahren 1971/72.

6. Während die Erfolgswahrscheinlichkeit von Angriffen einzelner Externer erheblich reduziert werden kann, wird es keine ausreichende Sicherheit gegen Mißbrauchsaktionen von Insidern geben. Insbesondere gegen die Angriffsformen des 21. Jahrhunderts sind keine zuverlässigen Sicherungen in Sicht.

7. Komplexe IuK-Systeme sind nicht beherrschbar.

8. Das Schadenspotential von IuK-Systemen wird deutlich zunehmen. Die Gesellschaft wird in nahezu allen Bereichen vom richtigen Funktionieren dieser Technik-Systeme abhängig sein. Gesamtgesellschaftliche Katastrophen durch den Ausfall wichtiger sozialer Funktionen, die Techniksystemen übertragen wurden, sind nicht auszuschließen.

9. Sicherheit der IuK-Technik ist nur auf Kosten von Freitheit und Demokratie möglich, Freiheit und Demokratie können nur auf Kosten der Sicherheit erhalten werden.

10. Die "Informationsgesellschaft" setzt sich einem Sicherungszwang aus, den sie nicht mehr beherrschen kann und dessen Dynamik in sozialunverträgliche politische und soziale Verhältnisse zu führen droht."[4]

Beispiel 2: Der **Leistungs**staat als bürokratischer Leviathan: Gestützt auf die neuen telekommunikativen Hilfsmittel zur Datenbeschaffung und -verarbeitung wird die Ministerialbürokratie - notorisch unfähig zu schrumpfen - ihre "Leistungsfähigkeit", d.h. ihren Output an Gesetzen, Plänen, Programmen und Regulierungen weiter steigern. Die Folge ist dann eine weitere Anhebung des Aktivitätsniveaus mit der Konsequenz, daß die Regelungsdichte immer weiter zunimmt und damit der Aufwand zur Erhaltung der Konsistenz des Regelwerkes entsprechend ansteigt. Auch die Regelungsbreite wird weiter wachsen mit dem Effekt des Verschwindens der heute vielleicht noch bestehenden politikfreien Räume. Im Zeichen der deutschen und europäischen Einigung gibt es bereits hinreichende Indikatoren für diese Entwicklung.

4.3 Lernprobleme

Das Vordringen der Telekommunikation löst individuelle, organisationelle und gesellschaftliche Lernprozesse aus, die vernünftig oder auch unsinnig/pathologisch sein können. Die Hektik des technischen Innovations- und Vermarktungsprozesses unter den Bedingungen einer verschärften internationalen Konkurrenz zieht auch die Regierung und die planende Verwaltung in ihren Sog. Fehlinvestitionen größten Umfangs drohen, wenn man immer dasselbe macht wie die anderen, ohne bestehende individuelle, soziale und kulturelle Besonderheiten im eigenen Land zu beachten. Für die Wirtschaft der Bundes-

[4] Roßnagel, A., Wedde, P., Hammer, V., Pordesch, U., Die Verletzlichkeit der "Informationsgesellschaft", Opladen, 1989, S. 208-212.

republik soll die oft überstürzte, zu wenig auf organisatorische und personelle Voraussetzungen achtende Computerisierung in den letzten Jahren bereits über 100 Mrd. DM an Fehlinvestitionen verursacht haben.[5] Man sieht - entgegen der These von Gorbatschow: Wer zu schnell ist, den bestraft die Geschichte!

Wichtig ist deshalb eine **strategische Innovationsplanung** für die Nutzung der Telekommunikation im Bereich von Regierung und Verwaltung. Teil dieser Planung müssen die **Leitbilder** für das weitere Vorgehen sein. Viele Projekte im Rahmen des SoTech-Programms, das in seiner ersten Phase übrigens vom Rhein-Ruhr-Institut als Projektträger wesentlich mitgestaltet und umgesetzt wurde, haben hier eine virtuelle Verzweigungssituation der Technikentwicklung identifiziert, die auch für das politisch-administrative System relevant ist. Es geht um die Alternative zwischen einer technikzentrierten und einer human-/sozialzentrierten ("antropozentrischen") Entwicklung. Der technikzentrierte Entwicklungspfad sagt, daß für alle gesellschaftlichen Probleme einschließlich der durch die technische Entwicklung hervorgerufenen immer zuerst, wenn nicht sogar ausschließlich, technische Lösungen gesucht werden und der Mensch dabei den Anforderungen der Technik unterworfen wird bzw. sich ihr anzupassen hat. Eine solche Orientierung wird etwa deutlich, wenn im Zuge der Modernisierung des Produktionsprozesses ernsthaft Konzepte einer "Fabrik der Zukunft" oder eines "Büros der Zukunft" entwickelt werden, die mehr oder weniger ohne Menschen auskommen. Menschliche Arbeit wird auf die Funktion der Maschinenüberwachung und -bedienung reduziert, menschliche Kreativität wird in Expertensystemen destilliert, für soziale Probleme sucht man nach technischen Lösungen: bei der Altenpflege kommt man eher auf die Idee der vollautomatisierten Altenwaschanlage statt auf die Idee eines Ausbaus des Pflegedienstes.

Beim human- bzw. sozialzentrierten Entwicklungspfad steht dagegen die Förderung der Kreativität und Innovationsfähigkeit des Menschen und seiner Kommunikations- und Interaktionsfähigkeit mit anderen im Vordergrund. Technik bleibt Mittel zum Zweck und in allen Phasen des Willensbildungs- und Entscheidungsprozesses auf den Charakter eines Werkzeugs verwiesen, das menschliche Fähigkeiten nicht deformiert, sondern fördert und zur Entfaltung bringt - in dem hier behandelten Bereich etwa positive Beiträge zur Grundrechtssicherung leistet, zur Entfaltung demokratischer Potentiale und zur Verminderung statt zur Verschärfung sozialer Probleme der weiteren Technisierung.

Ebenso wichtig wie die Frage nach den Leitzielen ist die Diskussion über **Strategien und Wege** einer weiteren Nutzung der Telekommunikation in Regierung und Verwal-

---

5 Zahlen von Brödner, IAT, Gelsenkirchen.

tung. Hier gilt: die Computerisierung des Staatsapparates ist ein demokratisch zu wichtiger Prozeß als daß man ihn allein der Ministerialbürokratie überlassen dürfte. Gefordert sind vielmehr, zusätzlich zu den für jede Organisation geltenden Empfehlungen, den Technisierungsprozeß partizipativ und betroffenen-orientiert zu organisieren, eine intensive Voraussetzungs-, Begleit- und Folgenforschung und ein damit verbundener gesellschaftlicher Diskurs, der die Dinge auf den Tisch bringt. Zur Forschung abschließend noch einige Anmerkungen.

5. Gegenstand und Methodik der Technikfolgenforschung im politisch-administrativen System

Gegenstände der TFF im Bereich der politischen Führung und der Ministerialbürokratie müssen nach dem Gesagten sein:

- die Technikdiffusion, ihre Bedingungen und Verlaufsformen, und die Technikfolgen im Inputbereich als "Bedrohungsanalyse" und Analyse der Eintrittswahrscheinlichkeiten (d.h.: Untersuchung telekommunikationsbedingter Veränderungen des Inputs an politikbedürftigen Problemen (Agenda-Forschung) und der zugehörigen Akteursysteme sowie deren Organisations- und Konfliktfähigkeit; Veränderungen der allgemeinen Ressourcenlage, der sozio-kulturellen, ökonomischen, ökologischen und politischen Handlungsspielräume im nationalen wie im internationalen Kontext usw.);

- die Technikdiffusion und die Technikfolgen im politisch-administrativen Aktivsystem (Verhältnis politische Führung zu Ministerialbürokratie, Parlament zu Regierung, Zwischenressortbeziehungen, internationale Veränderungen usw.);

- die Technikdiffusion und die Technikfolgen im Outputbereich (telekommunikationsbedingte Veränderungen in den Vermittlungszielen und -formen politisch-administrativer Entscheidungen sowie bei spezifischen Maßnahmen der Legitimationssicherung wie Wahlkampagnen usw.).

Forschungsdefizite bestehen m.E. in allen genannten Bereichen, am stärksten allerdings im Konversionsbereich selber. Auch wenn Insider vielleicht schon vieles wissen, verlangt das Prinzip Demokratie den gesellschaftlichen Diskurs über Ausmaß und Konsequenzen der Technisierung des Bereichs von politischer Führung und planender Verwaltung auf der Grundlage systematischer Analyse und wissenschaftlicher Publikationen. Auch dürften derartige Forschungen nicht punktuell angelegt sein, sondern müssen prinzipiell als Begleit- bzw. Längsschnittuntersuchungen angelegt werden mit entsprechenden periodischen Statusberichten über die Veränderungen.

Wegen der gesellschaftlichen Relevanz dieser Forschung ist auch zu diskutieren, wie entsprechende Projekte methodisch anzulegen wären. Wie eingangs gesagt, sind reine Technikfolgenforschungs-Projekte, deren Ergebnisse entweder gleich in der Schublade landen oder durch einseitig verwendungsorientierte Beratungsleistungen kooperationswilliger Wissenschaftler gegenüber der Ministerialbürokratie ergänzt werden, kaum zu vertreten. Partizipative, betroffenen-orientierte Forschungsformen sind nötig, werfen allerdings grundsätzliche Legitimationsfragen auf, weil der Kreis der Betroffenen eben nicht nur die Politikerzeuger, sondern auch die Politikadressaten umfaßt. Bei interaktionistischen Formen der Forschung können sich Probleme daraus ergeben, daß die Verantwortlichkeiten für bestimmte Veränderungen verwischt werden, so daß bei Fehlentwicklungen niemand politisch verantwortlich gemacht werden könnte.

Weitere Methodenprobleme liegen in der Bestimmung relevanter Meß- und Bewertungskriterien für evtl. festgestellte Technikfolgen: wie mißt man beispielsweise Veränderungen in der Interessen-Responsivität der Ministerialbürokratie? Wie mißt man Verschiebungen im Machtgefälle zwischen einzelnen Institutionen oder ihren Untergliederungen? Wie stellt man Veränderungen im Charakter von Wahlkampagnen mit hinreichender Präzision fest? Und: von welchen Veränderungsintensitäten an sind bestimmte Technikfolgen demokratie-/grundrechts-/sozialunverträglich? Unter welchen Bedingungen können bestimmte Unverträglichkeiten für wie lange akzeptiert werden? Hier gibt es eine Fülle noch offener Fragen!

Ebenso offen ist für mich im Moment die Frage, ob die Ministerialbürokratie ein solches Forschungsprogramm überhaupt goutieren würde. Vorliegende Erfahrungen[6] deuten eher darauf hin, daß die Ministerialbürokratie gerne Herrschaftswissen über andere akkumuliert, aber ungern die eigene Erforschung fördert, d.h. Forschungen im Konversions- und Outputbereich finanziert. Ich meine jedoch, daß die hier angeschnittenen Fragen für die weitere Entwicklung unserer Demokratie von so hoher Bedeutung sind, daß wir versuchen müßten, in der Konzeption entsprechender Forschungsprojekte hier und heute einen guten Schritt weiterzukommen.

---

6 Vgl. Schatz, H., Zum Stand der politikwissenschaftlich relevanten Massenkommunikationsforschung in der Bundesrepublik Deutschland, in: Bermbach, U. (Hrsg.), Politische Wissenschaft und politische Praxis, PVS-Sonderheft Nr.9, 1978, Opladen, 1978, S. 137-151.

15

Telekommunikation in Verwaltungen

Klaus Grimmer

Forschungsgruppe Verwaltungsautomation
an der Gesamthochschule Kassel

1. Bewertungskriterien

Die Nutzung der Telekommunikation in öffentlichen Verwaltungen muß bestimmten Anforderungen genügen, welchen das Handeln öffentlicher Verwaltungen unterliegt. Gutartige oder bösartige Folgen des Technikeinsatzes sind danach zu bestimmen, inwieweit sie diese Anforderungen an Verwaltungshandeln fördern oder hemmen.

Die Forschungsgruppe Verwaltungsautomation geht bei ihrer Bewertung von technischen Systemen und ihrer Nutzung im Verwaltungshandeln von bestimmten Kriterien aus, die sie in Bezug auf die Funktion öffentlicher Verwaltungen und ihrer Leistungserstellung durch menschliche Arbeit für verallgemeinerungsfähig hält.

Diese Kriterien sind:

Politikgerechtigkeit

Der Einsatz der IuK-Technik in öffentlichen Verwaltungen muß der politischen Funktion einer Verwaltung gerecht sein, d. h., er muß geeignet sein, die Fähigkeit von Verwaltungen, nicht nur bestimmte definierte Aufgaben zu bearbeiten, sondern entsprechend politischen Anforderungen auch neue Probleme wahrzunehmen, zu unterstützen.

Aufgabengerechtigkeit

Es ist solche Informationstechnik in öffentlichen Verwaltungen zu nutzen und ihre Anwendung ist so zu gestalten, daß die Erledigung gegebener Aufgaben optimal unterstützt wird.

Klientengerechtigkeit

Es ist eine solche Technik zu nutzen und ihre Anwendung ist so zu gestalten, daß Verwaltungsaufwand nicht auf Klienten einer Verwaltung - dies können Bürger, aber ebenso auch andere Verwaltungen sein - verlagert wird, daß der Zugang zur Verwaltung offen ist und die Produkte der Verwaltung für ihre Klienten verstehbar sind. Dieses Postulat meint auch, daß der Technikeinsatz die Kooperation und Kommunikation zwischen Verwaltungen oder Verwaltung und Bürger verbessern soll.

Mitarbeitergerechtigkeit

Es ist solche Technik einzusetzen und ihre Anwendung ist so zu gestalten, daß die Mitarbeiter sie verantwortlich als Arbeitsmittel (Werkzeug) nutzen können; Anforderungen der Fachaufgaben, der Nutzung des technischen Systems und die Qualifikation der Mitarbeiter müssen sich entsprechen. Der Technikeinsatz hat einen Beitrag zur "Humanisierung der Arbeit" zu leisten (z.B. Mischarbeitsplätze); der Technikeinsatz darf nicht als Instrument für neue Arbeitskontrollen mißbraucht werden.

Einsatz und Nutzung der IuK-Technik in öffentlichen Verwaltungen muß schließlich auch "sozialverträglich" sein, und zwar nicht nur hinsichtlich der von einem Technisierungsvorhaben unmittelbar betroffenen Mitarbeiter und Klienten einer Verwaltung, sondern es müssen auch die mittel- und langfristigen arbeits- und arbeitsmarktpolitischen sowie sozialpolitischen Folgen berücksichtigt werden. Das kann beispielsweise heißen, daß bei der Informatisierung der Verwaltungsarbeit Beschäftigungsmöglichkeiten für solche Mitarbeiter zu erhalten sind, die entweder nur beschränkt belastbar oder nur begrenzt qualifizierbar sind und daß öffentliche Verwaltungen auch künftig ein entsprechend breites Spektrum an Beschäftigungsmöglichkeiten anbieten müssen, um ihrer arbeitspolitischen und arbeitsmarktpolitischen Verantwortung gerecht zu werden.

Einsatz und Anwendung der IuK-Technik hat sparsam zu sein. Dies meint, bezogen auf die zuvor genannten Kriterien sind solche Lösungen zu wählen, die bei einer möglichst optimalen Erfüllung aller fünf genannten Kriterien den geringsten Kostenaufwand verursachen. Hierbei gilt wie auch sonst in öffentlichen Verwaltungen ein "Verhältnismäßigkeitsprinzip". Aufwand und Nutzen müssen in einem sinnvollen Verhältnis zueinander stehen, wobei bei der Bewertung des Nutzens je nach Situation der einzelnen Verwaltung und ihren politischen Vorgaben nicht nur der auf dem einzelnen Arbeitsplatz oder auf die einzelne Verwaltungsorganisation bezogene Nutzen, sondern auch ein gesamtwirtschaftlicher oder technologiepolitischer Nutzen berücksichtigt werden können.[1]

2. Defizite bisherigen Technikeinsatzes in öffentlichen Verwaltungen und das Leistungsspektrum der Telekommunikationstechnik

Die Nutzung einer neuen Technik in öffentlichen Verwaltungen verbindet sich notwendigerweise mit der Frage, ob diese

- Defizite, die sich bei der bisherigen Nutzung der Informationstechnik ergeben haben, mindert oder behebt

- gegenüber bisherigen Nutzungen der Informationstechnik und bezogen auf die hier zugrundegelegten Kriterien eine Verbesserung in Leistungsqualität und/ oder in der Arbeitsorganisation ermöglicht

- oder ob sich bei gleichbleibenden Leistungen und vergleichbaren Arbeitsbedingungen Kosteneinsparungen ergeben.

2.1 Defizite

Defizite im bisherigen Einsatz der Informationstechnik in öffentlichen Verwaltungen sind die Summe einer Vielzahl von Einzelfaktoren, wobei zu unterscheiden sind:

[1] Vgl. Grimmer, K., Verwaltungsreform durch Nutzung der Informations- und Kommunikationstechnik, Arbeitspapier Nr. 51, Forschungsgruppe Verwaltungsautomation, Kassel, 1990.

die Ebene der Technik

Die Technik ist häufig nicht ausgereift, für die praktische Nutzung überladen oder nicht genügend anpassungsfähig.

die Ebene der Aufgaben

Diese verlangen aufgrund rechtlicher und anderer Regelungen eine bestimmte Bearbeitungsweise und sind aufgrund ihrer informationellen Struktur zum Teil widerborstig gegen eine Technisierung der Aufgabenerledigung.

die Ebene der Organisation

Organisationsstrukturen sind multifunktional, die Substitution einer Funktion durch Technik kann das ganze Leistungsspektrum einer Organisation beeinträchtigen. Innerhalb der Organisation bilden sich besondere Realisationssysteme und Arbeitseinheiten für die Aufgabenerledigung, diese folgen eigenen Handlungsvorstellungen. Organisationsstrukturen bedingen die Rolle und den Status des Einzelnen innerhalb der Organisation, ihre Veränderung unterliegt auch Interessen - und machtpolitischen Einflüssen. In öffentlichen Verwaltungen ist nur ein Teil der Organisationsstrukturen gestaltbar, es wird zu wenig differenziert zwischen den notwendigen Konstanten einer funktionsfähigen Organisation und den veränderungsfähigen Variablen.

die Ebene der Beschäftigten

Hier gibt es in öffentlichen Verwaltungen bestimmte Richtigkeits- und Zweckmäßigkeitsvorstellungen für die Art und Weise der Aufgabenerfüllung. Die Qualifikation der Beschäftigten im Zusammenhang mit Technisierungsprojekten ist meistens nicht auf eine individuell verantwortbare Nutzung der Technik ausgerichtet, dies erfordert Kenntnis der informationellen Struktur der Fachaufgabe, Fähigkeit für arbeitsorganisatorische Gestaltungen, Wissen über die Leistungsfähigkeit der Technik und Bedienerwissen.

die Ebene des Umfeldes

Hier wirken eine Vielzahl exogener und endogener Faktoren auf die einzelne Verwaltungseinheit. Technisierungsprozesse werden häufig mit einer Vielzahl von Reformzielen überladen, ohne hinreichend zu beachten, daß Verwaltungen auf strukturelle Stabilität angewiesen und nur begrenzt belastbar sind.

Die einzelnen Faktoren bedingen sich gegenseitig, da jede Verwaltung als ein "Kollektivakteur" agiert und Tendenzen zur Risikominderung und zur Orientierung an bewährten Standards oder Mustern entwickelt. Zweckmäßiger Technikeinsatz ist also von einer Vielzahl von Faktoren abhängig. Defizite in der bisherigen Nutzung der IuK-Technik sind vor allem eine Folge davon, daß die verwaltungsspezifischen Arbeitsbedingungen zu wenig beachtet werden, die Technik diesen nicht angepaßt/anpaßbar ist.

2.2 Leistungsspektrum der Telekommunikation

Ein gesichertes Leistungsspektrum der Telekommunikation, daß über die Wahrnehmung von Transportfunktionen für Informationen hinausgeht, ist bis jetzt für öffentliche Verwaltungen nicht feststellbar, sieht man von Texttransporten mittels Telefax oder Teletex oder den Vorteil einer vereinfachten Sprachkommunikation durch neue Nebenstellenanlagen ab. Gerade weil sich Verwaltungen an "bewährten Standards" orientieren, beschränkt sich der bisherige Einsatz der Telekommunikationstechnik auf diese Anwendungen. Forschungs- und verwaltungspolitisch genügt deshalb auch nicht der Nachweis, daß die Telekommunikationstechnik ohne bösartige Folgen sein kann, sondern wichtig sind der Nachweis möglicher struktureller Homogenität der Nutzung der Telekommunikationstechnik und die Trendbestimmung durch beispielhafte Anwendungen.

Solche Anwendungen werden erschwert, weil der Zusammenhang von Telekommunikationsdiensten in ISDN mit bereits implementierten DV-Techniken, Inhouse-Anwendungen, eigenen Inhouse-Netzen und die Verknüpfung zwischen den verschiedenen Techniken sowohl technisch als auch organisatorisch noch nicht hinreichend gelöst ist.

Aufgrund der spezifischen Aufgabenstruktur und Organisationsbedingungen in öffentlichen Verwaltungen ist ein offenes Leistungspotential informations- und/oder kommunikationstechnischer Systeme erforderlich, welche eine Flexibilisierung von Kooperation und Kommunikation erlauben. Die neue Telekommunikationstechnik zielt aber auf eine Bindung von Kooperation und Kommunikation, ihre Anwendung impliziert Benutzerzwänge und regelgebundenes Verhalten. Dieses kann dysfunktional für die Aufgabenerfüllung der Verwaltungen sein.

Telekommunikationstechniken können aber auch das Leistungsspektrum erweitern oder die Leistungserstellung vereinfachen. Dies gilt beispielsweise für Städtische Werke, Krankenhäuser, Feuerwehr, Bürgerämter, Bürgerbüros und kommunale Bezirksstellen.

Die Beispiele lassen sich erweitern. Art und Umfang einer Nutzung der Telekommunikationstechnik bestimmen sich immer aus der Aufgabenstruktur und der Organisationsstruktur sowie im Blick auf die angestrebte Aufgaben- und Leistungsqualität und die zu sichernde Funktionsbreite der Organisation. Ebenso sind darauf bezogen mögliche negative Folgen einer Einführung und Nutzung der Telekommunikationstechnik bestimmbar, wenn sich die Einführung oder Nutzung nur auf eine Aufgabe oder einen Organisationsbereich bezieht, also keine umfassende Neubestimmung der Aufgaben oder Neubildung der Organisation ansteht - was in der Regel nicht möglich ist.[2]

Problembereiche im Einsatz der neuen Telekommunikationstechniken in Organisation und Kommunikation von Verwaltungen sind

- Unsicherheit im Entscheidungsprozeß
- Funktionsverlust von Organisationsstrukturen (Arbeitseinheiten)
- Minderung an Leistungsqualität
- Gewährleistung von Datenschutz und Datensicherheit
- Arbeitszeit und Arbeitsort.

Außerhalb von Verwaltungen verbinden sich durch die notwendige Standardisierung und Normierung Wettbewerbsverzerrungen zu ungunsten mittelständischer Unternehmen und Beschränkungen bei anpassungsfähigen oder angepaßten technischen und Dienstangeboten.

2.3 Wirtschaftlichkeit

Eine Beurteilung der Wirtschaftlichkeit des Telekommunikationseinsatzes in öffentlichen Verwaltungen ist bis jetzt nicht möglich, da sowohl der Aufwand für die Technik als auch die sich ergebenden Leistungspotentiale nicht hinreichend bestimmbar sind.

---

[2] Ebd.

3. Forschungsbedarf

3.1 Anwendungs- und Gestaltungsforschung

Kennzeichen öffentlicher Verwaltungen sind

- die gesetzliche Bestimmung ihrer Aufgaben
- die gesetzliche Bestimmung von Verfahren der Aufgabenerledigung
- die gesetzliche Bestimmung der Organisation

mit jeweils unterschiedlich tiefen Variationsmöglichkeiten.

Ebenso ist die Personalstruktur in öffentlichen Verwaltungen weitgehend stabil.

Aufgrund dieses Bedingungsgerüstes für die Nutzung der IuK-Technik empfiehlt sich im Bereich öffentlicher Verwaltungen keine Beforschung möglicher Folgen der Telekommunikationsnutzung, sondern Technikfolgenforschung hat als Anwendungs- und Gestaltungsforschung: das heißt wissenschaftlich angeleitete - und praktisch gesicherte - Erarbeitung der Anforderungen an IuK-Technik, die für den Einsatz in öffentlichen Verwaltungen sinnvoll ist, und Beschreibung ihrer zweckmäßigen Einführungs- und Nutzungsstrategien zu sein. Eine solche Forschung hat natürlich immer im Blick auf den gegebenen und absehbaren Entwicklungsstand der Telekommunikationstechnik zu geschehen.

Als zentrale Aufgabe geht es darum, das Bedingungs- und Wirkungsgefüge der Telekommunikationsnutzung in öffentlichen Verwaltungen aufzuzeigen.

3.2 Einzelbereiche

Als Problembereiche, die einer intensiveren wissenschaftlichen Bearbeitung bedürfen, zeichnen sich ab:

- die Integration von Telekommunikationstechniken mit anderen Informationstechniken und den implementierten Datenverarbeitungstechniken,
- die Belastungen, die sich aus Benutzungszwängen und Regelbindungen für die Beschäftigten ergeben,

- die Bindung des Entscheidungsverhaltens an bereitgestellte Dienste und eine damit verbundene mögliche Standardisierung und Formalisierung staatlichen Handelns und Verlust an Flexibilität und Problemwahrnehmungsfähigkeit,

- die Ausbildung neuer Formen der Arbeitsteilung mit einer Differenzierung zwischen technikgebundenen und offenen Tätigkeitsbereichen beispielsweise im Assistenzbereich der Verwaltungen oder im Pflegebereich der Krankenhäuser mit tiefgreifenden arbeits- und arbeitsmarktpolitischen Auswirkungen,

- die soziale Ausbindung von Arbeitsplätzen und Arbeitstätigkeiten in Aufgabenfeldern mit Einzeleinsatz und Bereitschaftsdiensten wie Feuerwehr, Bahn u. a.

Ungelöst sind auch eine Vielzahl sich mit dem Telekommunikationseinsatz verbindender arbeitsrechtlicher und haftungsrechtlicher (Verbraucherschutz-) Fragen.

16

ISDN und Organisation

Kurt Monse und Hans-Jürgen Bruns

Institut für Wirtschaft und Technik
Bergische Universität GH Wuppertal

1. Konzeptualisierung

Der ökonomische Erfolg der Unternehmung wird unter turbulenter werdenden Umweltbedingungen zunehmend in den Zusammenhang einer effizienten Realisierung der "Entscheidungs"-Infrastruktur für die Steuerung der Unternehmung gestellt. Diese - aus der organisatorischen Perspektive auf der strategischen und auf der operativen Ebene zu verortende - Leistungsfähigkeit wird mit der Anwendung informationstechnischer Systeme verbunden. Sie stellen das technische Basissystem für die organisatorische Neustrukturierung der Informations- und Kommunikationsbeziehungen - als informatorische Infrastruktur - in der Unternehmung und zu ihrem Umfeld dar.

Gleichzeitig sind diese informationstechnischen Systeme ein Baustein in Unternehmenskonzeptionen, die auf der Grundlage kollektiver Strategiebildung in Kooperationen mit vor- und nachgelagerten Unternehmen - Zulieferanten, Finanzdienstleistern, Marktforschungsinstituten - gemeinsame Vorgehensweisen entwickeln, um die sachliche und zeitliche Abstimmung des Waren-, Informations- und Finanzleistungsstrom über verschiedene Stufen der Wertkette zu optimieren. Diese Konzepte dienen dazu, die Leistungsfähigkeit der Unternehmungen auf der funktionalen Ebene durch eine unternehmensübergreifende Integration und Abstimmung von Aufgaben und Ablaufprozessen auf der Grundlage eines technisch gestützten Datentransfers zu erhöhen. Ziel dieser Strategien ist es, über verschiedene Stufen der Wertkette hinweg komplexe und interdependente Aufgabenumwelten zu beherrschen und zu stabilisieren.

Das diensteintegrierende digitale Kommunikationsnetz (ISDN) eröffnet hier ein erweitertes Aktionsfeld für die Einrichtung von Informations- und Kommunikationswegen in Unternehmen und in ihren Außenbeziehungen. Die Ausgangsbedingungen dazu sind bekannt:

- Die Multifunktionalität der auf der Basis der ISDN-Infrastruktur möglichen Technikanwendungen erlaubt das Zusammenführen von Daten-, Text-, Sprach- und Bildverarbeitung in einem Anwendungskontext.

- Die Vernetzung von Datenbeständen und die Möglichkeit zur gleichzeitigen Nutzung von mehr als einer dieser Verarbeitungsformen schafft die Grundlage für das Zusammenführen bisher getrennter Aufgaben, ohne deren zeitliche und räumliche Entkopplung aufheben zu müssen.

- Mit dem ISDN als einer nutzungsoffenen digitalen Infrastruktur entfaltet sich das Potential der Unternehmen zur Neustrukturierung ihrer informatorischen Beziehungen zur Unternehmensperipherie, d.h. insbesondere den Auf- und Ausbau des Datenaustausches zwischen horizontal und vertikal miteinander verbundenen Unternehmen.

Dies bildet den Hintergrund, vor dem wir der Frage nach dem Standort der theoretischen Bestimmung des Verhältnisses von ISDN und Organisation nachgehen wollen.[1] Es ist zu erwarten und systematisch zum Gegenstand der Forschung zu machen, daß ISDN eine der technischen Optionen ist, mit der der inner- und zwischenbetriebliche Ablauf neu strukturiert werden kann und die die Verflechtungs- und Verpflichtungsfähigkeit der Unternehmen in ihren zwischenbetrieblichen Beziehungen beeinflußen.

---

[1] Die Verfasser gehen dieser Fragestellung in einem Forschungsprojekt nach, daß im Rahmen einer vom Land Nordrhein-Westfalen geförderten Begleit- und Gestaltungsuntersuchung den ISDN-Einsatz in einem mittelständischen Handelsunternehmen zum Gegenstand hat.

Angesichts der Anwendungsdefizite bei der Gestaltung dieser Technik ist festzustellen, daß aufgrund des sich abzeichnenden ISDN-Anwendungsstaus die Anwenderperspektive, d.h. die Binnenperspektive des Rationalisierungsprozesses bei der theoretischen Verarbeitung dieser Technik dominiert. Vernachlässigt wird die strukturelle Bedeutung der "Außenperspektive", d.h. die Neustrukturierung der vom Unternehmen nach außen, auf die zwischenbetrieblichen Beziehungen gerichteten Anwendungen. Dies beinhaltet neben der Frage nach der Konzeptualisierung der Außenorientierung in der Binnenperspektive der Unternehmungen institutionelle Überlegungen zur Konstruktion der Außenbeziehungen als "Märkte" oder "Hierachien". Damit sind drei Problembereiche benannt:

- **Strukturierung der Unternehmung:** Wie lassen sich die betriebswirtschaftlichen Anwendungsbedingungen in bezug auf die Technik und in bezug auf die Organisation bestimmen, die das Nutzenpotential einer ISDN-Infrastruktur für die Unternehmung entfalten?

- **Organisierung zwischenbetrieblicher Vernetzung:** Wie ordnen sich die ISDN-Anwendungskonzepte der Unternehmen in die funktionale Umgestaltung der Leistungsströme in den Außenbeziehungen der Unternehmung ein?

- **Mikroordnung der Unternehmung:** Welche Wirkung entfaltet die Nutzung einer digitalen Infrastruktur für die Entwicklung der zwischenbetrieblichen Arbeitsteilung in der Wertkette?

Eine systematische Behandlung dieser Fragen steht im Zusammenhang mit der ISDN-Technik aus. Was sich heute sagen läßt ist, daß sich unter dem Thema "ISDN und Organisation" Engpäße sowohl in der empirischen Organisationsentwicklung als auch in der darauf bezogenen Forschung benennen lassen.

2. Zum Stand der Forschung

Unter dem Gesichtspunkt der Strukturierung der Unternehmung ist die Entscheidungs- und Handlungsfähigkeit in der Organisation an spezifische und im Zusammenhang mit dem Einsatz von ISDN-Technik noch weitgehend ungeklärte Maßnahmen der Reorganisation von Ablauf- und Aufbaustrukturen gebunden. Ein Ziel von Forschungsarbeit ist es, die Nutzung des Leistungspotentials von kommunikativen Infrastrukturtechniken für die konzeptionelle Neuorientierung dispositiver Arbeitsprozesse, d.h. des Aufgabenvollzuges für die Steuerung des Unternehmens, als ökonomische Erfolgsgröße für die Unternehmungen zu untersuchen und unter ökonomischen und sozialen Kriterien bezüglich ihrer Effizienz und ihrer Effektivität zu evaluieren (2.2). Bestandteil dieser organisationsstrukturellen Analyse muß es sein, die sich hier vollziehende infrastrukturelle Technisierung in ihrer organisatorischen Relevanz einzuordnen (2.1). Eine bisher im Kontext der Diskussion um den Anwendungsnutzen des ISDN weitgehend vernachlässigte Perspektive ist die Nutzung dieser Infrastruktur für die Gestaltung der Beziehungen "zwischen Unternehmen" (2.3).

2.1 Technikdominanz und informatorische Anwendungskonzepte

Aus der Perspektive der **Technikentwickler** ist die Leistungsfähigkeit der auf einer ISDN-Infrastruktur basierenden Anwendungen und Dienste im Kommunikationsbereich - digitale Sprach- und Bildübertragung - und im Bereich der Datenübermittlung - digitale Daten- und Textübertragung, Teletex, Telefax und Bildschirmtext - herauskristalliert worden. Auf der Endgeräteebene ist unstrittig, daß sich die Nutzungsvielfalt in erster Linie durch integrierte Anwendungssysteme entfaltet.

> "Einer auf die technischen Leistungsmerkmale des Gesamtsystems, des Netzes, der darin realisierten Dienste und der Endgeräte konzentrierte Perspektive von Herstellern und Deutscher Bundespost steht die auf den Anwendungsnutzen, den Kommunikationsbedarf und auf organisatorisch/technische Lösungsmöglichkeiten zur Befriedigung dieses Kommunikationsbedarfs und der damit einhergehenden Kosten zielende Betrachtungsweise der Anwender gegenüber".[2]

Bislang sind die in Fachkreisen geführten Diskussionen über ISDN stark auf das technische Konzept und technische Details konzentriert. Diese bisher dominierende Technikorientierung prägt gleichzeitig die anwendungsorientierte Bestimmung des Leistungspotentials des ISDN und gerät zunehmend unter Druck.[3] Die technische Ausrichtung begründet das wesentliche Defizit bei der Bestimmung der organisatorischen Notwendigkeiten und Gegebenheiten, mit denen sich die Nutzungsoptionen der ISDN-Technik in betriebswirtschaftlich relevante Anwendungskonzeptionen für die Abwicklungen der verschiedenen Aufgaben von Unternehmen entwickeln lassen. Es ist in der technischen Konzeption zu berücksichtigen, daß begründet zu bestimmen sein muß, an welchen organisatorischen Orten aus welchen Gründen die technische Vielfalt tatsächlich benötigt wird.

---

2 Bullinger, H.-J., Fröschle, H.-P., ISDN und Unternehmensorganisation, in: Office Management, Nr. 5, 1989, S. 37.

3 Reichwald, R., Strassburger, F.X., Innovationspotentiale von ISDN für die geschäftliche Kommunikation, in: Die Betriebswirtschaft, Jg. 49, Nr.3, 1989, S. 337-352.

Das Leitbild aus der **Anwenderperspektive** läßt sich unter dem Stichwort der informationstechnischen Vernetzung formulieren: Die mit Hilfe digitaler Daten- und Kommunikationstechnik mögliche technische Abbildung von Leistungsströmen auf der Informations-, der Waren- und der Finanzebene verändert die Grundlagen für die effiziente Unterstützung der Entscheidungen in Unternehmen. Die mit dieser Informatisierung verbundene Informationsqualität wird als notwendige Bedingung angesehen, um die Effektivität unternehmerischer Entscheidungen zu verbessern.

Die Nutzung einer digitalen und integrierten Infrastruktur für die Daten- und Kommunikationsabwicklung in Unternehmen bildet die informatorische Basis zur Umsetzung solcher unternehmensstrategischen Ansätze.

- Auf der datentechnischen Ebene entfaltet sich die Informatisierung der innerbetrieblichen Bereiche durch die Integration der verschiedenen Anwendungen unter Beachtung der notwendigen Schnittstellen, auch zu den Außenbeziehungen der Unternehmen.

- Auf der kommunikationstechnischen Ebene schafft die Digitalisierung der Kommunikationswege und -mittel die Voraussetzungen für die Gestaltung einer offenen Infrastruktur für die unternehmensbezogene und die unternehmensübergreifende Kommunikation.

Die ISDN-Technik kann aus dieser Sicht als eine der Optionen für den Ausbau von Daten- und Kommunikationsinfrastrukturen angesehen werden. Der Infrastrukturcharakter eines ISDN zeigt sich an der ISDN-fähigen Inhouse-Kommunikationsanlage, denn sie bewirkt, daß das gesamte installierte Netz im Unternehmen, welches bisher nur dem digitalen und damit komfortablen Telefonieren diente, für alle Kommunikationsformen - Sprache, Daten, Text und Bild - an allen Arbeitsplätzen für die Informations- und Kommunikationsprozesse in der Unternehmung nutzbar wird.[4]

Im Zuge dieser Technisierung der Unternehmung entstehen durch die ISDN-spezifischen technischen Leistungsmerkmale - die Digitalisierung der Kommunikationstechnik, die Standardisierung des Netzanschlußes und die ISDN-Kanalstruktur und Übertragungstechnik - neben den herkömmlichen Infrastrukturen der Großrechner und zentralen Datenbanken Infrastrukturen der "individuellen" Datenverarbeitung (bspw. Mikrocomputer, dezentrale Speicher, Standard-Anwendungssysteme) und Infrastrukturen der

---

4 Sommerlatte, T., Knetsch, W., Das Büro auf ISDN ausrichten, in: Office Management, Nr. 3, 1989, S. 6-8

elektronischen Kommunikation (bspw. LAN, elektronische Mitteilungssysteme, Telekommunikationsdienste). Mit einer solchen Infrastruktur verbinden sich objektive Spielräume in der Anwendungskonzeption, die sich an den Begriffen Nutzungsoffenheit, gerätetechnische Dezentralisierung, Anwendungsflexibilität, Reduzierung der Bedienungskomplexität, Werkzeugcharakter und gerätetechnische und übertragungsspezifische Integration[5] festmachen lassen.

Hier deutet sich eine Strukturverschiebung an. Die Technik ist nicht länger, so könnte die These lauten, ein Restriktionsparameter, während die strukturelle Differenzierung in der Form der Arbeitsteilung und die Koordinationsregelungen die Aktionsparameter der organisatorischen Strukturierung[6] sind, die es zu optimieren gilt.

> "Die Strukturverschiebung zielt in Richtung einer größeren Unmittelbarkeit oder stärkeren Verklammerung von Informationstechnologie und Organisation und verlagert in den Anwenderbereichen das Gewicht von einer funktional erforderlichen Anpassung der Organisation an den Technikeinsatz zu einer Ermöglichung von organisatorischen Lösungen aufgrund der Verfügbarkeit bestimmter technischer Unterstützungsmechanismen".[7]

Wurde bisher entweder die Technik oder der organisatorische Ablauf gestaltet, so kommt es zunehmend zu einer Parallelität dieser Strukturierung, weil es unter Effektivitätskriterien erforderlich ist, beide Gestaltungsebenen als gleichzeitige Restriktion zu begreifen. Leitend für die Forschungsarbeit zur Umsetzung der Nutzungsoptionen der ISDN-Technik als einer daten- und kommunikationstechnischen Infrastruktur ist daher die Frage nach dem ökonomischen Konzept, mit dem technisches Potential und aufgabenspezifische Erfordernisse in informatorische Anwendungskonzeptionen auf der Datenebene und der Kommunikationsebene übersetzt werden.

2.2 Organisatorischer Konservatismus und Flexibilität der Unternehmensorganisation

Die Effektivität unternehmerischen Handelns wird an der Fähigkeit gemessen, auf zunehmende Umweltturbulenzen durch flexibles Agieren in der Organisation reagieren zu können. Das Potential dazu entfaltet sich auf der Grundlage der informationstechnischen Vernetzung durch die Neuordnung der Handlungsspielräume im Gesamtsystem der Unternehmung. Unter Gestaltungsgesichtspunkten ist die Flexibilität in der Organisation an

5 Wollnik, M., Reorganisationstendenzen in der betrieblichen Informationsverarbeitung - Der Einfluß neuer informationstechnologischer Infrastrukturen, in: Handbuch der modernen Datenverarbeitung, Jg. 25, Nr. 25, 1988, S. 62-80.
6 Reichwald, R., Strassburger, F.X. (1989), a.a.O.
7 Wollnik, M. (1988), a.a.O., S. 63.

spezifische und im Zusammenhang mit dem Einsatz von ISDN-Technik noch weitgehend ungeklärte organisatorische Strukturierungen gebunden. Unter Auswirkungsgesichtspunkten schafft die Nutzung infrastruktureller Prozeßinnovationen für die ganzheitliche Gestaltung von Arbeitszusammenhängen die Grundlage für die Entwicklung neuer Organisationsmodelle parallel und in Konkurrenz zu traditionellen Rationalisierungskonzepten rigider Arbeitsstrukturierung.

Dieser konzeptionell formulierten Erwartungshaltung, die an die theoretische und praktische Entwicklung von Anwendungskonzepten für die ISDN-Technik herangetragen werden kann, stehen für den bisherigen Entwicklungsprozeß zu konstatierende Einschränkungen gegenüber.

- Bislang existieren auf diesem Gebiet überwiegend Beschreibungen herstellerspezifischer Referenzlösungen[8]; systematische unternehmensgrößen- oder branchenspezifische Analysen des Nutzenpotentials von ISDN sind kaum verfügbar .

- Neue Dienste und Endgeräte werden beim Anwender sehr häufig nur im Rahmen traditionell gewachsener Organisationsstrukturen und Arbeitsabläufe genutzt, womit das Rationalisierungs- und Gestaltungspotential der ISDN-Technik nicht optimal ausgeschöpft wird.[9]

Diese bezogen auf die Nutzung einer ISDN-Infrastruktur formulierten Aussagen lassen sich in den weiteren Rahmen eines Phänomens einordnen, daß als ein Fazit zu der organisatorischen Wahrnehmung von Gestaltungsspielräumen in der Bürokommunikationsforschung gezogen wird: organisatorischer Konservatismus. Die schon sehr frühzeitig auf der Basis z.T. noch sehr zentraler technischer Anwendungen identifizierbaren Autonomie- und Handlungsspielräume für die Anwender haben sich außerhalb von exemplarischen Einzelfällen und über die Ebene einer qualifizierteren Sachbearbeitung bei der organisatorischen Umsetzung der technischen Potentiale nicht durchgesetzt. Eine der wichtigsten Ursachen ist nach Kieser

> "... eine an der bürokratisch-mechanistischen Organisation orientierte Gestaltungsphilosophie, die schon das Andenken neuartiger Organisations-Informationstechnik-Konzepte im Keim erstickt".[10]

---

8 Vgl. Schröter, O.F., ISDN-Anwendungen im öffentlichen Universalnetz ISDN und in privaten Telekommunikationsanlagen, (FBO-Verlag), Baden-Baden, 1990.

9 Bullinger, H.-J., Fröschle, H.-P. (1989), a.a.O.

10 Kieser, A., Bürokommunikationstechnik und organisatorische Innovation, in: Zeitschrift Führung und Organisation, Nr. 3, 1990, S. 173.

Es ist jedoch zu bezweifeln, daß es allein solchen "philosophischen" Grundeinstellungen im Handeln von Unternehmen zuzuschreiben ist, daß die Entwicklung und Reichweite von ISDN-Anwendungskonzepten begrenzt ist. Notwendig ist deshalb, sich mit den betriebswirtschaftlichen Grundlagen zur Gestaltung der Entscheidungs- und Handlungsfähigkeit der Unternehmung auseinanderzusetzen.

Aus einer engen betriebswirtschaftlichen Argumentation heraus leidet die informationelle Umgestaltung und Neustrukturierung der Innen- und Außenbeziehungen der Unternehmen an einer "ökonomischen Konzeptlücke"[11] in der Gestalt, daß die Nutzungsoptionen, die hier auf der Grundlage der Digitalisierung der Kommunikation und der Informatisierung der datenverarbeitenden Arbeitsprozesse entstehen, nicht in nach betriebswirtschaftlichen Erfordernissen gestaltete organisatorische Konzepte zur Neustrukturierung der Entscheidungs- und Handlungsfähigkeit in der Steuerung der Unternehmung eingebettet werden. Zur Disposition steht die technische Unterstützung und die Konturierung der dispositiven Arbeitsprozesse in den Unternehmen, d.h. insbesondere die Gestaltung der unternehmensinternen und der unternehmensübergreifenden Leistungsbeziehungen zwischen Aufgaben und deren Einbindung in das organisatorische Zusammenspiel in der Wertkette - im Sinne einer Integration der gesamten Leistungserstellung und -vermittlung.[12]

Das die Informations- und Kommunikationsabwicklung als ein wichtiger Arbeitsengpaß in dispositiven Arbeitsprozessen anzusehen ist, begründet das Ziel, die Informations- und Kommunikationsbeziehungen in den Funktionsbereichen und zwischen den Aufgaben zu verbessern. Die Behebung von Kommunikationsschwachstellen auf der Grundlage der Nutzung von Leistungsmerkmalen der ISDN-Infrastruktur bilden den Ansatzpunkt, um die betriebliche Produktivität durch eine leistungsfähigere Steuerung zu verbessern. Effizienzverluste treten deshalb auf, weil die Ablauforganisation ganzer Funktionsbereiche in den Unternehmen auf kommunikationstechnische Begrenzungen, die in

11 Rock, R., Zur Entwicklung und Erweiterung von markt- und interaktionsorientierten Nutzenpotentialen in der Dienstleistungsrationalisierung, in: Rock, R., Ulrich, R., Witt, F. (Hrsg.), Strukturwandel der Dienstleistungsunternehmen, (Campus Verlag), Frankfurt/M., New York, 1990, S. 217-236; Frese, E., Werder, A.v., Kundenorientierung als organisatorische Gestaltungsoption der Informationstechnologie, in: Frese, E., Maly, W. (Hrsg.), Kundennähe durch moderne Informationstechnologien, Zeitschrift für betriebswirtschaftliche Forschung, Sonderheft Nr. 25, 1989, S. 1-26.

12 Biervert, B., Monse, K., Hilbig, M., Integrierte und flexibilisierte Dienstleistungen durch neue Informations- und Kommunikationstechniken, in: Biervert, B., Dierkes, M. (Hrsg.), Informations- und Kommunikationstechniken im Dienstleistungssektor: Rationalisierung oder neue Qualität, Wiesbaden, 1989, S. 19-58.

der Monofunktionalität bisheriger Anwendungen begründet sind, Rücksicht nehmen mußte.[13]

Dies reicht auf der organisationsstrukturellen Ebene über noch zu bestimmende Grundsätze der Reorganisation kommunikativer und informativer Abläufe zwischen den Arbeitsaufgaben in der horizontalen und vertikalen Unternehmensstruktur hinaus. In aufbauorganisatorischer Perspektive geht es um die Ansätze zur Neukonfiguration der Entscheidungs- und Kontrollstrukturen der Unternehmung, um mit der Restrukturierung dieser Handlungsspielräume der Organisationsmitglieder das Unternehmen effektiver zu steuern. In ablauforganisatorischer Perspektive ist die Optimierung der Daten- und Kommunikationbeziehungen zwischen den Aufgaben und Stellen im Informations-, Waren- und Finanzfluß zur effizienteren Gestaltung des Entscheidungsdurchlaufes der Focus. Auf der technischen Ebene scheint es erforderlich, durch eine angemessene Gestaltung von Endgerät und der Benutzeroberfläche den Organisationsmitgliedern den Zugang zur Daten- und Kommunikationsinfrastruktur zu öffnen.

Bisher vorliegende Konzepte zur Gestaltung der Arbeitsteilung auf der horizontalen - technische Verküpfung computergestützter Arbeitsprozesse und arbeitsorganisatorischen Integration - und der vertikalen Ebene - qualifizierte Assistenz und autarke Sachbearbeitung[14] - sagen wenig über das Zusammenspiel der technischen und organisatorischen Gestaltungsparameter aus:

1. Inwieweit stellt der Einsatz infrastruktureller Technik wie bspw. des ISDN eine funktionale Notwendigkeit für diese organisatorischen Abwicklungsformen dar?

2. Inwieweit sind diese Konzepte eine adäquate Übersetzung für die Bewältigung der Neugestaltung dispositiver Arbeit im Sinne der Entscheidungs- und Handlungsfähigkeit von Unternehmen sind? In bezug auf die Strukturvariable Aufgabenintegration stellen Reichwald u. Straßburger[15] fest, daß die ökonomische Attraktivität einer Aufgabenintegration um so stärker ist, je weniger Komplexität in der Problemstellung und je weniger Variabilität in der Aufgabenabwicklung zusammentreffen.

13 Sommerlatte, T., Knetsch, W. (1989), a.a.O.
14 Vgl. zusammenfassend Wollnik, M. (1989), a.a.O.
15 Reichwald, R., Strassburger, F.X. (1989), a.a.O.

Die Frage nach den Ansätzen zur Realisierung der ISDN-spezifischen Nutzungsoptionen für die Gestaltung der betrieblichen Steuerung ist zunächst im Kontext des betriebswirtschaftlichen Analyse- und Gestaltungsspektrums zu beantworten.[16] Trivial scheint zu sein, daß der Einsatz der Technik die Analyse der **organisatorischen Erfordernisse** bezogen auf unterschiedliche funktionale Aufgabentopologien[17] zur Voraussetzung hat. Dem steht die Erkenntnis gegenüber, daß dies in vielen Fällen nicht in ausreichendem Maße geschieht bzw. der Einsatz der Technikanwendungen durch die eher an der technischen Leistungsfähigkeit orientierten EDV-Abteilungen in den Unternehmen dominiert wird.[18] Auf der organisatorischen Ebene geht es einerseits um die Neugestaltung der Planungs-, Steuerungs- und Kontrollpotentiale in der **Aufgabenverteilung** auf der horizontalen Ebene[19] und gleichzeitig über die vertikalen Stufen des strategischen und operativen Managements hinweg.[20] Der andere Ausgangspunkt ist die kritisch-konstruktive Analyse der relevanten organisatorischen **Arbeitsabläufe**, um die Schwachstellen des Kommunikationssystems und der Informationsflüsse[21] zu evaluieren. Diese Schwachstellenanalyse ist die Bedingung für die Bewertung und Neuordnung der Entscheidungsspielräume zwischen den Mitgliedern der Organisation.

Auf der Ebene der Arbeitsorganisation greifen traditionelle, einzelfunktionsbezogene Gestaltungskonzepte zu kurz. Ziel ist die Neukonturierung der Entscheidungs- und Handlungsstrukturen in der Unternehmung, um zu gewährleisten, daß die vom Markt geforderten Entscheidungen in der Unternehmung situations- und zeitgerecht erfolgen. Strukturierung bedeutet dann die funktionsübergreifende Integration und Steuerung von Aufgaben und Arbeitsprozeßen mit neuen Handlungs- und Entscheidungsspielräumen und qualitativ verbesserten Informations- und Kommunikationswegen auf der Grundlage der technischen Vernetzung von Datenbeständen und -wegen. Mit der Existenz dieser Gestaltungsperspektiven gewinnen Konzepte zur "ganzheitlichen Gestaltung von Arbeitszusammenhängen"[22] an Relevanz, die durch Aufgabenintegration, Dezentralisie-

---

16 Frese, E., Werder, A.v. (1989), a.a.O.

17 Reichwald, R., Strassburger, F.X. (1989), a.a.O.

18 Angermeyer, H.-Chr., Informationsmanagment als organisatorische Aufgabe, in: Zeitschrift Führung und Organisation, Nr. 3, 1990, S. 176-180; Rock, R. (1990), a.a.O.

19 Scheer, A.W., EDV-orientierte Betriebswirtschaftslehre, 3. Aufl., Berlin u.a., 1987.

20 Ulrich, H., Organisationskonzepte der industriellen Unternehmung im technologischen Wandel, in: Bühner, R. (Hrsg.), Führungsorganisation und Technologiemanagement, Festschrift für F. Hoffmann zum 65. Geburtstag, Berlin, 1989, S. 53-61.

21 Peters, G., Ablauforganisation im Büro, in: Zeitschrift Führung und Organisation, Nr. 2, 1990, S. 105-110; Stärkle, R., Telekommunikation - Organisation und personelle Auswirkungen einer rasanten technischen Entwicklung, in: Bühner, R. (Hrsg.), Führungsorganisation und Technologiemanagement, Festschrift für F. Hoffmann zum 65. Geburtstag, Berlin, 1989, S. 153-171.

22 Heeg, F., Lichtenberg, I., Gruppenorientierte Arbeitsorganisation. Organisationsentwickklung in einem stahlverarbeitenden Unternehmen, in: Zeitschrift Führung + Organisation, Nr.2, 1990.

rung von Kompetenzen, interaktionsorientierte Kommunikationswege und die Reduzierung von Hierarchiestufen zu kennzeichnen sind. Insgesamt geht es aus der Sicht der Unternehmung um den Zielbeitrag, den ein höherer Grad an Autonomie im Handeln der Organisationsmitglieder zur Realisierung der Flexibilität innerhalb der sonst starren Organisationsstrukturen leistet.

Eine bisher wenig geklärte Frage ist in diesem Zusammenhang, auf welchen Grundlagen die Einbindung der Aufgabenträger in die Zielorientierung der Unternehmung bei höheren Autonomiespielräumen geleistet werden kann, d.h. welche personalwirtschaftlichen Instrumente zur Zieleinbindung der Mitarbeiter und zu deren Motivation zur Anwendung kommen sollen. Hier stehen Instrumente der ökonomischen Steuerung und Bewertung durch Kosten und Leistung, Ergebnis und Erfolg, Ertrag und Gewinn[23] eher kulturorientierten Koordinations- und Integrationskonzepten[24] gegenüber.

Unter Auswirkungsgesichtspunkten ist bisher weitgehend nicht bestimmt, welche spezifische Bedeutung der Einsatz der ISDN-Technik für Ansatzpunkte zur ganzheitlichen Aufgabengestaltung auf der funktionalen Ebene entfaltet. Über den technischen Aspekt der Gerätegestaltung hinaus sind die arbeitsorganisatorischen Bestandteile eines Arbeitszusammenhanges Gestaltungsdimensionen: die Angemessenheit der Aufgabengestaltung und die Qualifikationsanforderungen, die Steuerbarkeit und individuelle Optimierung der Belastungen.[25]

2.3 "Zwischen Betrieben" - eine fehlende Perspektive

Eine leistungsfähige informationelle Infrastruktur, wie sie mit dem Aufbau des ISDN entsteht, macht auch die Schnittstellen zwischen dem Innen- und dem Außenbereich betrieblicher Organisationen flexibel. Die Digitalisierung des Fernmeldenetzes und die Zusammenführung der verschiedenen Netze im einheitlichen ISDN schafft ökonomisch

---

23 Braun, W., Organisation, Planung, Kontrolle, Personal - Komponenten und Instrumente ökonmischer Steuerung unternehmensinterner Kooperation, Arbeitspapiere des Fachbereichs Wirtschaftswissenschaften der Bergischen Universität GH Wuppertal, Nr. 133, Wuppertal, 1989; Albach, H., Kosten, Transaktionen und externe Effekte im betrieblichen Rechnungswesen, in: Zeitschrift für Betriebswirtschaft, Jg. 58., Nr. 11, 1988, S. 1143-1170; Pay, D. de, Die Organisation von Innovationen, Wiesbaden, 1989; Michaelis, E., Organisation unternehmerischer Aufgaben - Transaktionskosten als Bewertungskriterium, Frankfurt/M., 1985.

24 Berthel, J., Unternehmenskultur und Personalmanagement, in: Seidel, E., Wagner, D. (Hrsg.), Organisation: Evolutionäre Interpendenzen von Kultur und Struktur der Unternehmung; K. Bleicher zum 60. Geburtstag, Wiesbaden, 1989, S. 195-203.

25 Herrmann, T., Grenzen der Software-Ergonomie bei betrieblichen ISDN-Anlagen, in: Valk, R. (Hrsg.), GI - 18. Jahrestagung, Vernetzte und komplexe Informatik-Systeme, Proceedings, Berlin u.a., 1988.

tragfähige Nutzungsoptionen für die Einrichtung organisationsübergreifender Kommunikationswege.

Die Herausbildung dieser technisch gestützten Kommunikationsformen bildet die Grundlage für Ansätze zur Gestaltung der Austauschbeziehungen zwischen Unternehmen in der Wertkette, d.h. in erster Linie mit Unternehmen, die vertikal miteinander in Beziehung stehen. Dies gilt räumlich, hier wird über verschiedene Formen der Auslagerung und Dezentralisierung von Teilfunktionen aus den Unternehmen nachgedacht. Dies gilt **institutionell**, wenn bspw. im Handel durch den Einsatz von digitalen Kassensystemen am Verkaufspunkt und integrierten Warenwirtschaftssystemen Lager, Einkaufsabteilung, Lieferant und Finanzinstitut zu einer "virtuellen Einheit" zusammengeführt werden, ohne das die Unternehmen ihre Selbständigkeit aufgeben.[26]

ISDN als technische Infrastruktur mit optionalen datentechnischen Anwendungen und Diensten bildet hier einen greifbaren Vernetzungshorizont, vor dessen Hintergrund sich zwei Problemstellungen entwickeln lassen, die bisher im Kontext der Entstehung dieser Technik keine, oder nur eine Rolle am Rande spielen.

- Die Möglichkeiten der Unternehmen zur zeitlichen und sachlichen Abstimmung der funktionalen Unternehmensbeziehungen auf einer einheitlichen informatorischen Basis erweitern sich.

ISDN schafft ein erweitertes Aktionsfeld für die Einrichtung von Informationsflüssen und Kommunikationswegen zwischen den Unternehmen. Die Arbeitsprozesse werden in ihrer funktionalen Leistungsfähigkeit eng miteinander verknüpft. Dies kann dadurch geschehen, daß organisatorische Regeln, wie bspw. ausgehend vom Handel die Verkürzung von Bestell- und Lieferrhythmen mit gleichzeitig reduzierten Bestellmengen[27], vereinbart werden. Sie stehen z.T. als Ganzes zur Disposition, wenn bspw. im Bereich der Logistik mehrere Unternehmen ihre hier notwendigen Aktivitäten in einem selbständigen Unternehmen zusammenführen.[28] Es ist zu erwarten, daß die Ansätze zur zeitlichen, sachlichen und organisatorischen Restrukturierung des zwischenbetrieblichen Ablaufes die Verpflichtungsfähigkeit der Unternehmen in der Mikroordnung ihrer Außenbeziehungen verändert.

---

26 Brinckmann, H., Neue Netze - Neue Abhängigkeiten. Infrastruktur als Rahmenbedingung für die Organisation von Arbeit, in: Schröder, K.Th. (Hrsg.), Arbeit und Informationstechnik, Berlin u.a., 1986, S. 61-80; Jäkel, M., Computer-Netzwerke im Handel, in: Klebe, Th., Roth, S. (Hrsg.), Information ohne Grenzen, Hamburg, 1987, S. 132-143.

27 Biervert, B., Monse, K., Hilbig, M. (1989), a.a.O.

28 Heinrich, D., Just-in-Time in der Distributionslogistik, in: Der Betriebswirt, Nr.1, 1989, S. 7-10.

- Die Etablierung rechnerintegrierter Netze verändert die organisatorischen Grenzen und die Handlungsspielräume der Unternehmen. Bisher durch Marktmerkmale charakterisierte Beziehungen werden durch Organisation ersetzt. Fluchtpunkt der Entwicklung ist der Aufbau eines Netzwerkes stabiler Beziehungen zwischen selbständigen Unternehmen zur Beherrschung einer turbulenter werdenden Umwelt.

Der Frage nach der Art und dem Entwicklungsmuster zwischenbetrieblicher Arbeitsteilung wird insbesondere im Anschluß an Arbeiten der neuen institutionellen Ökonomie[29] nachgegangen. Von theoretischem Interesse ist dabei die Frage, wie infrastrukturelle Netze die institutionellen Rahmenbedingungen der Transaktionen in und zwischen Unternehmen verändern[30] bzw. speziell, in welcher Weise diese die Abwicklung bestimmter Funktionen in der Wertkette beeinflussen.[31]

Daß die Nutzung informationeller Infrastrukturen in den Beziehungen zwischen Unternehmen nicht ohne Wirkung für die Entwicklung des Wettbewerbes und der Wettbewerbsstrukturen bleibt, verdeutlichen zwei Überlegungen:

- Mit den Formen zur Vereinheitlichung der Abwicklungsprozeduren im Waren-, Finanz- und Informationsstrom entsteht eine wechselseitige Verpflichtung zwischen den Marktpartnern. Die mit der Einrichtung dieser Organisationsformen verbundenen nicht unerheblichen Kosten führen zu Rigidäten, die die Wirksamkeit konventioneller Preismechanismen relativieren und damit die Funktionsfähigkeit der geläufigen Regulierungsformen. Koordinationsbeziehungen, die zeitlich und sachlich eng verflochten sind, lassen die Beliebigkeit des Austausches von Marktpartnern nicht mehr zu.

- Die Voraussetzungen für die Informations- und Entscheidungsprozesse zwischen den Kontraktpartnern ändern sich, wenn die datentechnische Integration Zugänge zu Informationen eröffnet, die ihnen bisher unbekannt waren. In Verbindung mit bestehenden Markt- und Machtpotentialen führt dies möglicher-

---

29 Williamson, O.E., Markets and Hierarchies. Analysis and Antitrust Implications., Free press, New York, 1975; Ouchi, W.G., Markets, Bureaucracies and Clans, in: Administrative Science Quarterly, Vol. 25, March 1980.

30 Picot, A., Zur Bedeutung allgemeiner Theorieansätze für die betriebswirtschaftliche Information und Kommunikation: Der Beitrag der Transaktionskosten und Pricipal-Agent-Theorie, in: Kirsch, W., Picot, A. (Hrsg.), Die Betriebswirtschaftslehre im Spannungsfeld zwischen Generalisierung und Spezialisierung; E. Heinen zum 70. Geburtrstag, Wiesbaden, 1989, S. 362-379.

31 Picot, A., Betriebswirtschaftlicher Nutzen von Electronic Mail, in: Information Management, Nr. 2, 1987, S. 61-67.

weise zu einer Stärkung von Konzentrationsprozeßen in ohnehin "vermachteten" Märkten.[32]

Eine ökonomische Analyse solcher unternehmensübergreifender Vernetzungen auf der funktionalen Ebene liegt bisher ebensowenig vor wie die Bestimmung der Entwicklung der zwischenbetrieblichen Arbeitsteilung innerhalb der Mikroordnung der Außenbeziehungen von Unternehmen.

3. Forschungsperspektiven

Es ist davon auszugehen, daß der Infrastruktur-Charakter der ISDN-Technik sich selbst an integrierten Anwender-Arbeitsplätzen nur in vermittelter Form darstellt: Es müssen aus der Ausstattung der Anwender-Arbeitsorganisation die Infrastruktur-Entscheidungen rekonstruiert werden. Und: Die Entscheidung, welcher Arbeitsplatz wann mit welchem Entscheidungsumfang ausgestattet wird, fällt im Zweifel lange bevor die konkrete Umgestaltung am Arbeitsplatz einen erfassbaren Realisierungsgrad erreicht. Daraus entsteht unmittelbarer Handlungsbedarf für die sozialverträgliche Gestaltung einer infrastrukturellen Prozeßinnovation wie die der ISDN-Technik.

In forschungspraktischer Perspektive ist es notwendig, für die Konzeption und die Gestaltung der technischen Anwendungen auf der Grundlage einer ISDN-Infrastruktur einerseits an der Formulierung und Präzisierung von Zielen, Beurteilungskriterien und Rahmenbedingungen und andererseits an der Zusammenstellung und Differenzierung wesentlicher Gestaltungsparameter für Netze, Dienste und Endgeräte zu arbeiten, um diese Erkenntnisse zu einem rahmenorganisatorischen Gestaltungskonzept verdichten zu können. Dies bildet die Grundlage für die Erarbeitung von Gestaltungsalternativen und ihrer Bewertung im Hinblick auf die Sozialverträglichkeit infrastruktureller Prozeßinnovationen auf der Basis der Nutzung der ISDN-Technik.

In forschungsstrategischer Perspektive ergibt sich die Notwendigkeit zu verschiedene Länder vergleichenden Studien. Dies u.a. aus der Tatsache, daß die Unsicherheit über die weitere Entwicklung der Informations- und Kommunikationstechniken und ihrer Anwendung in den letzten Jahren noch zugenommen hat. Dies gilt in besonderem Maße für ISDN-Anwendungen. In einer rein nationalen Betrachtung ist die Wahrscheinlichkeit hoch, daß Faktoren, die sich im internationalen Vergleich als entscheidend für die Nut-

32 Biervert, B., Hilbig, M., Behrend, E., Monse, K., Dienstleistungsinformatisierung und neue Kundenbeziehungen, in: Verbraucherpolitische Hefte, Nr. 4, August 1987, S. 55-75.

zung von ISDN erweisen, nicht identifiziert werden, weil ihre Wirkung im jeweiligen nationalen Kontext für selbstverständlich gehalten wird. Durch international vergleichende Analysen könnten systematisch die spezifischen Implementationsbedingungen in unterschiedlichen gesellschaftlichen, kulturellen und ökonomisch-sozialen Zusammenhängen aufgegriffen und zum Gegenstand der Forschung gemacht werden.

Bisher standen in komparativen Analysen länderübergreifend in erster Linie Fragen technischer Kompatibilität, Unterschiede in den Normungsprozessen und systemtechnischen Konfigurationen im Vordergrund durchgeführter Forschungsarbeiten. Ländervergleichende Studien, die sich auf technische Systemvergleiche bezogen, haben zu dem Ergebnis geführt, daß sich in unterschiedlichen Ländern bei der Technikimplementation auch jeweils kulturell-, sozial- und gesellschaftsentwicklungsspezifische Nutzungsformen herausgebildet haben. Diese auf einzelne Technikanwendungen bezogenen Ergebnisse sind jedoch nur von begrenztem Aussagewert für Infrastrukturtechniken.

17

Der TA-Bedarf bei ISDN

Klaus Kornwachs

Fraunhofer-Institut für Arbeitswirtschaft und Organisation
Stuttgart

1. Vorbemerkungen

Unter Digitalisierung der Kommunikationstechnik versteht man die Aufbereitung analoger Signale (z.B. durch ein Mikrophon modulierte Sprechströme oder die Bildsignale zur Ansteuerung eines Fernsehgerätes) in eine Folge von diskreten Signalen (von konstanter Amplitude und Dauer), denen informationstechnisch im einfachsten Fall eine Folge von Nullen und Einsen entspricht (sog. binäre Codierung - es gibt aber auch andere Codierungen, z.B. Pulscodemodulation u.a.).

Der Vorteil dieser Umwandlung liegt in einem wesentlich verbesserten Rausch-Signal-Verhältnis (was auch der tiefere Grund für den Siegeszug des binären Rechners gegenüber dem Analogrechner ist) sowie in der Verarbeitungsmöglichkeit des Signals durch Algorithmen, also Rechenverfahren, die mit einem herkömmlichen Rechner (Turing-Maschine) durchführbar sind.

Dieser Vorteil ist genau aber auch die Quelle der Kritik dieser Technologie: Wenn die zur Kommunikation benutzen Signale Berechnungsverfahren unterworfen werden können, ist ihre gezielte Veränderung während oder nach dem Kommunikationsprozeß möglich (in Grenzen geht das natürlich auch bei analogen Signalen). Diese Möglichkeiten umfassen

- Veränderungen des Spektrums und Filterung zur Verbesserung des Rausch-Signal-Verhältnisses oder der Rekonstruktion stark gestörter Signale,

- Codierung (z.B. Sprachverschleierung), um die Kommunikationssignale abhörsicher zu machen,

- Veränderung der Klangqualität, des Frequenzspektrums und anderer Qualitäten bei Tonsignalen zu künstlerischen, synthetischen (Bild und Tonsynthese), technischen (Stimmverzerrungen zur Anonymisierung) Zwecken,

- Verarbeitung des Kommunikationssignals zu Zwecken der Fälschung, Unkenntlichmachung, Abänderung,

- Mischen von synthetisch erzeugten Signalen mit ursprünglich vom Kommunikationsprozeß herrührenden Signalen,

und andere mehr.

Als anschauliches Beispiel sei eine Entwicklung erwähnt, die am Media Lab des Massachussetts Institute of Technology betrieben werden soll: Das Fernsehsignal beim Bildtelephon kann durch ein Standbild ersetzt werden, sofern dem einen Teilnehmer sein momentanes Äußeres dem anderen Teilnehmer als nicht vorzeigbar erscheint. Diesem Standbild kann man, analog dem gesprochenen Wort synthetisch erzeugte Mundbewegungen überlagern, um somit den Anschein eines entsprechend gestylten, agierenden Gegenübers zu erwecken.

Jede Technik, die sich der Digitalisierung bedient, erweitert damit die "Bearbeitbarkeit" des kommunizierten und übertragenen Signals erheblich und löst die Frage nach der Authentizität aus.

2. Definitionsmöglichkeiten bei ISDN

Neben der CD-Schallplatte mit der digitalisierten Aufnahmetechnik ist die bekannteste Anwendung das sogenannte ISDN-Netz (Integrated Services Digital Network). Da es durch ein vergleichsweise einfaches technisches Verfahren möglich ist, digitalisierte Signale auch auf der durch normale (verzwirbelte) Telephonkabel verfügbaren Kanalkapazität zu übermitteln, ist es möglich, nicht nur Sprachsignale, sonderen in begrenztem Umfang auch Daten, Vermittlungsimpulse und -daten, Bildsignale, Steuerungsbefehle und dergleichen zu übertragen.

Beim Breitband-ISDN ist dann in Fortentwicklung der Signalübertragungstechnik, z.B. durch Verwendung von Glasfaserverbindungen, eine größere "Menge" von Informationen, gemessen in Einheiten der Informationstechnik, möglich. Hier beginnt neben der Debatte um die Veränderungsmöglichkeiten und Aufzeichnungsmöglichkeiten bei ISDN auch die Diskussion um die sogenannte totale Vernetzung aller Lebensbereiche.

Durch die Integration von verschiedenen Diensten entsteht nun ein sehr großer Spielraum bei der Gestaltung der Funktionen der Kommunikation, des Umgangs mit den Vermittlungsdaten und bei der Gestaltung der Funktionalität der Endgeräte.

Insbesondere haben die Funktionen

- Speichern von Verbindungen zu Abrechnungs- und Kontrollzwecken,
- Fangschaltung (Displayanzeige der Rufnummer des Anrufenden),
- Anrufliste,
- Anrufumleitung mit Displayangabe beim Anrufenden, auf wen umgeschaltet wurde und
- Anrufsperre

zu kontroversen Diskussion geführt, da diese Funktionen entsprechend ihrer Handhabung, bestehende organisatorische Abläufe erheblich beeinflussen können.

3. Entwicklung

Bei der Weiterentwicklung des ISDN in Richtung auf die Integration weiterer Dienste wie Autotelephon und fahrbares Büro spielt der PC als Arbeitsplatzinstrument und auch als häusliche Kommunikations-"station" eine zentrale Rolle. Dem PC wächst die Funktion eines universellen Kommunikationsmittels zu, das die Funktionalitäten

- Telephon
- Teletex, Telefax, Telex
- BTX
- Bildschirmtext
- Videotext
- DATEX-P Verkehr
- E-mail
- Bildtelephon
- Vermittlungscomputer
- Sprachspeicher
- Telephonanrufbeantworter
- Fernbedienung/-steuerung
- Teleheimarbeitsplatz

umfassen kann. Damit wächst die Bedeutung der Endgerätegestaltung und der multifunktionalen Einstellbarkeit durch den Benutzer und entsprechend den Benutzerwünschen. Dies entspräche der Integration in ein universelles Endgerät, dessen Schnittstelle es auch Laien ermöglichen müßte, durch wenige Manipulationen das Gerät in die Funktion zu bringen, in der es gebraucht wird, vom einfachen Telephon (mit der entsprechenden einfachen Bedienung) bis hin zum Teleheimarbeitsplatz.

4. Entwicklungspfade

Im folgenden sind einige Entwicklungsmöglichkeiten skizziert, die sich jedoch widersprechen können:

Entwicklungslinie 1

Eine mögliche Koexistenz von ISDN und normalem Telephonnetz wird noch 30 Jahre lang für möglich gehalten. Die Einführung des ISDN hat sich nicht so schnell ergeben, wie das ursprünglich von den Promotoren gehofft wurde, sondern eine eher schleppende Diffusion kennzeichnet das Bild. Dies gilt auch durch den weniger restriktiv gehandhabten Markt der Nebenstellenvermittlungsanlagen. Die Ursache liegt weniger in der kurz nach Bekanntwerden der Einführungspläne einsetzenden Debatte um den Datenschutz bei ISDN, sondern bei technischen Problemen der Herstellerseite. Auch hier wurden Funktionalitäten angekündigt, ohne daß sie dann zum angekündigten Zeitpunkt dem Benutzer zur Verfügung gestanden hätten. Da die Digitalisierung des normalen Fernsprechverkehrs allein bereits eine Steigerung der Wirtschaftlichkeit des Betriebes und der Wartungsfreundlichkeit mit sich bringt, ist es unter Umständen zu erwarten, daß zuerst eine Zusammenfassung jetzt noch getrennter Netze zu ISDN angestrebt wird, bevor die volle Integration aller Dienste angegangen wird.

Entwicklungslinie 2

Aus Sicherheitsgründen und im Sinne einer Dezentralisierung wäre eine Entwicklungsrichtung denkbar, die getrennte Netze beläßt, sie aber mit weiteren Funktionen ausstattet. Es existieren bereits heute mehrere getrennte Kommunikationsnetze in der Bundesrepublik - die Kommunikationssysteme der Bundeswehr, der Sicherungskräfte (Polizei, Grenzschutz), der Bundesbahn, der Energieversorgungseinrichtungen, der öffentlich-rechtlichen Rundfunkanstalten seien als Beispiele u.a. genannt. Diese Kommunikationssysteme sind teils kabel-, teils funkbasiert und arbeiten mit unterschiedlichen Kopplungsgraden unabhängig voneinander. Es ist vorstellbar, daß gerade Dienstleistungsbetriebe wie Banken ein eigenes Netz ausbauen, insbesondere daß sie zum paketvermittelten Datenverkehr aus Gründen der Abhörsicherheit übergeben werden.

Entwicklungslinie 3

Denkbar ist auch eine Entwicklung, die es dem Teilnehmer freistellt, leitungsvermittelt oder paketvermittelt zu kommunizieren. Dies ist insbesondere im kommerziellen Bereich für die Kommunikation von auseinanderliegenden Geschäftsbereichen interessant (Bemerkung: ISDN ist leitungsvermittelt).

5. Faktoren, die ISDN beeinflussen

Es ist sicher unstrittig, daß ISDN nicht aus dem Wunsch heraus entwickelt wurde, eine Vermittlungstechnik zu schaffen, die eine lückenlose Registrierung von Kommunikationsvorgängen und -inhalten erlauben sollte. Dieser Vorstellung steht auch die Unmöglichkeit einer sinnvollen Verwertung der total gespeicherten Informationsmenge entgegen.

Die Verwendung von ISDN-Daten und die Möglichkeit, selektiv für ein bestimmtes Interesse Daten, die bei der computergestützten Vermittlung und der Kostenabrechnung nun einmal entstehen, auch zu speichern und auszuwerten, kann bei fehlender öffentlicher Kontroverse um die Verwendung dieser Daten zu Entwicklungslinien Anlaß geben, die solche Überwachungswünsche technisch und organisatorisch unterstützen.

Insofern ist dieser Umstand, je nach Blickrichtung, Faktor wie Folge der technologischen Entwicklung. Ein entscheidender Faktor scheint uns die ökonomische Betrachtungsweise zu liefern: Das alte Telephonnetz ist überholungsbedürftig, die mechanische relaisbasierte Vermittlungstechnik ist teurer als die digitalen Vermittlungseinrichtungen und bei ISDN kann das vorhandene Kabelnetz weiter verwendet werden.

Als ein weiterer Faktor für die ISDN Weiterentwicklung können die technischen, administrativen und technologiepolitischen Vorleistungen der Post angesehen werden. Insbesondere ist hier bei einer Deregulierung und längst fälligen Liberalisierung des Endgerätemarktes eine Bewegung in der technologischen Entwicklung zu erwarten, die - ähnlich wie in der Unterhaltungselektronik - neben vorläufigen und modischen (Dys)-Funktionen - einem neuen Standardkomfort zustreben wird.

6. Auswirkungen von ISDN

Aus der Fülle von diskutierten Folgen nennen wir kursorisch diejenigen, die uns wichtig zu sein scheinen:

- Reduktion von Briefdiensten durch die Substitution des Mediums Brief durch andere Dienste;
- Trennung von Arbeitsort und Produktionsort (Zunahme der Arbeitsleistung zuhause);
- Aufbau informaler Kommunikationsstrukturen im Bereich der Nachbarschaftshilfen, Netzwerke und Bürgerinitiativen, Interessengruppen, schattenwirtschaftsähnliche Zusammenschlüsse, kleinere Gruppen und Freizeitinitiativen, kommunalpolitische Netze und dergleichen mehr;
- die Vernetzung und damit die Kopplung zwischen den verschiedenen Diensten und der wegen der Digitalisierung prinzipiell mögliche (programmierbare) Interaktion kann zu Verschiebungen der Verfassungswirklichkeit führen. Dabei wird gefragt, ob eine technologische Entwicklung gestoppt wird, wenn ihr nicht zu verhindernder Gebrauch ein Verfassungsgut einschränkt oder ob nicht eher die Einschränkung des Verfassungsgutes als de facto bei gleichbleibendem Verfassungsanspruch hingenommen wird.

Diese prinzipielle Frage wird in der Diskussion vornehmlich anhand der Vernetzung geführt. Dabei ist es vergleichsweise unerheblich, ob die Vernetzung nun ISDN-basiert ist oder nicht. ISDN als ein gegenwärtig angestrebtes, vergleichsweise wirtschaftliches Vernetzungs-Instrumentarium wirkt in der Diskussion aus aktuellem Anlaß paradigmatisch. Insofern sind auch die diskutierten rechtlichen Folgen paradigmatisch und gelten mutatis mutandis für die Diskussion auch anderer Technologiebereiche, die sich der Digitalisierung bedienen.

7. Technikfolgenabschätzung

Themenstellungen für eine Technikfolgenabschätzung im Bereich der ISDN-Technologie können sein:

- Fragen nach Entstehen und Dynamik von Nutzerprofilen (d.h. welche Dienste werden zu welchem Zweck genutzt), um sich ein Bild über die gegenwärtigen und zukünftigen Kommunikationsbedürfnisse machen zu können. Insbesondere ist interessant, ob es Anzeichen gibt, daß bei einer großflächigen Einführung von ISDN kommunikationstechnische Umwege oder Zusatzverbindungen aufgebaut werden, um etwaige Restriktionen, Kosten oder Kontrollen zu umgehen. Dies würde auf eine Fehleinschätzung von Kommunikationsbedarf und angebotener Funktionalität hinweisen. Hier erscheint uns eine politische Diskussion unter Einbeziehung verschiedener Interessengruppen sinnvoll und notwendig.

- Neben den "klassischen" Themen der Datensicherheit, der Überwachungs- und Kontrollmöglichkeit, die ISDN technisch bietet, die aber nicht notwendigerweise genutzt werden müssen, wenn es politisch nicht so gewollt wird und technisch auch anders realisiert werden könnte, bietet sich aus der oben genannten Problematik die Fragestellung an, welche Folgen ein großintegriertes Netz und welche Folgen die Koexistenz von vielen Netzen für verschiedene Zwecke haben können. Hier sind vor allem die Aspekte der Dichotomie zwischen Dezentralisierung und Zentralisierung, zwischen linearer und loser Kopplung und der Gesichtspunkt der Störanfälligkeit zu berücksichtigen.

- Bezüglich der öffentlichen Zugänglichkeit von Informations-, Daten- und Wissensbanken über ISDN besteht die Frage nach einem öffentlichen Informationsmanagement. Hier ist nicht nur zu klären, welche Folgen ein solches Angebot hätte, sondern auch, falls wünschenswert, wie es gestaltet sein müßte und was an Allgemeinbildung zusätzlich erforderlich wäre, um damit als allgemeiner Benutzer zurechtzukommen. Die stategischen und politischen Randbedingungen solcher Dienstleistungen verdienen besondere Beachtung.

- Grundlagenfragen der Kommunikation und ihrer Formen werden sicher Bestandteil jeder Technikfolgenabschätzung auf dem Gebiet der Vernetzung sein müssen.

Autorenverzeichnis

Bruns, Hans-Jürgen, Dipl.-Ökonom, Institut für Wirtschaft und Technik e.V. (IWT), Bergische Universität - Gesamthochschule Wuppertal, Fachbereich Wirtschaftswissenschaften, Gaußstr. 20, 5600 Wuppertal 1

Dienel, Peter.C., Prof. Dr., Bergische Universität - Gesamthochschule Wuppertal, Forschungsstelle Bürgerbeteiligung & Planungsverfahren, Fachbereich Gesellschaftswissenschaften, Gaußstr. 20, 5600 Wuppertal 1

Garbe, Detlef, Dr., Wissenschaftliches Institut für Kommunikationsdienste GmbH (WIK), Rathausplatz 2-4, Postfach 20 00, 5340 Bad Honnef 1

Grimmer, Klaus, Prof. Dr., Forschungsgruppe Verwaltungsautomation an der Gesamthochschule Kassel, Mönchebergstr. 17, Postfach 10 13 80, 3500 Kassel

Hammer, Volker, Dipl.-Informatiker, Projektgruppe verfassungsverträgliche Technikgestaltung (provet) e.V.,Kasinostr. 5, 6100 Darmstadt

Höflich, Joachim R., Dr., Universität Hohenheim, Institut für Sozialwissenschaften, Lehrstuhl für Kommunikationswissenschaft und Sozialforschung, Schloß, Museumsflügel, Postfach 70 05 62, 7000 Stuttgart 70 (Hohenheim)

Hoogstraten, Pieter van, Dr. ir., PTT Telecom BV, Postbus 30 1500, NL - 2500 GD's Gravenhage

Katz, James E., Ph.D., Bellcore, Bell Communications Research, 445 South Street, Morristown, NJ 07960-1910, USA

Kedaj, Josef, Dipl.-Ingenieur, Deutsche Bundespost Telekom, Referat 331 a, Godesberger Allee 87, Postfach 20 00, 5300 Bonn 2

Kornwachs, Klaus, Prof. Dr., Fraunhofer-Institut für Arbeitswirtschaft und Organisation (IAO), Nobelstr. 12, 7000 Stuttgart 80

Kubicek, Herbert, Prof. Dr., Universität Bremen, Forschungsgruppe Telekommunikation, Fachbereich Mathematik und Informatik, Bibliothekstraße, Postfach 33 04 40, 2800 Bremen 33

Lange, Klaus, Dr., Wissenschaftliches Institut für Kommunikationsdienste GmbH (WIK), Rathausplatz 2-4, Postfach 20 00, 5340 Bad Honnef 1

Monse, Kurt, Dr., Institut für Wirtschaft und Technik e.V. (IWT), Bergische Universität - Gesamthochschule Wuppertal, Fachbereich Wirtschaftswissenschaften, Gaußstr. 20, 5600 Wuppertal 1

Schatz, Heribert, Prof. Dr., Leiter des Rhein-Ruhr-Instituts für Sozialforschung und Politikberatung e.V. (RISP), Universität - GH - Duisburg, Memelstr. 25-33, 4100 Duisburg 1

Schenk, Michael, Prof. Dr. Dr., Universität Hohenheim, Institut für Sozialwissenschaften, Lehrstuhl für Kommunikationswissenschaft und Sozialforschung, Schloß, Museumsflügel, Postfach 70 05 62, 7000 Stuttgart 70 (Hohenheim)

Stöckler, Frank, **Institut für gesellschaftliche Entwicklungsforschung, Bürgerbeteiligung und Politikberatung (IGEBP), Werwolf 54, 5650 Solingen 1**

Wald, Renate, Prof. Dr., **Bergische Universität - Gesamthochschule Wuppertal, Fachbereich Gesellschaftswissenschaften, Gaußstr. 20, 5600 Wuppertal 1**

Wolfenstetter, Klaus-Dieter, Dipl.-Ingenieur, **Forschungsinstitut der Deutschen Bundespost TELEKOM, Forschungsgruppe Kryptologie, Am Kavalleriesand 3, 6100 Darmstadt**

Zoche, Peter, M.A., **Fraunhofer-Institut für Systemtechnik und Innovationsforschung (ISI), Breselauer Str. 48, 7500 Karlsruhe 1**